BIM“从0到1”新手快速入门培训系列

BIM技术应用系列教材

Revit建模零基础

快速入门简易教程

主　编　范国辉　骆　刚　李　杰

副主编　赵冬梅　张占伟　计　伟　韩建林

参　编　陈宗全　耿芳菲　郭　晶　韩玉影

　　　　李　刚　李正杰　翁天龙　张骁骅

机 械 工 业 出 版 社

本书是一本以实际项目为例、以应用为目标的系统化、标准化建模的案例式 Revit 软件教程，涵盖 95%以上的土建操作命令，旨在让初学者快速掌握模型搭建技巧，帮助初学者快速入门。

本书包含 3 章内容，第 1 章为 BIM 概论，讲述的是 BIM 的理论、概念，旨在让读者对 BIM 有正确的了解和认知。第 2 章为基于 Revit 平台的构建基本原理，讲述的是 Autodesk Revit 软件的基本原理及每个命令使用的方法、方式，旨在让读者了解软件的特性及包含的内容。第 3 章为建筑模型案例，主要以实际项目为例，模拟项目实施的过程，并有针对性地进行模型搭建，通过每个操作命令来完成模型搭建工作，实现理论与实践的结合。

本书配套图纸、教学视频，读者可加 QQ 群 577377245 免费索取、答疑；如有疑问，可拨打编辑电话 010-88379934 咨询。

本书可作为职业教育建筑类及相关专业教学用书，也可作为 BIM 从业人员的初学读本。

图书在版编目（CIP）数据

Revit 建模零基础快速入门简易教程/范国辉，骆刚，李杰主编．—北京：机械工业出版社，2017.10（2024.1 重印）

（BIM“从 0 到 1”新手快速入门培训系列）

BIM 技术应用系列教材

ISBN 978-7-111-57792-8

Ⅰ.①R… Ⅱ.①范…②骆…③李… Ⅲ.①建筑设计-计算机辅助设计-应用软件-教材 Ⅳ.①TU201.4

中国版本图书馆 CIP 数据核字（2017）第 203608 号

机械工业出版社（北京市百万庄大街 22 号 邮政编码 100037）

策划编辑：刘思海 责任编辑：刘思海 臧程程

责任校对：樊钟英 郑 婕 封面设计：鞠 杨

责任印制：单爱军

北京虎彩文化传播有限公司印刷

2024 年 1 月第 1 版第 7 次印刷

184mm×260mm · 14.25 印张 · 349 千字

标准书号：ISBN 978-7-111-57792-8

定价：39.80 元

电话服务 网络服务

客服电话：010-88361066 机 工 官 网：www.cmpbook.com

010-88379833 机 工 官 博：weibo.com/cmp1952

010-68326294 金 书 网：www.golden-book.com

 机工教育服务网：www.cmpedu.com

编审委员会

前　言

21 世纪，建筑行业的发展是机遇与挑战并存，理念的革新、技术的更替已成为这一时期不可或缺的思考。在这场涉及全行业人员的技术变革中，BIM 以其全新的视角与显著的优势成为这一时期从量变到质变的又一标志。其内涵与外延早已超出技术本身的范畴，延伸至建筑工程行业全流程数据化管理的各方面。2006 年美国建筑师协会曾发出一项预警：不懂建筑信息模型（Building Information Modeling）的建筑师将在不久的将来失去竞争机会。

河南比目云工程管理有限公司依托行业内领先 BIM 服务技术，联合河南博纳建筑设计有限公司、北京森磊源建筑规划设计有限公司、河南七建工程集团有限公司、河南智博工程咨询有限公司的优秀设计、施工、造价资源，共同建设业内首家具备甲级设计、壹级施工、甲级造价的比目云 BIM 中心，通过基于建筑全生命周期的视角，致力于精细化项目管理，降低项目实施过程中的资源浪费，提升成本管理和施工管理水平，提高建设项目盈利能力。

近几年来，随着 BIM 行业的不断发展，越来越多的教程案例涌现出来，以满足从业者的需求。但是在众多教程中，缺少实战式的案例教程，对想实现快速入门的初学者来说，可选择的较少。为满足广大 BIM 爱好者的需求，编者特联合各企业、院校，并结合实际案例，编写本书，以此来实现初学者快速掌握基础建模的需求。

本书由范国辉、骆刚、李杰主编，赵冬梅、张占伟、计伟、韩建林任副主编，其他参与编写的还有陈宗全、耿芳菲、郭晶、韩玉影、李刚、李正杰、翁天龙、张骁骅。在此特别鸣谢河南工业职业技术学院、河南建筑职业技术学院、济源职业技术学院、漯河职业技术学院、河南应用职业技术学院、黄河水利职业技术学院、河南博纳建筑设计有限公司、北京森磊源建筑规划设计有限公司、河南七建工程集团有限公司、河南智博工程咨询有限公司等相关单位的大力支持。

限于编者水平，书中难免有不妥之处，望读者批评指正。

编　者

目 录

第1章

1

BIM 概论

1.1 BIM 的概述及特点

1.1.1 BIM 概述

建筑信息模型（Building Information Modeling）是以建筑工程项目的各项相关信息数据作为基础，建立起三维的建筑模型，通过数字信息仿真模拟建筑物所具有的真实信息：三维几何形状信息；非几何形状信息，如建筑构件的材料、算量、价格、进度和施工等，为设计师、建筑师、水电暖铺设工程师、开发商乃至最终用户等各环节人员提供“模拟和分析”。它具有可视化、协调性、模拟性、优化性、可出图性、一体化性、参数化性和信息完备性八大特点。从 BIM 设计过程的资源、行为、交付三个基本维度，给出设计企业、施工企业的实施标准的具体方法和实践内容。

BIM（建筑信息模型）不是简单地将数字信息进行集成，而是一种数字信息的应用，是可以用于设计、建造、管理的一种数字化方法。这种方法支持建筑工程的集成管理环境，可以显著提高建筑工程的整个进程的效率，大量减少风险。

1.1.2 BIM 特点

真正的 BIM 符合以下八个特点：

1. 可视化

可视化即“所见即所得”的形式，对于建筑行业来说，可视化的真正运用在建筑行业的作用是非常大的，例如经常拿到的施工图，只是各个构件的信息在图纸上采用线条绘制表达，但是其真正的构造形式就需要建筑业参与人员去自行想象了。BIM 提供了可视化的思路，将以往的线条式的构件形成一种三维的立体实物图形展示在人们的面前；以往，建筑行业在设计方面也会出效果图，但是这种效果图是分包给专业的效果图制作团队将线条式信息制作出来进行识读设计制作的，并不是通过构件的信息自动生成的，缺少了同构件之间的互动性和反馈性。然而 BIM 提到的可视化是一种能够同构件之间形成互动性和反馈性的可视，在 BIM 中，由于整个过程都是可视化的，所以可视化的结果不仅可以用来展示效果图及生成报表，更重要的是，项目设计、建造、运营过程中的沟通、讨论、决策都在可视化的状态下进行。

2. 协调性

协调是建筑行业中的重点工作，不管是施工单位还是业主及设计单位，无不在做着协调及相配合的工作。一旦项目的实施过程中遇到了问题，就要将各有关人士组织起来开协调会，找出问题发生的原因及解决办法，然后出变更，做相应补救措施等进行问题的解决。在设计时，往往由于各专业设计师之间的沟通不到位，而出现各种专业之间的碰撞问题，例如暖通等专业中的管道在进行布置时，由于施工图是各自绘制在各自的施工图上的，真正施工过程中，可能在布置管线时正好在此处有结构设计的梁等构件妨碍着管线的布置，这种就是施工中常遇到的碰撞问题，BIM 的协调性服务就可以帮助处理这种问题，也就是说 BIM 可在建筑物建造前期对各专业的碰撞问题进行协调，生成协调数据。当然 BIM 的协调作用也并不是只能解决各专业间的碰撞问题，它还可以解决例如电梯井布置与其他设计布置及净空要求之协调，防火分区与其他设计布置之协调，地下排水布置与其他设计布置之协调等。

3. 模拟性

模拟性并不是只能模拟建筑物模型，还可以模拟不能在真实世界中进行操作的事物。在设计阶段，BIM 可以对设计上需要进行模拟的一些东西进行模拟实验，例如：节能模拟、紧急疏散模拟、日照模拟等；在招投标和施工阶段可以进行 4D 模拟（三维模型加项目的发展时间），也就是根据施工的组织设计模拟实际施工，从而来确定合理的施工方案来指导施工。同时还可以进行 5D 模拟（基于 3D 模型的造价控制），从而来实现成本控制；后期运营阶段可以模拟日常紧急情况的处理方式，例如地震人员逃生模拟及消防人员疏散模拟等。

4. 优化性

事实上整个设计、施工、运营的过程就是一个不断优化的过程，当然优化和 BIM 也不存在实质性的必然联系，但在 BIM 的基础上可以做更好的优化。优化受三样东西的制约：信息、复杂程度和时间。没有准确的信息做不出合理的优化结果，BIM 提供了建筑物的实际存在的信息，包括几何信息、物理信息、规则信息，还提供了建筑物变化以后的实际存在。基于 BIM 的优化可以做下面的工作：

（1）项目方案优化：把项目设计和投资回报分析结合起来，设计变化对投资回报的影响可以实时计算出来。这样业主对设计方案的选择就不会主要停留在对形状的评价上，而更多地可以使业主知道哪种项目设计方案更有利于自身的需求。

（2）特殊项目的设计优化：例如裙楼、幕墙、屋顶、大空间到处可以看到异型设计，这些内容看起来占整个建筑的比例不大，但是占投资和工作量的比例却往往要大得多，而且通常也是施工难度比较大和施工问题比较多的地方，对这些内容的设计施工方案进行优化，可以显著改进工期和造价。

5. 可出图性

BIM 并不是为了出大家日常多见的建筑设计院所出的建筑设计图，及一些构件加工的图纸。而是通过对建筑物进行了可视化展示、协调、模拟、优化以后，可以帮助业主出如下图纸：

（1）综合管线图（经过碰撞检查和设计修改，消除了相应错误以后）。

（2）综合结构留洞图（预埋套管图）。

（3）碰撞检查侦错报告和建议改进方案。

6. 一体化性

BIM 技术可进行从设计到施工再到运营，即贯穿了工程项目全生命周期的一体化管理。BIM 的技术核心是一个由计算机三维模型所形成的数据库，不仅包含了建筑的设计信息，而且可以容纳从设计到建成使用，甚至是使用周期终结的全过程信息。

7. 参数化性

参数化建模指的是通过参数而不是数字建立和分析模型，简单地改变模型中的参数值就能建立和分析新的模型；BIM 中图元以构件的形式出现，这些构件之间的不同，是通过参数的调整反映出来的，参数保存了图元作为数字化建筑构件的所有信息。

8. 信息完备性

信息完备性体现在BIM技术可对工程对象进行3D几何信息和拓扑关系的描述以及完整的工程信息描述。

1.2 BIM的作用

BIM发展至今，其在项目中的应用也渗透到了项目的各个阶段，从项目的阶段性分析来看，具体的应用有：

项目概念阶段：项目选址模拟分析、可视化展示等。

勘察测绘阶段：地形测绘与可视化模拟、地质参数化分析与法案设计等。

项目设计阶段：参数化设计、日照能耗分析、交通线规划、管线优化、结构分析、风向分析、环境分析等。

招标投标阶段：造价分析、绿色节能、方案展示、漫游模拟等。

施工建设阶段：施工模拟、方案优化、施工安全、进度控制、实时反馈、工程自动化、供应链管理、场地布局规划、建筑垃圾处理等。

项目运营阶段：智能建筑设施、大数据分析、物流管理、智慧城市、云平台存储等。

项目维护阶段：3D点云、维修检测、清理修整、火灾逃生模拟等。

项目更新阶段：方案优化、结构分析、成品展示等。

项目拆除阶段：爆破模拟、废弃物处理、环境绿化、废弃运输处理等。

另外从工程的质量、进度、成本三方面来说，BIM主要应用在以下几个方面：

1. 建设工程质量管理

（1）BIM是建筑设计人员提高设计质量的有效手段。目前，建筑设计专业分工比较细致，一个建筑物的设计需要由建筑、结构、安装等各个专业的工程师协同完成。由于各个工程师对建筑物的理解有偏差，专业设计图之间“打架”的现象很难避免。将BIM应用到建筑设计中，计算机将承担起各专业设计间“协调综合”工作，设计工作中的错漏碰缺问题可以得到有效控制。

（2）BIM是业主理解工程质量的有效手段。业主是高质量工程的最大受益者，也是工程质量的主要决策人。但是，受专业知识局限，业主同设计人员、监理人员、承包商之间的交流存在一定困难。当业主对工程质量要求不明确时，造成工程变更多，质量难以有效控制。BIM为业主提供形象的三维设计，业主可以更明确地表达自己对工程质量的要求，如建筑物的色泽、材料、设备要求等，有利于各方开展质量控制工作。

（3）BIM是项目管理人员控制工程质量的有效手段。由于采用BIM设计的图纸是数字化的，计算机可以在检索、判别、数据整理等方面发挥优势。无论监理工程师还是承包商的项目管理人员，都不必拿着厚厚的图纸反复核对，只需要通过一些简单的功能就可以快速地、准确地得到建筑物构件的特征信息，如钢筋的布置、设备预留孔洞的位置、构件尺寸等，在现场及时下达指令。而且，将建筑物从平面变为立体，是一个资源耗费的过程。利用BIM和施工方案进行虚拟环境数据集成，对建设项目的可建设性进行仿真实验，可在事前发现质量问题。

2. 建设工程进度管理

有时，人们将基于BIM设计称为4D设计，增加的一维信息就是进度信息。从目前看，BIM技术在工程进度管理上有三方面应用：

首先，是可视化的工程进度安排。建设工程进度控制的核心技术，是网络计划技术。目前，该技术在我国利用效果并不理想。究其原因，可能与平面网络计划不够直观有关。在这一方面BIM有优势，通过与网络计划技术的集成，BIM可以按月、周、天直观地显示工程进度计划。一方面便于工程管理人员进行不同施工方案的比较，选择符合进度要求的施工方案；另一方面也便于工程管理人员发现工程计划进度和实际进度的偏差，及时进行调整。

其次，是对工程建设过程的模拟。工程建设是一个多工序搭接、多单位参与的过程。工程进度计划，是由各个子计划搭接而成的。传统的进度控制技术中，各子计划间的逻辑顺序需要人来确定，难免出现逻辑错误，造成进度拖延。而通过BIM技术，用计算机模拟工程建设过程，项目管理人员更容易发现在二维网络计划技术中难以发现的工序间逻辑错误，优化进度计划。

第三，是对工程材料和设备供应过程的优化。当前，项目建设过程越来越复杂，参与单位越来越多，如何安排设备、材料供应计划，在保证工程建设进度需要的前提下，节约运输和仓储成本，正是“精益建设”的重要问题。BIM为精益建设思想提供了技术手段。通过计算机的资源计算、资源优化和信息共享功能，可以达到节约采购成本，提高供应效率和保证工程进度的目的。

3. 建设工程投资（成本）管理

BIM比较成熟的应用领域是投资（成本）管理，也被称为5D技术。其实，在CAD平台上，我国的一些建设管理软件公司，已经对这一技术进行了深入的研发。在BIM平台上，预计这一技术可以得到更大的发展空间。

首先，BIM使工程量计算变得更加容易。在用CAD绘制的设计图中，用计算机自动统计和计算工程量必须履行这样一个程序：由预算人员告诉计算机它存储的那些线条的属性，如是梁、板或柱，这种“三维算量技术”是半自动化的。在BIM平台上，设计图的元素不再是线条，而是带有属性的构件。

其次，BIM使投资（成本）控制更易于落实。对业主而言，投资控制的重点在设计阶段。运用BIM技术，业主可以便捷地、准确地得到不同建设方案的投资估算或概算，比较不同方案的技术经济指标。而且，由于项目投资估算、概算比较准确，业主可以降低不可预见费比率，提高资金使用效率。同样，由于BIM可以较准确快捷地计算出建设工程量数据，承包商依此进行材料采购和人力资源安排，也可节约一定成本。

第三，BIM有利于加快工程结算进程。一方面，BIM有助于提高设计图质量，减少施工阶段的工程变更；另一方面，如果业主和承包商达成协议，基于同一BIM进行工程结算，结算数据的争议会大幅度减少。

1.3 BIM在建筑全生命周期的应用

BIM不仅改变了建筑设计的手段和方法，而且通过在建筑全生命周期中的应用，为建筑行业提供了一个革命性的平台，并将彻底改变建筑行业的协作方式。BIM 应用按照建设项目从规划、设计、施工到运营的发展阶段按时间组织，有些应用跨越一个到多个阶段，有些应用则局限在某一个阶段内。大量的项目实践表明，BIM 大大促进了建筑工程全生命周期的信息共享，建筑企业之间多年存在的信息隔阂被逐渐打破。这大大提高了业主对整个建筑工程项目全生命周期的管理能力，提高了所有利益相关者的工作效率。

1.3.1 BIM 在设计阶段的应用

1. BIM 在设计阶段的应用价值

在建筑项目设计中实施 BIM 的最终目的是要提高项目设计质量和效率，从而减少后续施工期间的洽商和返工，保障施工周期，节约项目资金。

（1）概念设计阶段：在前期概念设计中使用 BIM，在完美表现设计创意的同时，还可以进行各种面积分析、体形系数分析、商业地产收益分析、可视度分析、日照轨迹分析等。

（2）方案设计阶段：此阶段使用 BIM，特别是对复杂造型设计项目将起到重要的设计优化、方案对比（例如曲面有理化设计）和方案可行性分析作用。同时建筑性能分析、能耗分析、采光分析、日照分析、疏散分析等都将对建筑设计起到重要的设计优化作用。

（3）施工图设计阶段：对复杂造型设计等用二维设计手段施工图无法表达的项目，BIM 则是最佳的解决方案。当然在目前 BIM 人才紧缺，施工图设计任务重、时间紧的情况下，不妨采用 BIM + AutoCAD 的模式，前提是基于 BIM 成果用 AutoCAD 深化设计，以尽可能保证设计质量。

（4）专业管线综合：对大型工厂设计、机场与地铁等交通枢纽、医疗、体育、剧院等公共项目的复杂专业管线设计，BIM 是彻底、高效解决这一难题的最佳途径。

（5）可视化设计：效果图、动画、实时漫游、虚拟现实系统等项目展示手段也是 BIM 应用的一部分。

2. 项目类型和介入点

（1）住宅、常规商业建筑项目。项目特点：造型规则有以往成熟的项目设计图等资源可以参考利用；使用常规三维 BIM 设计工具即可完成。此类项目是组建和锻炼 BIM 团队或在设计师中推广应用 BIM 的最佳选择。从建筑专业开头，从扩初设计或施工图阶段介入，先掌握最基本的 BIM 设计工具的基本设计功能、施工图设计流程等，再由易到难逐步向复杂项目、多专业、多阶段及设计全程拓展。

（2）体育场、剧院、文艺中心等复杂造型建筑项目。项目特点：造型复杂或非常复杂，没有设计图等资源可以参考利用，传统 CAD 二维设计工具的平立剖面等无法表达其设计创意，现有的 Rhino、3ds Max 等模型不够智能化，只能一次性表达设计创意，当方案变更时，后续的设计变更工作量很大，甚至已有的模型及设计内容要重新设计，效率极其低下；专业间管线综合设计是其设计难点。此类项目可以充分发挥、体现 BIM 设计的价值。为提高设计效率，建议从概念设计或方案设计阶段介入，使用可编写程序脚本的高级三维 BIM 设计工具或基于 Revit 等 BIM 设计工具编写程序、定制工具插件等完成异型设计和设计优化，再在 Revit 系列中进行管线综合设计。

（3）工厂、医疗等建筑项目。项目特点：造型较规则，但专业机电设备和管线系统复杂，管线综合是设计难点。可以在施工图设计阶段介入，特别是对于总承包项目，可以充分体现 BIM 设计的价值。不同的项目设计师和业主关注的内容不同，将决定在项目中实施 BIM 的内容（异型设计、施工图设计、管线综合设计、性能分析等）。

3. BIM 中的协同设计与协同作业

（1）协同设计。协同设计又细分为 2D 协同设计与 3D 协同设计，这是设计软件本身具备的协同功能。

1）2D 协同设计：2D 协同设计是以 AutoCAD 外部参照功能为基础的 .dwg 文件之间的文件级协同，是一种文件定期更新的阶段性协同设计模式。例如，将一个建筑设计的轴网、标高、外立面墙与门窗、内墙与门窗布局、核心筒、楼梯与坡道、卫浴家具构件等拆分为多个 .dwg文件，由几位设计师分别设计，设计过程中根据需要通过外部参照的方式将其链接组装为多个建筑平立面图，这时如果轴网文件发生变更，所有参照该文件的图纸都可以自动更新。

2）3D 协同设计：3D 协同设计在专业内和专业间的模式不同。

① 专业内 3D 协同设计：是一种数据级的实时协同设计模式。即工作组成员在本地计算机上对同一个 3D 工程信息模型进行设计，每个人的设计内容都可以及时同步到文件服务器上的项目中心文件中，甚至成员间还可以互相借用属于对方的某些建筑图元进行交叉设计，从而实现成员间的实时数据共享。

② 专业间 3D 协同设计：当每个专业都有了 3D 工程信息模型文件时，即可通过外部链接的方式，在专业模型（或系统）间进行管线综合设计。这个工作可以在设计过程中的每个关键时间点进行，因此专业间 3D 协同设计和 2D 协同设计同样是文件级的阶段性协同设计模式。

除上述两种模式外，不同 BIM 设计软件间的数据交互也属于协同设计的范畴。例如在 Revit 系列、AutoCAD、Navisworks、3ds Max、SketchUp、Rhino 等工具间的数据交互，都可以通过专用的导入/导出工具、dwg/dxf/fbx/sat/ifc 等中间数据格式进行交互。

（2）协同作业。协同作业是设计之外的各种设计文件与办公文档管理、人员权限管理、设计校审流程、计划任务、项目状态查询统计等的与设计相关的管理功能，以及设计方与业主、施工方、监理方、材料供应商、运营商等与项目相关各方，进行文件交互、沟通交流等的协同管理系统。它是提升全产业链各环节效率的重要手段，在设计企业中协同平台为生产管理系统的核心部分。

1.3.2　BIM 在施工阶段的应用

在项目施工阶段建立以 BIM 应用为载体的项目管理信息化，可以提升项目生产效率、提高建筑质量、缩短工期、降低建造成本。具体体现在：

（1）直观的视觉效果，充分展示企业实力。三维渲染动画，给人以真实感和直接的视觉冲击。主要应用于施工组织设计及施工方案的展示，在招投标过程中能够充分展示施工企业的能力，也能够将施工组织设计的精髓体现得淋漓尽致。

（2）提升算量效率，提高工程量计算精度。BIM 可以准确快速计算工程量，提升施工预算的精度与效率。

（3）精确计划，实时控制。BIM 的出现可以让管理者快速准确地获得工程基础数据，为施工企业制定精确人、财、物计划提供有效支撑，为实现限额领料、消耗控制提供技术支撑。

（4）实时对比，动态管控。项目管理的基础就是工程基础数据的管理，及时、准确地获取相关工程数据就是项目管理的核心竞争力。BIM 技术可以实现任一时点上工程基础信息的快速获取，可以用模型形象地反映出工程实体的实况，精确统计出各步工作的实际数据。通过计划与实际的对比，可以有效了解项目的盈亏，是否偏离目标等问题，实现对项目成本风险的有效管控。

（5）实现虚拟施工，便于多方协同。虚拟模型可将时间与三维可视化功能相关联，可以进行虚拟施工。通过 BIM 技术结合施工方案、施工模拟和现场视频监测，大大减少建筑质量问题、安全问题，减少返工和整改。

虚拟施工还可以实现可视化的设计交底。设计人员可以通过模型实现向施工方的可视化设计交底，能够让施工方清楚了解设计意图，了解设计中的每一个细节。交底过程中施工方也可以从施工的角度提出意见和建议，并实时更改、优化设计方案。

（6）解决传统碰撞检查难题，减少返工。施工过程中相关各方有时需要付出巨大的代价来弥补由设备管线碰撞等引起的拆装、返工和浪费。传统的二维图设计中，由于采用二维设计图来进行会审，人为的失误在所难免，使施工出现返工现象，造成建设投资的极大浪费，并且还会影响施工进度。利用 BIM 的三维技术在前期可以进行碰撞检查，优化工程设计，减少在建筑施工阶段可能存在的错误损失和返工的可能性，而且优化净空，优化管线排布方案。最后施工人员可以利用碰撞优化后的三维管线方案，进行施工交底、施工模拟，提高施工质量，同时也提高了与业主沟通的能力。

（7）实体建筑过程中的技术应用。

1）实现钢结构的预拼装。

2）实现构件工厂化生产，可以基于 BIM 设计模型对构件进行分解，在工厂加工好后运到现场进行组装，精准度高，失误率低。

3）整合各方数据，自动分析，为技术人员提供参考。

4）随着施工技术的发展，各种新技术、新材料、新工艺层出不穷，导致各类规范、图集频繁更新。整合了相关数据的 BIM 体系，能够精确指出项目所需的技术资料，便于技术人员有目的地学习，提高了学习效率。

5）实时数据共享平台，提高了工程数据的透明性，既提升了办公效率，也避免了后期人为干预造成的弄虚作假现象。

6）BIM 管理系统集成了对文档的搜索、查阅、定位功能，并且所有操作在基于四维 BIM 可视化模型的界面中，充分提高数据检索的直观性，提高工程相关资料的利用率。当施工结束后，自动形成的完整的信息数据库，为工程运营管理人员提供快速查询定位。

1.3.3 BIM 在造价管理的应用

1. BIM 在造价管理中的应用价值

就提升工程造价水平，提高工程造价效率，实现工程造价乃至整个工程生命周期信息化的过程而言，BIM 都具有无可比拟的优势。

（1）BIM 数据库的时效性。BIM 的技术核心是一个由计算机三维模型所形成的数据库，这些数据库信息在建筑全寿命过程中是动态变化的，随着工程施工及市场变化，相关责任人员会调整 BIM 数据，所有参与者均可共享更新后的数据。大大提高了造价人员所依赖的造价基础数据的准确性，从而提高了工程造价的管理水平，避免了传统造价模式与市场脱节、二次调价等问题。

（2）BIM 形象的资源计划功能。利用 BIM 提供的数据库，有利于项目管理者合理安排资金计划、进度计划等资源计划。由此快速制订项目的进度计划、资金计划等资源计划，合理调配资源，并及时准确掌控工程成本，高效地进行成本分析及进度分析，提高了项目的管理水平。

（3）造价数据的积累与共享。在现阶段，造价机构与施工单位完成项目的估价及竣工结算后，相关数据基本以纸质载体或 Excel、Word、PDF 等载体保存，要么存放在档案柜中，要么放在硬盘里，孤立存在。有了 BIM 技术，便可以让工程数据形成带有 BIM 参数的电子资料，存储便捷，同时可以准确地调用、分析，利于数据共享和借鉴经验。BIM 这种统一的项目信息存储平台，实现了经验、信息的积累、共享及管理的高效率。

（4）项目的 BIM 模拟决策。BIM 数据模型的建立，结合可视化技术、模拟建设等 BIM 软件功能，为项目的模拟决策提供了基础。

目前，施工管理中的限额领料流程、手续等制度虽然健全，但是效果并不理想，原因就在于配发材料时，由于时间有限及参考数据查询困难，审核人员无法判断报送的领料单上的每项工作消耗的数量是否合理，只能凭主观经验和少量数据大概估计。随着 BIM 技术的成熟，审核人员可以调用 BIM 中同类项目的大量详细的历史数据，利用 BIM 的多维模拟施工计算，快速、准确地拆分、汇总并输出任一细部工作的消耗量标准，真正实现了限额领料的初衷。

（5）BIM 的不同维度多算对比。造价管理中的多算对比对于及时发现问题并纠偏，降低工程费用至关重要。多算对比通常从时间、工序、空间三个维度进行分析对比。要求不仅能分析一个时间段的费用，还要能够将项目实际发生的成本拆分到每个工序中；又因项目经常按施工段、按区域施工或分包，这又要求能按空间区域统计、分析相关成本要素。要实现快速、精准地多维度多算对比，只有基于 BIM 处理中心，使用 BIM 相关软件才可以实现。另外，可以对 BIM-3D 模型各构件进行统一编码并赋予工序、时间、空间等信息，在数据库的支持下，以最少的时间实现 4D、5D 任意条件的统计、拆分和分析，保证了多维度成本分析的高效性和精准性。

2. BIM 在造价管理中的发展趋势

BIM 技术在造价管理中的发展目标不仅仅是个人的高效率工具，而且是企业进行成本管理的现代化方式。以 BIM 技术作为基础，可以将各造价人员所掌握的造价信息汇集到 BIM 数据库，通过 BIM 多维计算处理，对这些数据进行统计、分析，最后在企业内部作为一个数据平台而共享，大大提高各部门的工作效率，同时还可以根据不同级别，设定不同的数据查阅权限，不仅能够满足不同岗位、不同部门人员从中调用信息，而且有利于对关乎企业生产、发展的核心数据进行保密。

1.3.4 BIM 在运维阶段的应用

1. 运维管理的定义

运维一般意义上是运用一组特定的流程与策略，通过对有限资源的利用，实现最大的经营目标并力图持续地维护这种能力的存在。运维管理系统说得简单点就是物业管理的扩展和延伸，它结合了智能建筑中智能化、网络化、数字化技术以实现数字化管理，数字化管理是运维管理数字化技术应用的核心内容。利用信息网络技术，提供通过互联网和计算机局域网处理运维信息系统管理中心的各项日程业务的数字化应用，达到提高效率、规范管理、向客户提供优质服务的目的。

2. 运维管理包含的功能

运维管理系统是对智能建筑物内所有运行设备的档案、运行、维修、保养进行管理，主要包括设备运行管理、设备维修管理、设备保养管理、维修申请/工作单管理等方面。软件系统可以实时地获取大楼内各种机电设备的运行状态和参数，以方便设备的维修保养等；同时提供技术手段为办公楼的特殊要求提供服务。运维管理系统充分采用智能化、网络化、数字化技术；充分利用网络、计算机、软件、数据库等资源，搭建物业经营管理系统，系统不仅可以简化、规范运维管理公司的日常操作，全面管理企业的运行状况，提高企业的管理水平和工作效率，为企业提供决策的信息支持，为企业创造出理想的经济和社会效益，更促进了物业公司向现代化的企业管理迈进。

3. BIM 在运维管理中的作用

BIM 运用于运维管理系统实现了内部空间设施可视化。现代建筑业发端以来，信息都存在于二维图纸和各种机电设备的操作手册上，需要使用的时候由专业人员自己去查找信息、理解信息，然后据此决策对建筑物进行一个恰当的动作。利用 BIM 将建立一个可视三维模型，所有数据和信息可以从模型里面调用。BIM 在运营维护可分为多项系统工作，例如：设备运行管理、能源管理、租户管理、安保系统、应急管理等。

1.3.5 基于 BIM 的软硬件应用分析

BIM 软件实现信息数据共享的前提是数据接口标准的统一和规范化，目前广泛使用的是 IFC（Industry Foundation Classes）标准。IFC 标准是 IAI（International Alliance of Interoperability）组织于 1997 年 1 月发布的，将多个软件的输入与输出数据格式统一，重新编写，方便建筑工程软件之间的协同工作。IFC 标准将模型分为四个层次：资源层（Resource Layer）、核心层（Core Layer）、共享层（Interoperability Layer）、领域层（Domain Layer），按顺序自上而下，每层只能引用同层或下层信息，确保上层信息变动不影响下层信息。资源层描述建筑对象的所有特性，如材料、造价、日期等，各个信息相互独立；核心层定义信息模型的框架，如建筑物的空间位置，将建筑材料等资源层信息有机结合；共享层定义跨专业交换的信息，如墙、梁、柱等实体；领域层定义各个专业针对的对象，如水、电、暖、气等，方便不同专业领域来定义模型。

1. BIM 软件介绍

BIM 软件种类繁多，选择 BIM 软件平台，首先要选择 BIM 核心建模软件，不同的核心建模软件互通的几何造型、模型碰撞、机电分析等辅助软件也不相同。可以说 BIM 核心建模软件的选择是走上 BIM 道路的第一个分岔口。大部分 BIM 核心建模软件都有相配套的辅助软件或插件。BIM 核心建模软件开发主流公司主要有 Autodesk、Bentley、Tekla、Gery-Technology 和 Graphisoft 公司。下面详细介绍 Revit、ArchiCAD 和 Bentley 系列软件。

（1）Revit。Revit 由 Autodesk 开发，与旗下的 AutoCAD 相独立，与结构分析软件 ROBOT、RISA 通用，支持格式多，如 Sketchup 等导出的 DXF 文件格式可直接转化为 BIM 模型。

（2）ArchiCAD。ArchiCAD 属于 Graphisoft 公司面向全球市场的产品，是面世最早的 BIM 建模软件。Graphisoft 产品系列有 ArchiCAD、AllPLAN、VectorWorks 三个产品，其中 ArchiCAD 在国内应用广泛。ArchiCAD 是专为建筑师设计开发的软件，首先提出了“虚拟建筑”这一概念，在建筑设计功能上相比 Revit 有很大的优势。

（3）Bentley。Bentley 系列分为 Bentley Architecture、Bentley Structural、Bentley Building Mechanical Systems，在工厂设计、道路桥梁、市政和水利工程方面有着优势。以 MicroStation 作为设计和建模的平台，以 ProjectWise 为协作平台，生成的专业模型通过 Navigator 的功能模块，进行模拟碰撞检测、工程进度模拟等操作。

2. BIM 技术的应用

美国在 2012 年发布了应用级别的 NBIMS - US 标准第 2 版，欧洲、加拿大、韩国等都在美国第 1 版标准的基础上加以改动，形成自己国家的标准。我国首批 BIM 国家标准《建筑工程设计信息模型交付标准》《建筑工程设计信息模型分类编码标准》由中国建筑标准设计研究院主编，于 2012 年 11 月成立编制组。在国家工程建设规范的 BIM 标准出台前，BIM 应用最多的还是建筑设计方面，从二维的 CAD 过渡到三维的建模软件，国内大部分 BIM 应用还停留在软件层次上，与建筑信息的交互共享还有一定差距。

3. BIM 技术展望

参数化实体造型技术使得建筑模型不仅仅是三维的线、点、面集合，也不是建筑外观的全息投影，而是实体建筑在计算机虚拟世界的真实缩影，可以表达实体建筑所具有的一切信息。使用 BIM 软件仅仅满足于技术层面上的需求，并不能发挥 BIM 技术的优越性。技术层面上的问题，其他软件理论上都能解决。BIM 技术的关键在于协同作用，通过 BIM 技术将设计方、施工方及业主单位有机结合在一起，避免出现施工项目中信息沟通成本高、信息表达不完全、管理效率低下等问题。BIM 标准为基础，BIM 软件为工具，BIM 模型为媒介，BIM 协作系统为平台，完成信息的利用与传递。BIM 技术的发展方向是 BIM 软件性能不断提升，包括扩充对象库，提高设计效率和软件间的数据互通性，更好的地域适应性，满足不同的地方标准。

4. BIM 领域拓广

由简单的 3D 设计转向 3D + 建设周期管理，目前已经发展至 3D + 建设周期管理 + 工程造价，随着 BIM 研究推进，多维 BIM 含义还在不断扩充中。建筑工业化、政策推动、人力成本上涨、国际竞争迫使国内 BIM 技术发展迅速，未来 BIM 专业人才和本地化 BIM 解决方案将越发重要。

BIM 技术目前主要使用于建筑设计、碰撞检测、工程进度模拟等设计方面，部分施工单位的认同度较低。随着物联网、云技术、建筑产业化的发展，BIM 技术将改变现行的项目管理模式，对整个建筑业的影响将是翻天覆地的。当 BIM 国家标准出台，BIM 技术在建筑工程行业的价值得以真正体现时，那些早已在 BIM 之路上漫漫前行的企业无疑将获得更大的市场。

第2章

2

基于Revit平台的构建基本原理

2.1 软件概述

2.1.1 软件的 5 种图元要素

（1）主体图元：包括墙、楼板、屋顶和天花板、场地、楼梯、坡道等。主体图元的参数大多可以设置，如墙可以设置构造层、厚度、高度等，如图 2-1 所示。楼梯都具有踏面、踢面、休息平台、梯段宽度等参数，如图 2-2 所示。

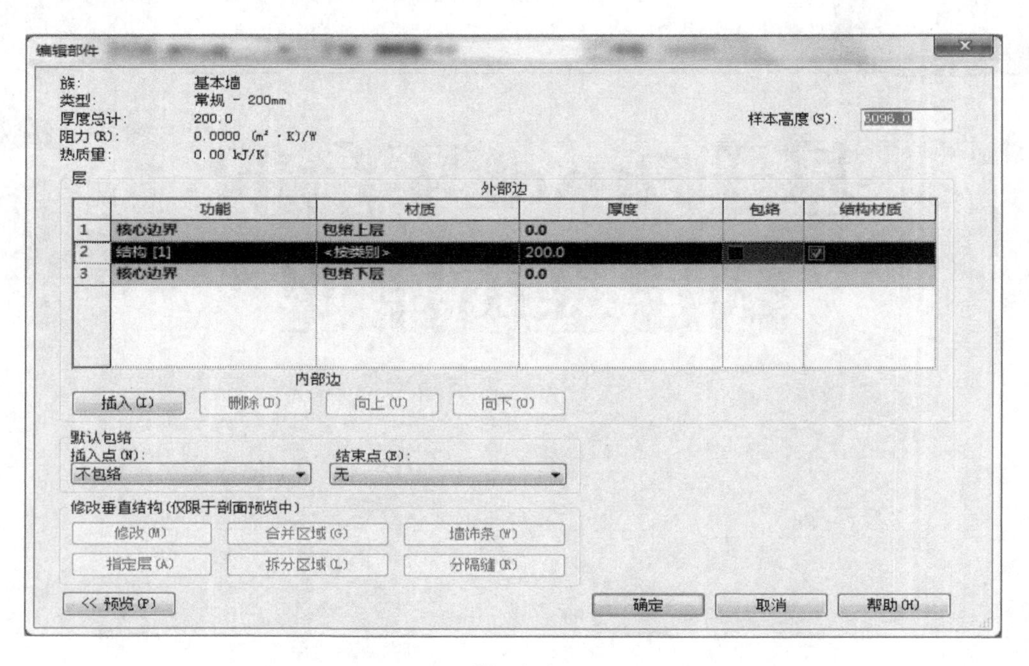

图 2-1

主体图元的参数由软件系统预先设置，用户不能自由添加参数，只能修改原有的参数设置，编辑创建出新的主体类型。

（2）构件图元：包括窗、门和家具、植物等三维模型构件。构件图元和主体图元具有相对的依附关系，如门窗是安装在墙主体上的，删除墙，则墙体上安装的门窗构件也同时被删除，这是 Revit 软件的特点之一。

构件图元的参数设置相对灵活，变化较多，所以在 Revit 中，用户可以自行定制构件图元，设置各种需要的参数类型，以满足参数化设计修改的需要，如图 2-3 所示。

（3）注释图元：包括尺寸标注、文字注释、标记和符号等。注释图元的样式都可以由用户自行定制，以满足各种本地化设计应用的需要，比如展开项目浏览器的族中注释符号的子目录，即可编辑修改相关注释族的样式，如图 2-4 所示。

Revit 中的注释图元与其标注、标记的对象之间具有某种特定的关联特点，如门窗定位

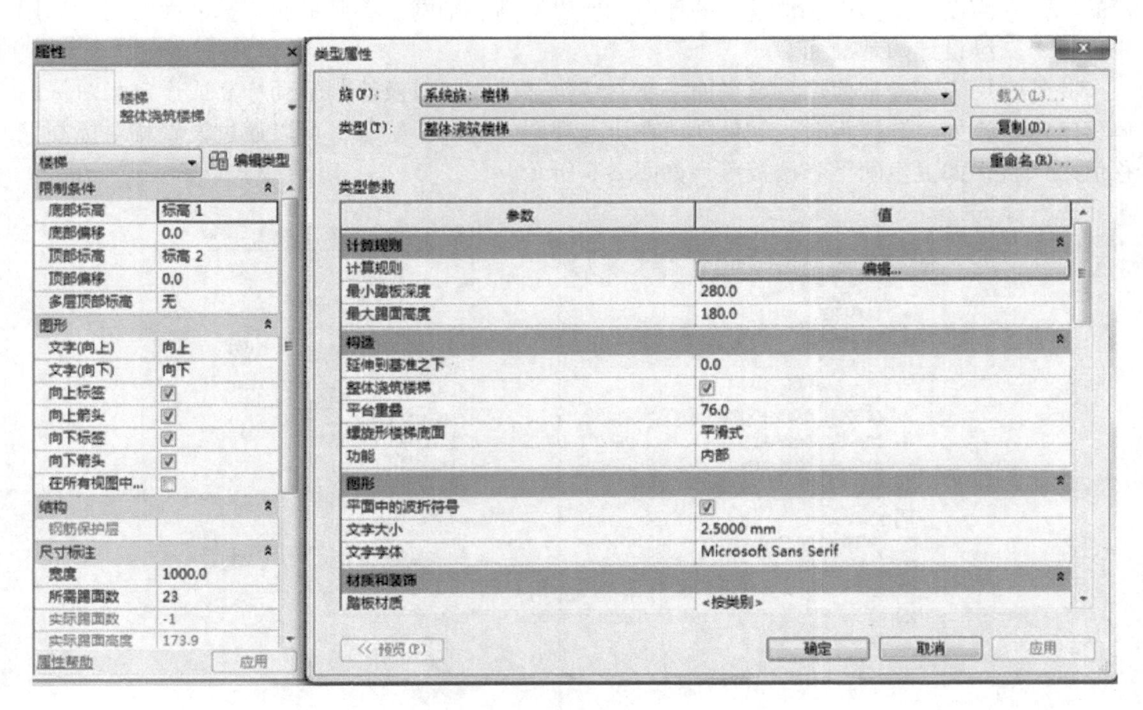

图 2-2

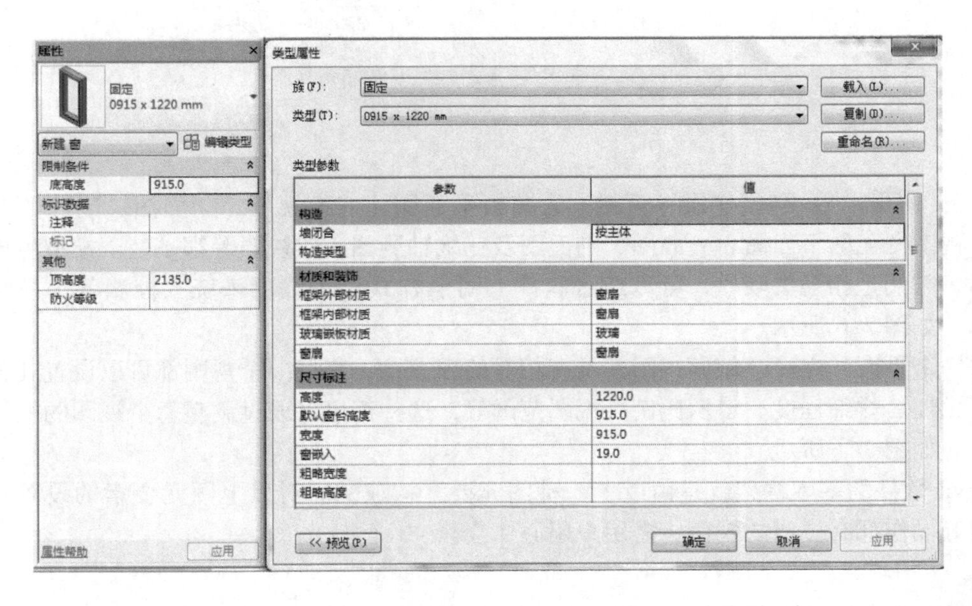

图 2-3

的尺寸标注，若修改门窗位置或门窗大小，其尺寸标注会根据系统自动修改；若修改墙体材料，则墙体材料的材质标记会自动变化。

（4）图元：包括标高、轴网、参照平面等。因为 Revit 是一款三维设计软件，而三维建模的工作平面设置是其中非常重要的环节，所以标高、轴网、参照平面等基准面图元就为用户提供了三维设计的基准面。

此外，用户还经常使用参照平面来绘制定位辅助线，以及绘制辅助标高或设定相对标高偏移来定位，如绘制楼板时，软件默认在所选视图的标高上绘制，可以通过设置相对标高偏移值来调整，如卫生间下降楼板等，如图 2-5 所示。

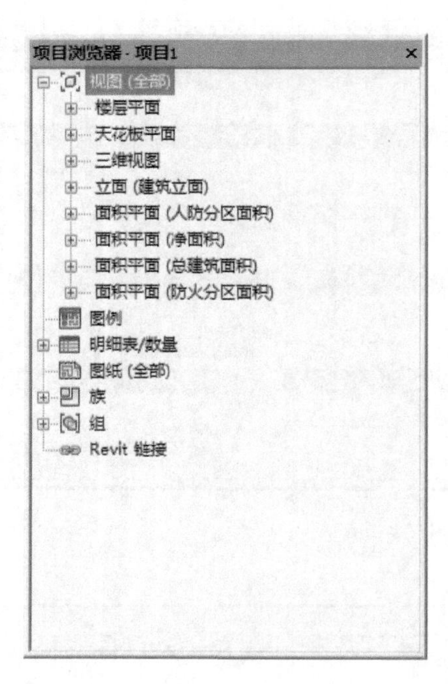

图 2-4

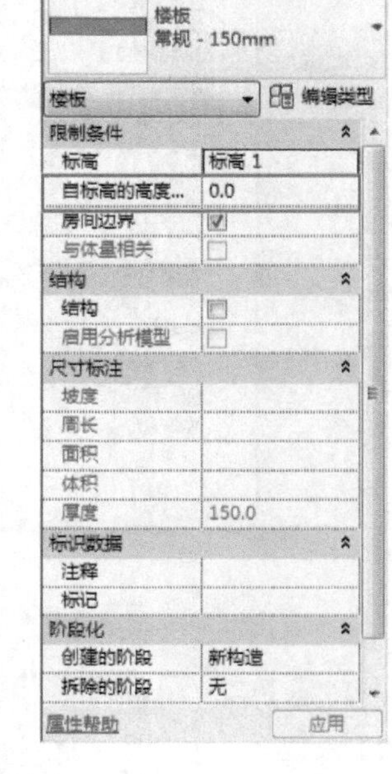

图 2-5

（5）视图图元：包括楼层平面图、天花板平面图、三维视图、立面图、剖面图及明细表等。视图图元的平面图、立面图、剖面图及三维轴测图、透视图等都是基于模型生成的视图表达，它们是相互关联的，可以通过软件“对象样式”的设置来统一控制各个视图的对象显示，如图 2-6 所示。

每一个平面、立面、剖面视图都具有相对的独立性，如每一个视图都可以设置其独有的构件可见性、详细程度、出图比例、视图范围等，这些都可以通过调整每个视图的视图属性来实现，如图 2-7 所示。

Revit 软件的基本构架就是由以上 5 种图元要素构成的。对以上图元要素的设置、修改及定制等操作都有类似的规律，需用户用心体会。

2.1.2 “族”的名词解释和软件的整体构架关系

（1）Revit 软件作为一款参数化设计软件，族的概念需要深入理解和掌握。通过族的创建和定制，使软件具备了参数化设计的特点及实现本地化项目定制的可能性。族是一个包含通用属性（称作参数）集和相关图形表示的图元组，所有添加到 Revit 项目中的图元（从用

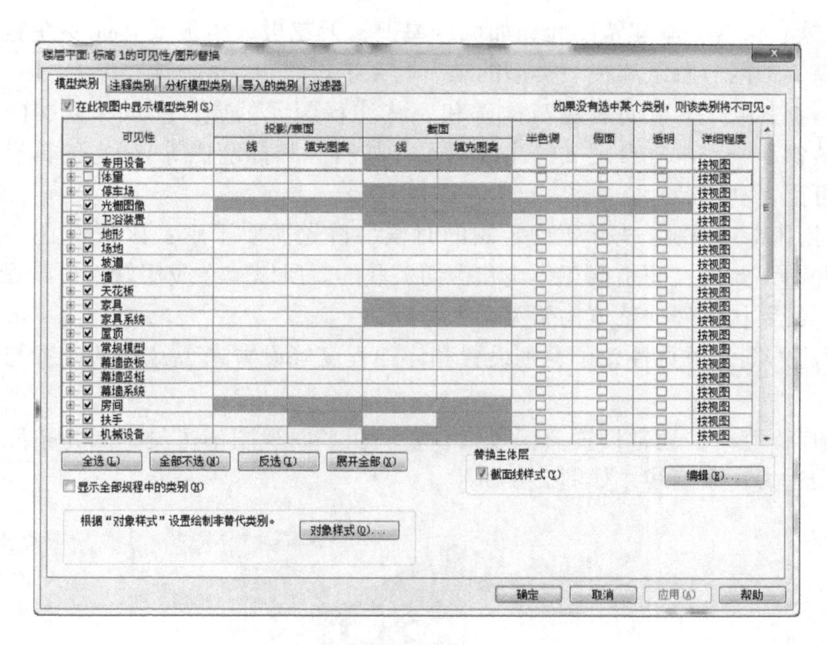

图　2-6

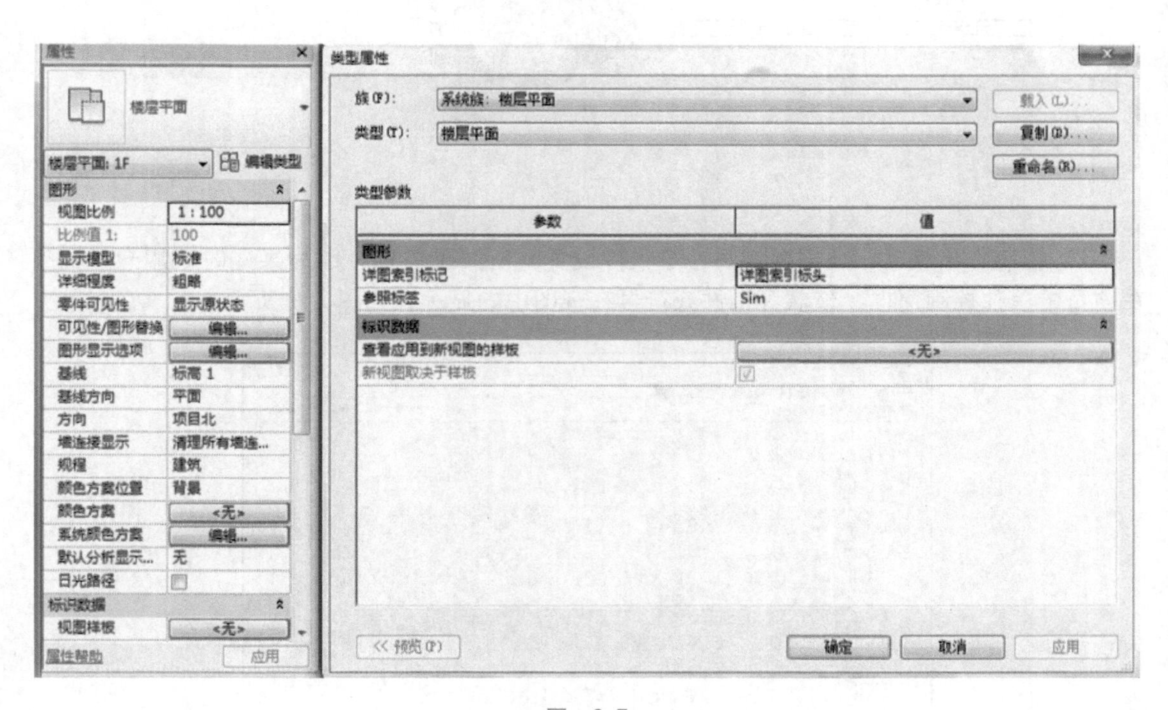

图　2-7

于构成建筑模型的结构构件、墙、屋顶、窗和门到用于记录该模型的详图索引、装置、标记和详图构件）都是使用族来创建的。

在 Revit 中，有以下 3 种族：

1）内建族：在当前项目为专有的特殊构件所创建的族，不需要重复利用。

2）系统族：包含基本建筑图元，如墙、屋顶、天花板、楼板及其他要在施工场地使用的图元。标高、轴网、图纸和视口类型的项目和系统设置也是系统族。

3）标准构件族：用于创建建筑构件和一些注释图元的族，例如，窗、门、橱柜、装置、家具、植物和一些常规自定义的注释图元（如符号和标题栏等），它们具有可自定义高度的特征，可重复利用。

（2）在应用 Revit 软件进行项目定制的时候，首先需要了解：该软件是一个有机的整体，它的 5 种图元要素之间是相互影响和密切关联的。所以，在应用软件进行设计、参数设置及修改时，需要从软件的整体构架关系来考虑。

1）以窗族的图元可见性、子类别设置和详细程度等设置来说，族的设置与建筑设计表达密切相关。

2）在制作窗族时，通常设置窗框竖梃和玻璃在平面视图不可见，因为按照我国的制图标准，窗户表达为 4 条细线，如图 2-8 所示。

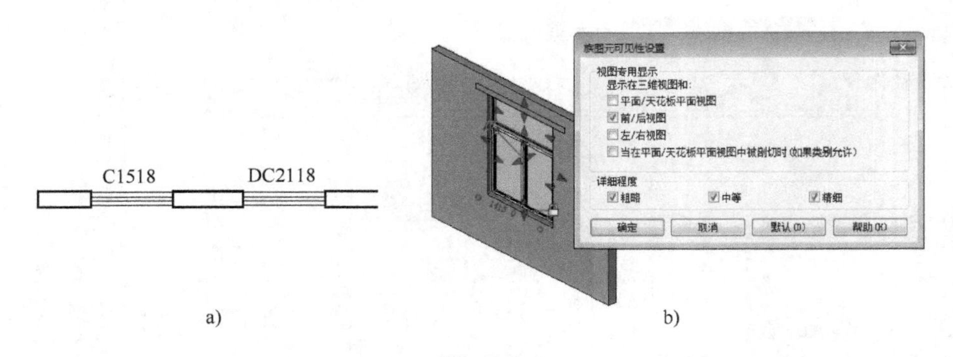

a)　　b)

图　2-8

3）在制作窗族时，还需要为每一个构件设置其所属子类别，因为某些时候用户还需要在项目中单独控制窗框、玻璃等构件或符号在视图中的显示，如图 2-9 所示。

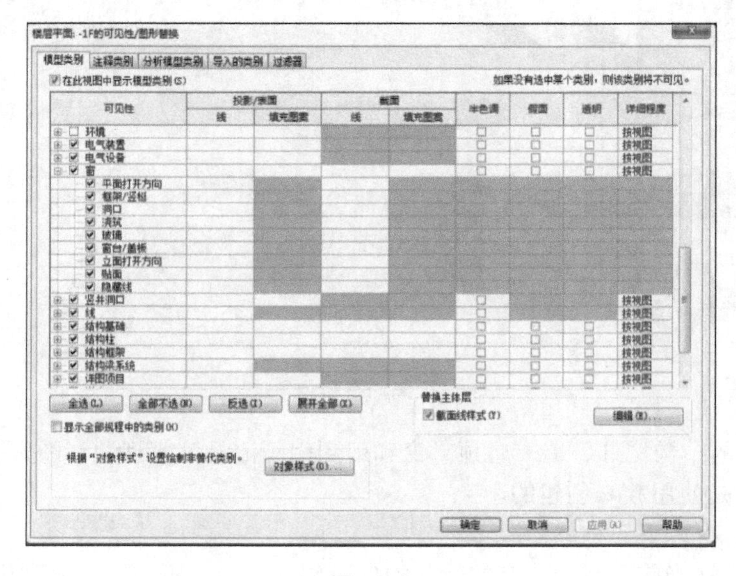

图　2-9

4）此外，在项目中窗的平面表达，在1∶100的视图比例和1∶20的视图比例中的平面显示的要求是不同的，在制作窗族设置详细程度时需要加以考虑，如图2-10所示。

5）在项目中，门窗标记与门窗表，以及族的类型名称也是密切相关的，需要综合考虑。比如在项目图中，门窗标记的默认位置和标记族的位置有关，如图2-11所示。

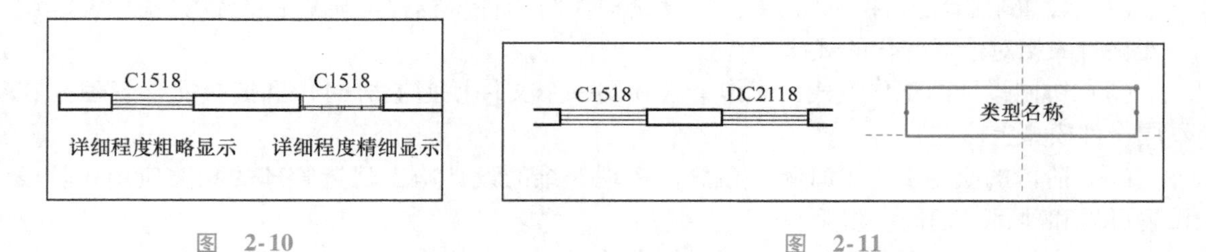

图 2-10　　图 2-11

6）标记族选用的标签与门窗表选用的字段有关，如图2-12所示。

<窗明细表>

A	B	C	D	E	F	G	H
	洞口尺寸			楼 数			楼 数
设计编号	宽度	高度	参照图集	标高	备注	类型	总数
C0609	600	900	参照03J603-2	1F	断热铝合金中空玻璃固定窗	C0615	1
C0615	600	1400	参照03J603-2	1F	断热铝合金中空玻璃固定窗	C0615	1
C0625	600	2500	参照03J603-2	1F	断热铝合金中空玻璃固定窗	推拉窗C0624	2
C0823	850	2300	参照03J603-2	1F	断热铝合金中空玻璃固定窗	推拉窗C0624	3
C0915	900	1500	参照03J603-2	1F	断热铝合金中空玻璃推拉窗	C0915	2
C2406	2400	600	参照03J603-2	1F	断热铝合金中空玻璃推拉窗	推拉窗C2406	1
C3423	3400	2300	参照03J603-2	1F	断热铝合金中空玻璃推拉窗	C3415	1
总计：11							11

图 2-12

7）在调用门窗族类型的时候，为了方便从类型选择器中选用门窗，需要把族的名称和类型名称定义得直观、易懂。按照我国标准的图纸表达习惯，最好的方式就是把族名称、类型名称与门窗标记族的标签，以及明细表中选用的字段关联起来，作为一个整体来考虑，如图2-13所示。

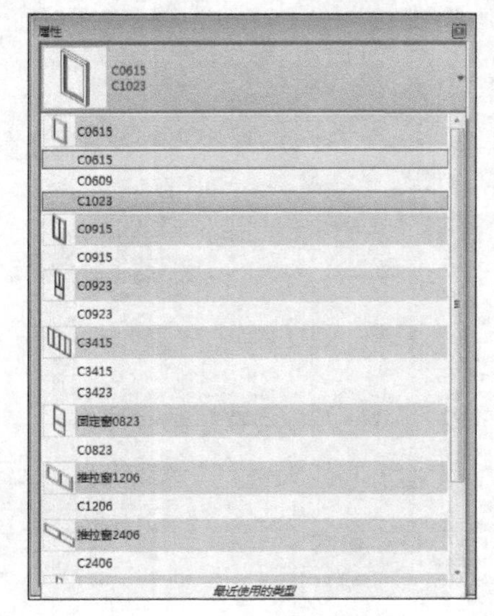

图 2-13

2.1.3 Revit的应用特点

了解Revit的应用特点，才能更好地结合项目需求，做好项目应用的整体规划，避免事后返工。

（1）首先要建立三维设计和建筑信息模型的概念，创建的模型具有现实意义：比如创建墙体模型，它不仅有高度的三维模型，而且具有构造层，有内外墙的差异，有材料特性、时间及阶段信息等，所以，创建模型时，这些都需要根据项目应用需要加以考虑。

（2）关联和关系的特性：平立剖图与模型、明细表的实时关联，即一处修改，处处修改的特性；墙和门窗的依附关系，墙能附着于屋顶楼板等主体的特性；栏杆能指定坡道楼梯为主体；尺寸注释和注释对象的关联关系等。

（3）参数化设计的特点：类型参数、实例参数、共享参数等对构件的尺寸、材质、可见性、项目信息等属性进行控制。不仅是建筑构件的参数化，而且可以通过设定约束条件实现标准化设计，如整栋建筑单体的参数化、工艺流程的参数化、标准厂房的参数化设计。

（4）设置限制性条件，即约束：如设置构件与构件、构件与轴线的位置关系，设定调整变化时的相对位置变化的规律。

（5）协同设计的工作模式：工作集（在同一个文件模型上协同）和链接文件管理（在不同文件模型上协同）。

（6）阶段的应用引入了时间的概念，实现四维的设计施工建造管理的相关应用。阶段设置可以和项目工程进度相关联。

（7）实时统计工程量的特性，可以根据阶段的不同，按照工程进度的不同阶段分期统计工程量。

2.2 工作界面介绍与基本工具应用

Revit 2016 界面与以往旧版本的 Revit 软件的界面变化很大，界面变化的主要目的就是简化工作流程。在 Revit 2016 中，只需单击几次，便可以修改界面，从而更好地支持人们的工作，例如，可以将功能区设置为 3 种显示设置之一，还可以同时显示若干个项目视图，或按层次放置视图以仅看到最上面的视图，如图 2-14 所示。

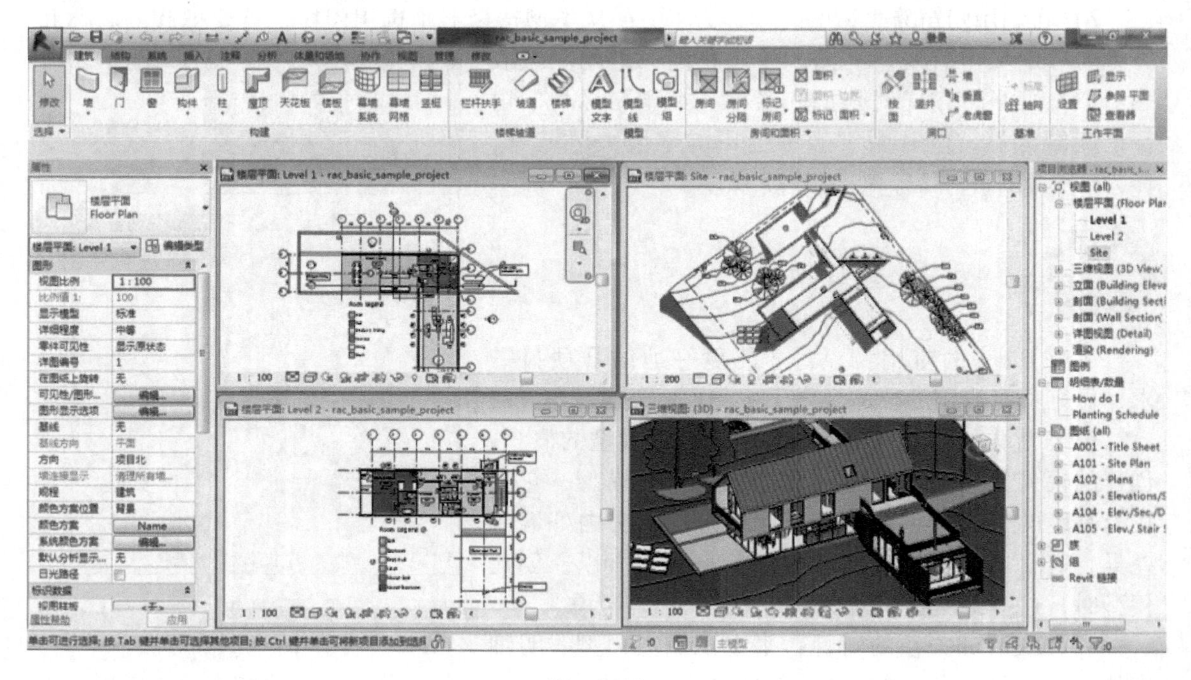

图 2-14

2.2.1 应用程序菜单

应用程序菜单提供对常用文件操作的访问，如【新建】、【打开】和【保存】菜单。还允许使用更高级的工具（如【导出】和【发布】）来管理文件。单击按钮打开应用程序菜单，如图2-15所示。

在Revit 2016中自定义快捷键时执行应用程序菜单中的【选项】命令，弹出【选项】对话框，然后单击【用户界面】选项卡中的【自定义】按钮，在弹出的【快捷键】对话框中进行设置，如图2-16所示。

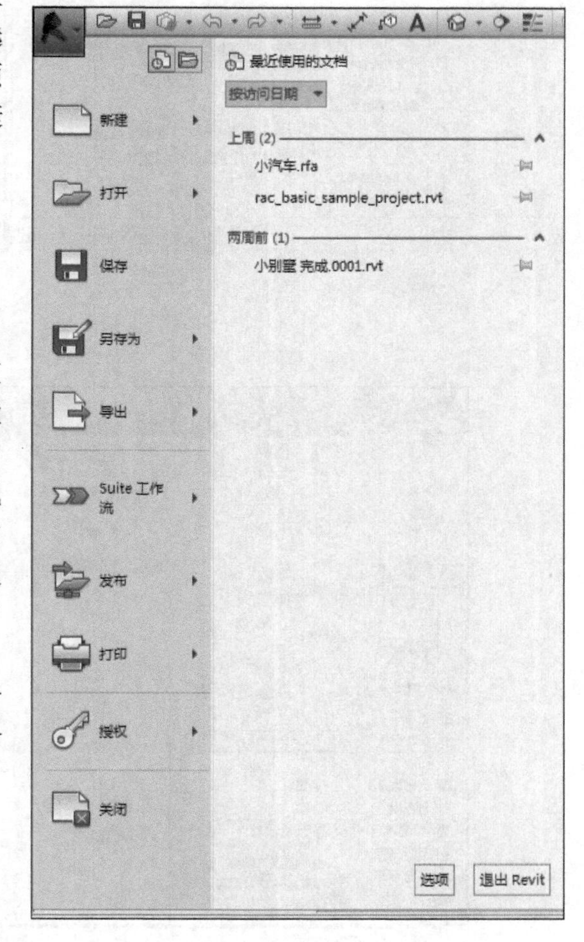

图　2-15

2.2.2 快速访问工具栏

单击快速访问工具栏后的下拉按钮，将弹出工具列表，在Revit 2016中每个应用程序都有一个QAT，增加了QAT中的默认命令的数目。若要向快速访问工具栏中添加功能区的按钮，可在功能区中单击鼠标右键，在弹出的快捷菜单中选择【添加到快速访问工具栏】，按钮会添加到快速访问工具栏中默认命令的右侧，如图2-17所示。

可以对快速访问工具栏中的命令进行向上/向下移动命令、添加分隔符、删除命令等操作，如图2-18所示。

2.2.3 功能区3种类型的按钮

功能区包括以下3种类型的按钮：

（1）按钮（如天花板）：单击可调用工具。

（2）下拉按钮：如图2-19中【墙】包含一个下三角按钮，用以显示附加的相关工具。

（3）分割按钮：调用常用的工具或显示包含附加相关工具的菜单。

注意：如果看到按钮上有一条线将按钮分割为两个区域，单击上部（或左侧）可以访问最常用的工具；单击另一侧可显示相关工具的列表，如图2-19所示。

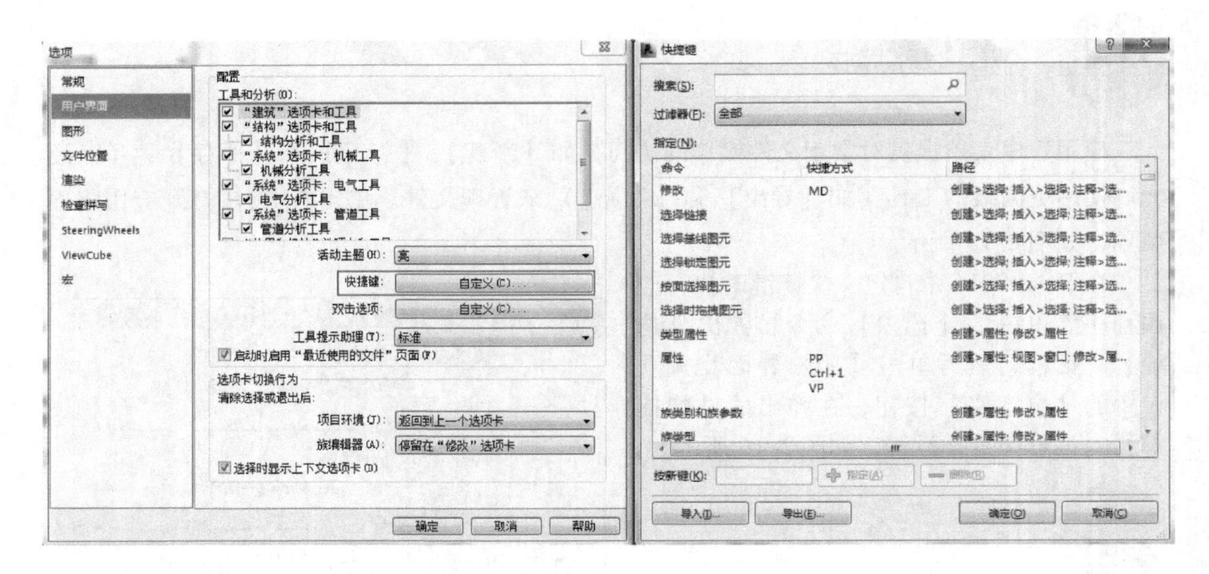

图 2-16

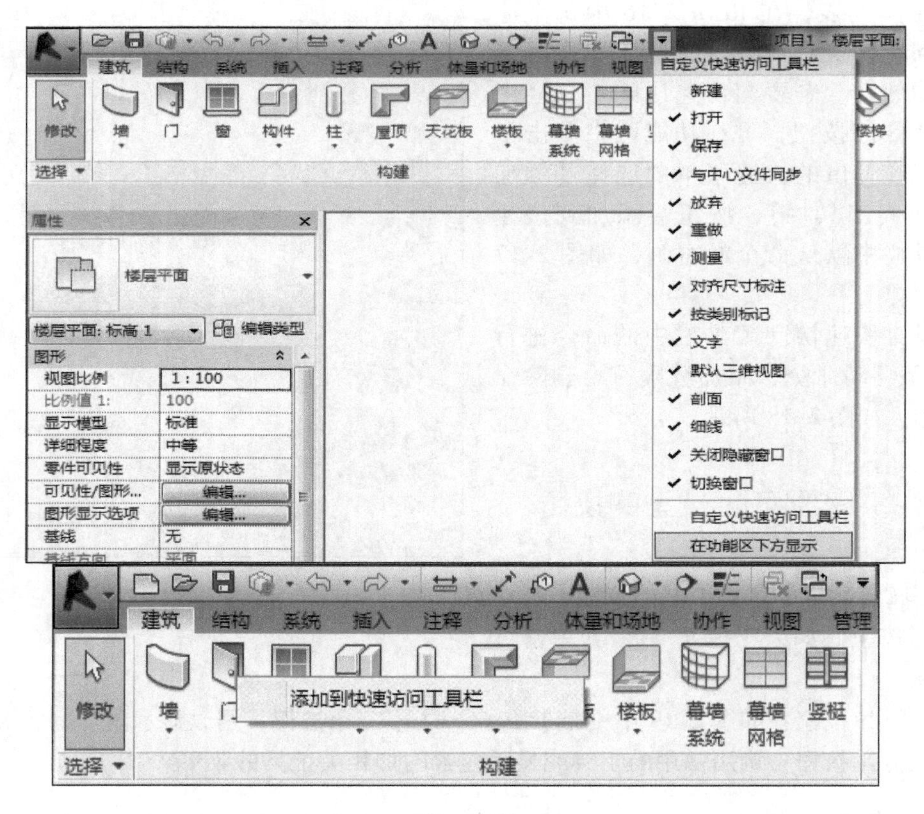

图 2-17

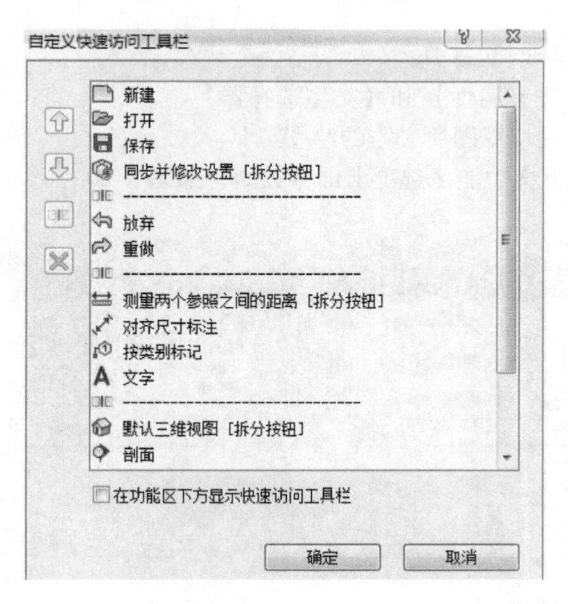

图 2-18

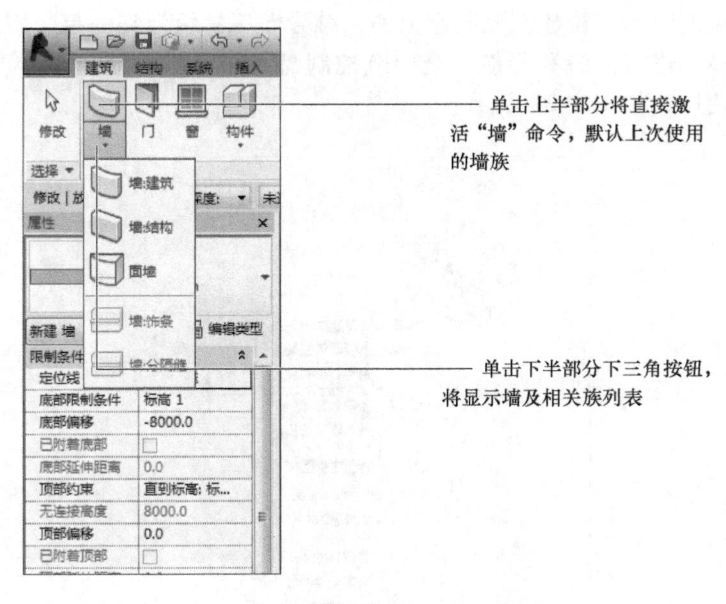

图 2-19

2.2.4 上下文功能区选项卡

激活某些工具或者选择图元时，会自动增加并切换到一个【上下文功能区选项卡】，其中包含一组只与该工具或图元的上下文相关的工具。

例如，单击【墙】工具时，将显示【放置墙】的上下文选项卡，其中显示以下 3 个面板：

（1）选择：包含【修改】工具。

（2）图元：包含【图元属性】和【类型选择器】。

（3）图形：包含绘制墙草图所必需的绘图工具。

退出该工具时，上下文功能区选项卡即会关闭，如图2-20所示。

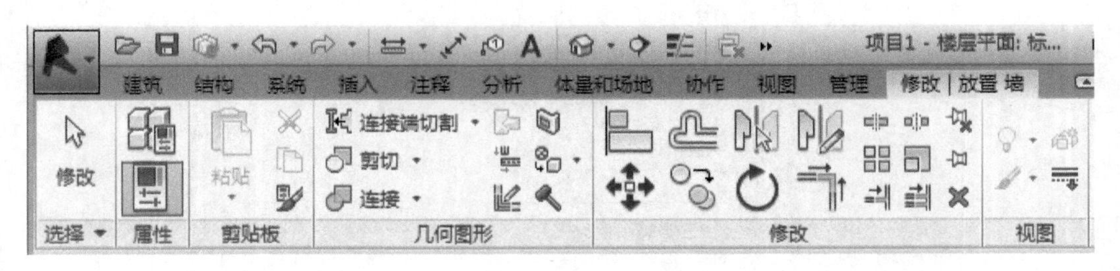

图 2-20

2.2.5 全导航控制盘

将查看对象控制盘和巡视建筑控制盘上的三维导航工具组合到一起。用户可以查看各个对象，以及围绕模型进行漫游和导航。全导航控制盘和全导航控制盘（小）经优化适合有经验的三维用户使用，如图2-21所示。

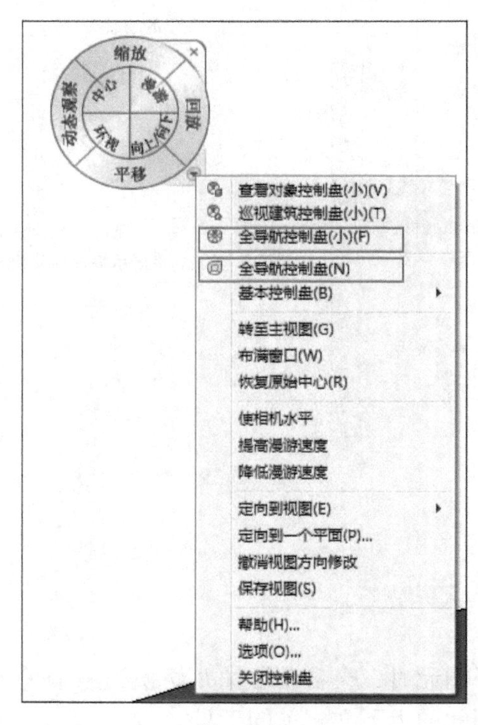

图 2-21

注意：显示其中一个全导航控制盘时，单击任何一个选项，然后按住鼠标不放即可进行调整，如按住缩放，前后拉动鼠标可进行视图的大小控制。

（1）切换到全导航控制盘：在控制盘上单击鼠标右键，在弹出的快捷菜单中选择【全导航控制盘】命令。

（2）切换到全导航控制盘（小）：在控制盘上单击鼠标右键，在弹出的快捷菜单中选择【全导航控制盘（小）】命令。

2.2.6　ViewCube

ViewCube是一个三维导航工具，可指示模型的当前方向，并让用户调整视点，如图2-22所示。

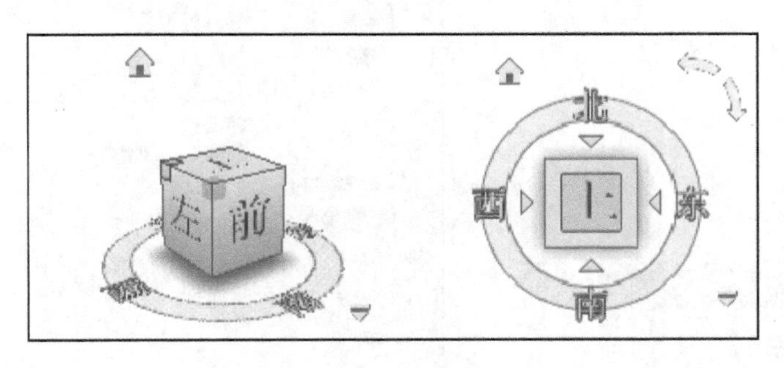

图　2-22

主视图是随模型一同存储的特殊视图，可以方便地返回已知视图或熟悉的视图，用户可以将模型的任何视图定义为主视图。

具体操作：在ViewCube上单击鼠标右键，在弹出的快捷菜单中选择【将当前视图设定为主视图】命令。

2.2.7　视图控制栏

视图控制栏位于Revit窗口底部的状态栏上方，界面为 1 : 100 。通过它，可以快速访问影响绘图区域的功能，视图控制栏工具从左向右依次是：

（1）比例。

（2）详细程度。

（3）模型图形样式：单击可选择【线框】、【隐藏线】、【着色】、【一致的颜色】和【真实】5种模式（同时增加了新的选项卡——【图形显示选项】，此选项后面会有详细介绍）。

（4）打开/关闭日光路径。

（5）打开/关闭阴影。

（6）显示/隐藏渲染对话框（仅当绘图区域显示三维视图时才可用）。

（7）打开/关闭裁剪区域。

（8）显示/隐藏裁剪区域。

（9）锁定/解锁三维视图。

（10）临时隐藏/隔离。

（11）显示隐藏的图元。

（12）临时视图属性：单击可选择启用临时视图属性、临时应用样板属性和回复视图属性。

（13）显示/隐藏分析模型。

（14）高亮显示位移集。

要点：在 Revit 2016 的图形显示选项功能面板中，如图 2-23 所示，可进行【轮廓】、【阴影】、【照明】和【背景】等命令的相关设置，如图 2-24 所示。

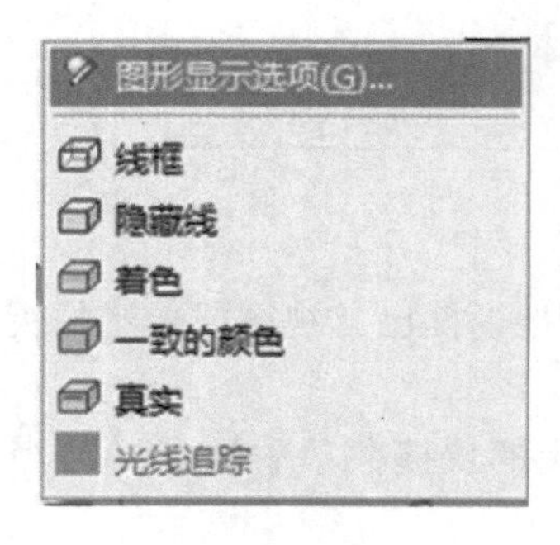

图 2-23

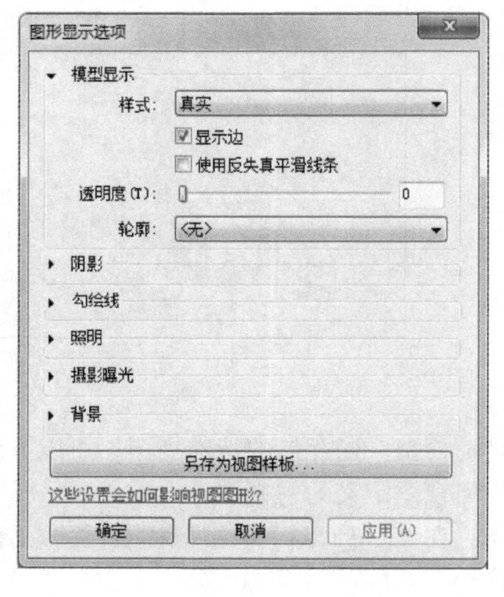

图 2-24

进行相关设置并打开日光路径后，在三维视图中会有如图 2-25 所示的效果。

可以通过直接拖曳图中的太阳，或修改时间来模拟不同时间段的光照情况，还可以通过拖曳太阳轨迹来修改日期如图 2-26 所示。

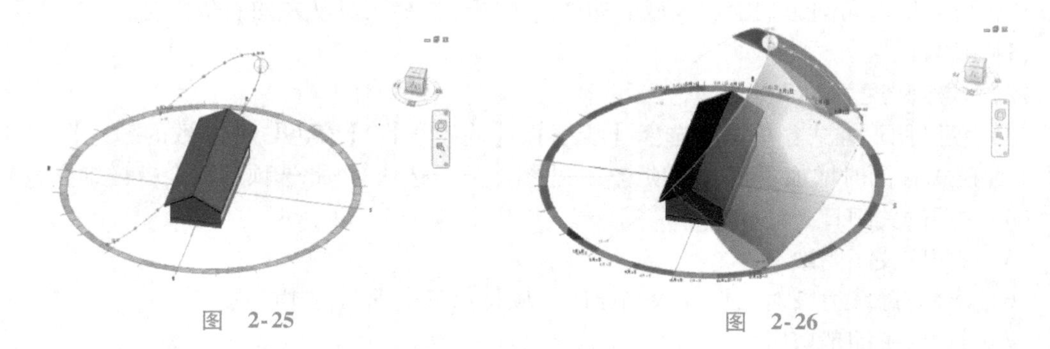

图 2-25　　图 2-26

也可以在【日光设置】对话框中进行设置并保存，如图2-27所示。

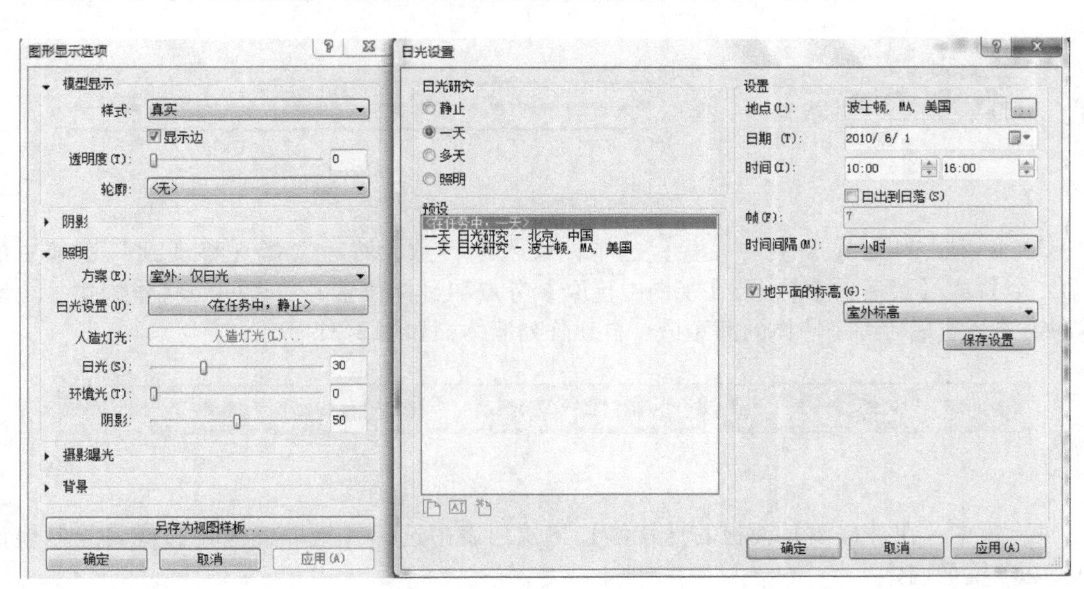

图 2-27

打开三维视图，单击【锁定/解锁三维视图】功能按钮，如图2-28所示，用于锁定三维视图并添加保存命令的操作。

图 2-28

2.2.8 基本工具的应用

常规的编辑命令适用于软件的整个绘图过程，如移动、复制、旋转、阵列、镜像、对齐、拆分、修剪、偏移等编辑命令，如图2-29所示，下面主要通过墙体和门窗的编辑来详细介绍。

1. 墙体的编辑

（1）选择【修改|墙】选项卡，【修改】面板下的编辑命令如图2-29所示。

1）复制：在选项栏 修改|墙 ☐约束 ☐分开 ☐多个 中，勾选【多个】复选框，可复制多个墙体到新的位置，复制的墙与相交的墙自动连接，勾选【约束】复选框，可复制在垂直方向或水平方向的墙体。

2）旋转：拖曳【中心点】可改变旋转的中心位置，如图2-30所示。用鼠标拾取旋转参照位置和目标位置，旋转墙体。也可以在选项栏设置旋转角度值后按 < Enter > 键旋转墙体（注意：勾选【复制】复选框会在旋转的同时复制一个墙体的副本）。

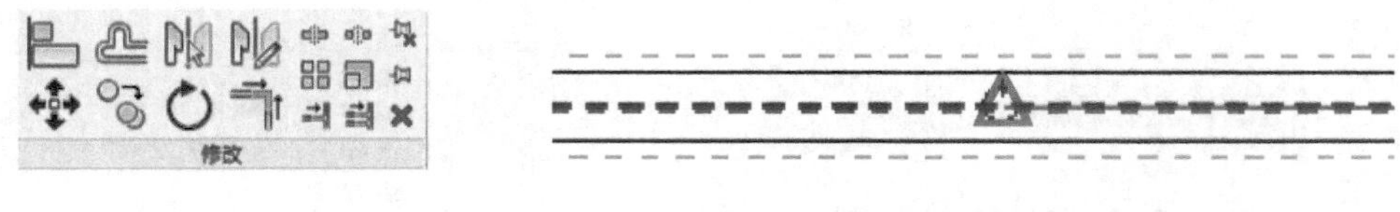

图 2-29　　　　图 2-30

3）阵列：勾选【成组并关联】选项，输入项目数，然后选择【移动到】选项中的【第二个】或【最后一个】，再在视图中拾取参考点和目标位置，二者间距将作为第一个墙体和第二个或最后一个墙体的间距值，自动阵列墙体，如图 2-31 所示。

图 2-31

4）镜像：在【修改】面板的【镜像】下拉列表中选择【拾取镜像轴】或【绘制镜像轴】选项镜像墙体。

5）缩放：选择墙体，单击【缩放】工具，在选项栏上选择缩放方式，选择【图形方式】单选按钮，单击整道墙体的起点、终点，以此来作为缩放的参照距离，再单击墙体新的起点、终点，确认缩放后的大小距离，选择【数值方式】单选按钮，直接输入缩放比例数值，按 <Enter> 键确认即可。

（2）选择【修改 | 墙】选项卡下【编辑】面板上的工具，如图 2-32 所示。

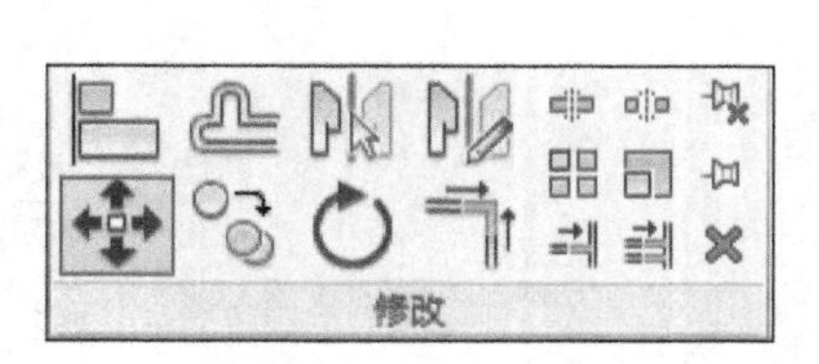

图 2-32

1）对齐：在各视图中对构件进行对齐处理。选择目标构件，使用 <Tab> 功能键确定对齐位置，再选择需要对齐构件，使用 <Tab> 功能键选择需要对齐的部位。

2）拆分：在平面、立面或三维视图中单击墙体的拆分位置即可将墙在水平或垂直方向拆分成几段。

3）修剪：单击【修剪】按钮即可修剪墙体。

4）延伸：单击【延伸】工具下拉按钮，选择【修剪/延伸单个图元】或【修剪/延伸多个图元】命令，既可以修剪也可以延伸墙体。

5）偏移：在选项栏设置偏移，可以将所选图元偏移一定的距离。

6）复制：单击【复制】按钮可以复制平面或立面上的图元。

7）移动：单击【移动】按钮可以将选定图元移动到视图中指定的位置。

8）旋转：单击【旋转】按钮可以绕选定的轴旋转至指定位置。

9）镜像-拾取轴：可以使用现有线或边作为镜像轴，来反转选定图元的位置。

10）镜像-绘制轴：绘制一条临时线，用做镜像轴。

11）缩放：可以调整选定图元的大小。

12）阵列：可以创建选定图元的线性阵列或半径阵列。

注意：如偏移时需生成新的构件，勾选【复制】复选框。

2. 门窗的编辑

选择门窗，自动激活【修改门/窗】选项卡，在【修改】面板下编辑命令。

可在平面、立面、剖面、三维等视图中移动、复制、阵列、镜像、对齐门窗。

在平面视图中复制、阵列、镜像门窗时，如果没有同时选择其门窗标记的话，可以在后期随时添加，在【注释】选项卡的【标记】面板中选择【标记全部】命令，然后在弹出的对话框中选择要标记的对象，并进行相应设置。所选标记将自动完成标记（和以往版本不同的是，对话框上方出现了【包括链接文件中的图元】，以后会涉及相关知识），如图2-33所示。

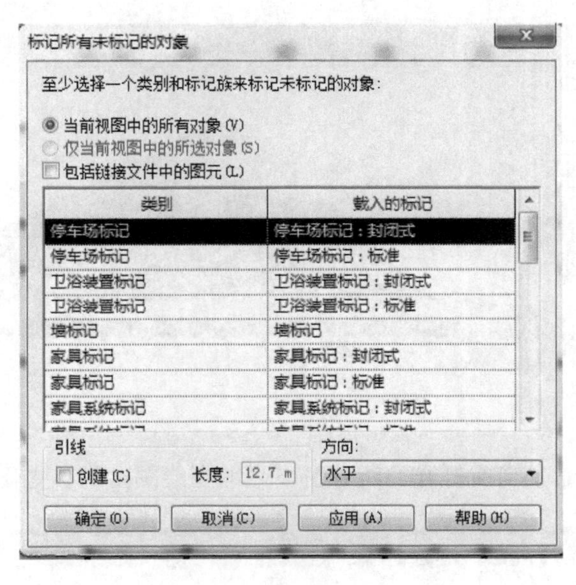

图　2-33

视图上下文选项卡上的基本命令，如图2-34所示。

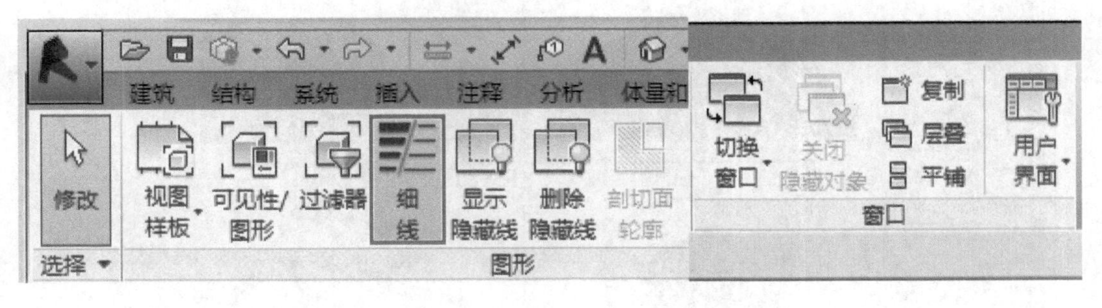

图　2-34

1）细线：软件默认的打开模式是粗线模型，当需要在绘图中以细线模型显示时，可选择【图形】面板中的【细线】命令。

2）窗口切换：绘图时打开多个窗口，通过【窗口】面板上的【窗口切换】命令选择绘图所需窗口。

3）关闭隐藏对象：自动隐藏当前没有在绘图区域上使用的窗口。

4）复制：选择该命令复制当前窗口。

5）层叠：选择该命令当前打开的所有窗口层叠地出现在绘图区域，如图 2-35 所示。

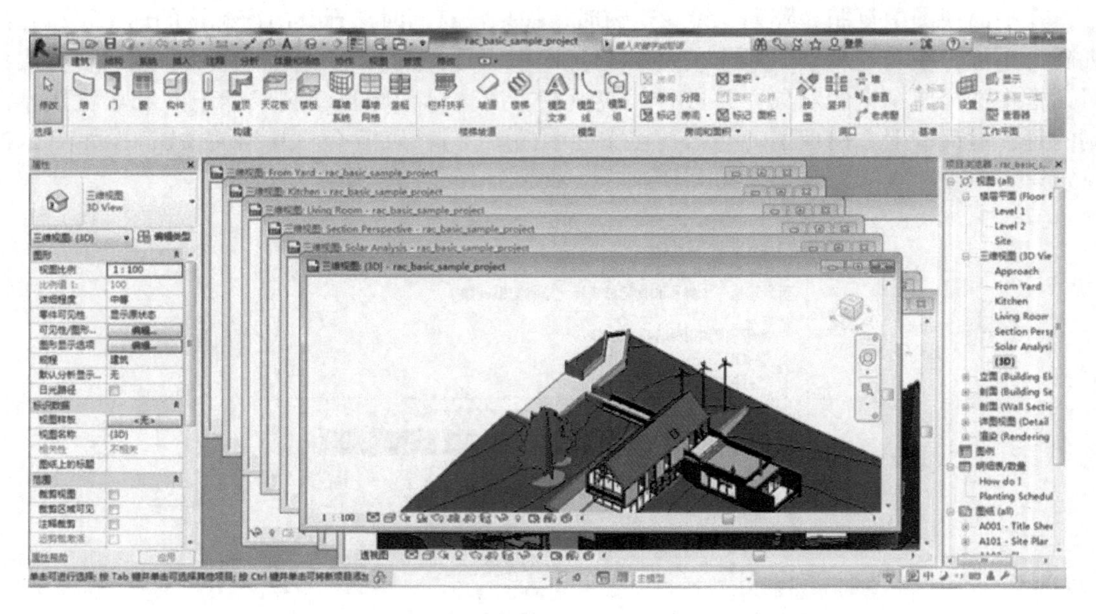

图 2-35

6）平铺：选择该命令当前打开的所有窗口平铺在绘图区域，如图 2-36 所示。

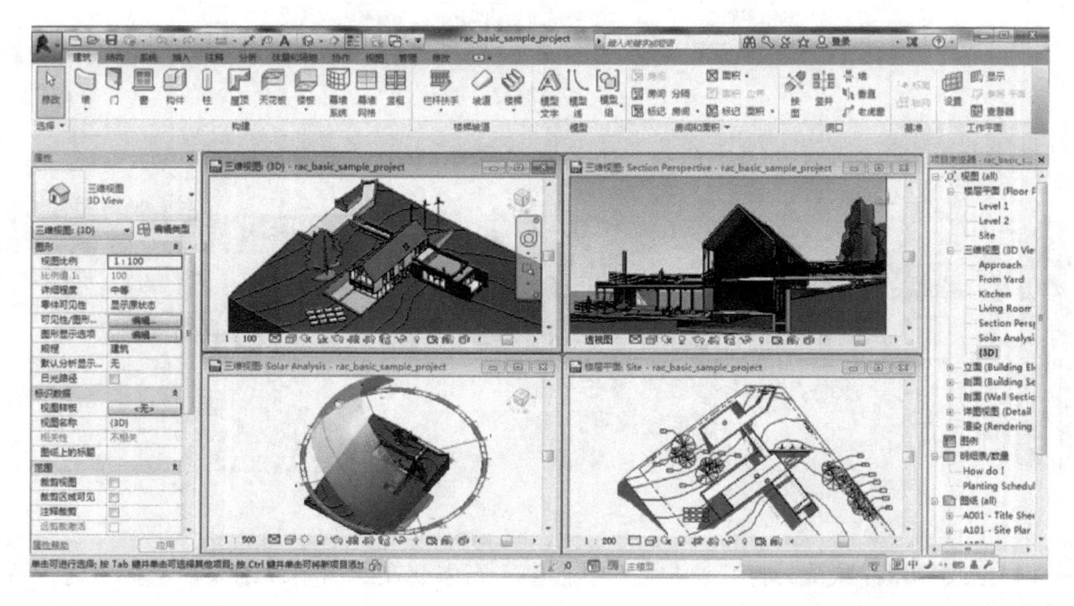

图 2-36

注意：以上界面中工具在后面的内容中如有涉及，将根据需要进行详细介绍。

2.2.9　鼠标右键工具栏

在绘图区域单击鼠标右键，弹出快捷菜单，菜单命令依次为【取消】、【重复】、【最近使用的命令】、【查找相关视图】、【区域放大】、【缩小两倍】、【缩放匹配】、【上一次平移/缩放】、【下一次平移/缩放】、【浏览器】、【属性】各选项，如图2-37所示。

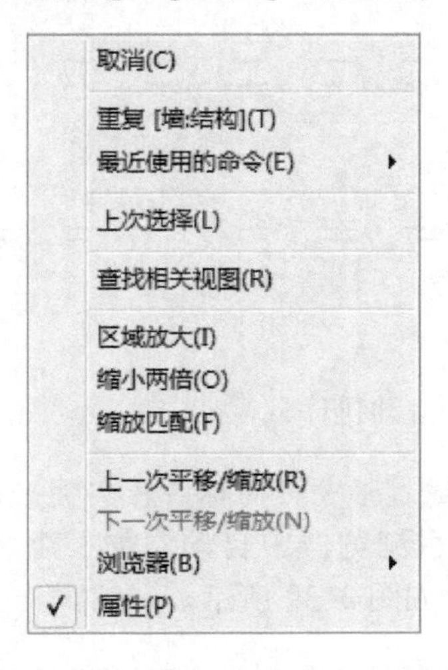

图　2-37

2.3　标高与轴网

概述：标高用来定义楼层层高及生成平面视图，标高并非必须作为楼层层高，轴网用于为构件定位，在Revit中轴网确定了一个不可见的工作平面。轴网编号及标高符号样式均可定制修改。Revit软件目前可以绘制弧形和直线轴网，不支持折线轴网。

在本章中，读者需重点掌握轴网和标高的2D、3D显示模式的不同作用，影响范围命令的应用，轴网和标高标头的显示控制，以及如何生成对应标高的平面视图等功能的应用。

2.3.1　标高

1. 修改原有标高和绘制添加新标高

进入任意立面视图，通常样板中会有预设标高，如需修改现有标高，单击标高符号上方或下方表示高度的数值，如【室外标高】高度数值为【0.45】，单击后该数字变为可输入，将原有数值修改为【0.3】。

注意：标高通常设置单位为m，如图2-38所示。

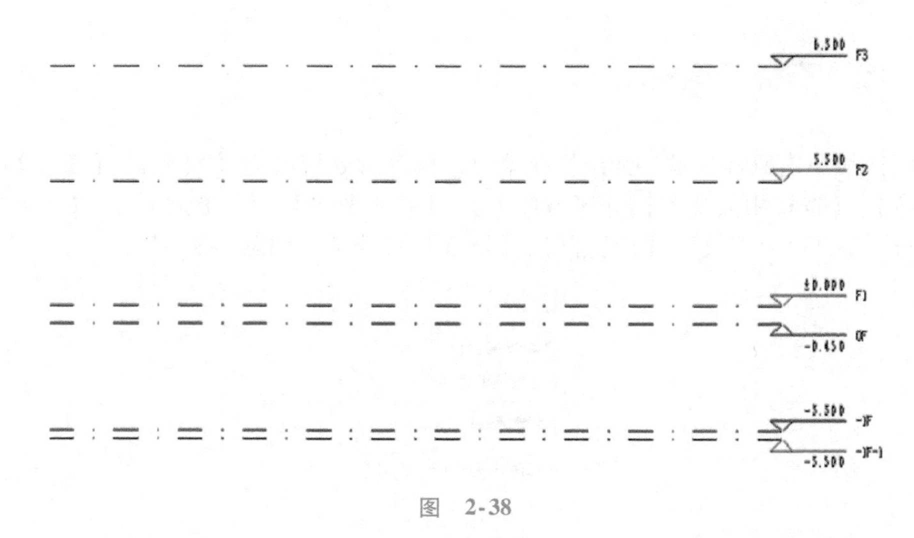

图 2-38

标高名称按 F1、F2、F3……自动排序。

注意：标高名称和样式可以通过修改标高标头族文件来设定。

绘制添加新标高，同时在项目浏览器中自动添加一个【楼层平面】视图、【天花板平面】视图和【结构平面】视图，如图 2-39 所示。

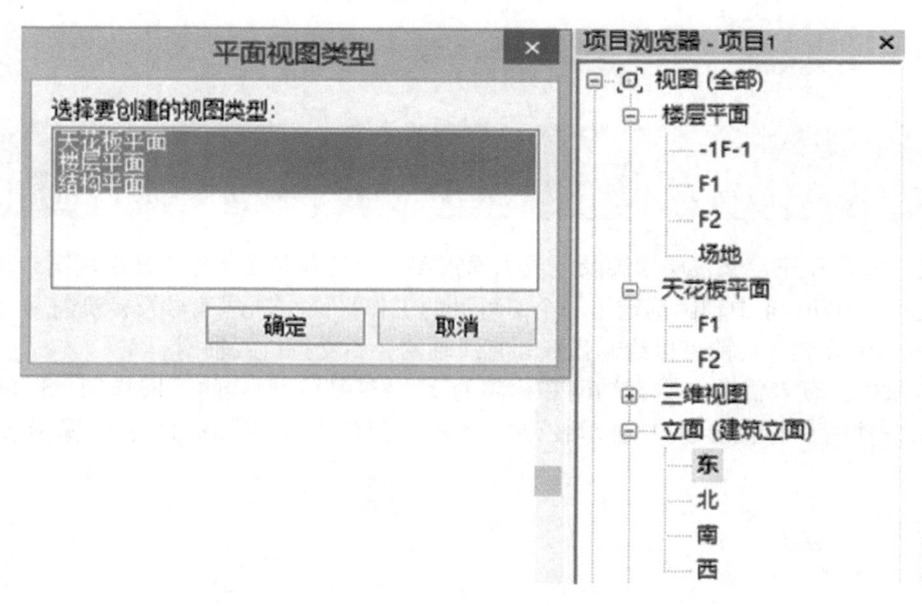

图 2-39

注意：标高名称的自动排序是按照名称的最后一个字母排序的。

如需修改标高，则执行以下操作：单击需要修改的标高，如 F3，在 F2 与 F3 之间会显示一条蓝色临时尺寸标注，单击临时尺寸标注上的数字，重新输入新的数值并按 < Enter > 键，即可完成标高的调整，如图 2-40 所示（标高距离的单位为 mm）。

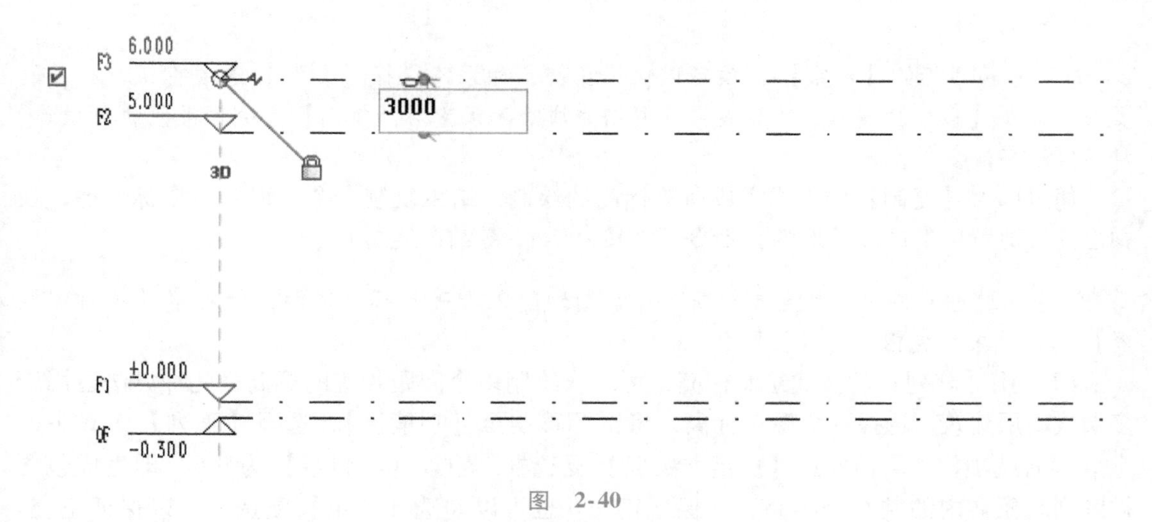

图　2-40

2. 复制、阵列标高

选择一层标高，选择【修改标高】选项卡，然后在【修改】面板中选择【复制】或【阵列】命令，可以快速生成所需标高。

（1）选择标高F3，单击功能区的【复制】按钮，在选项栏勾选【约束】及【多个】复选框，如图2-41所示。光标回到绘图区域，在标高F3上单击，并向上移动，此时可直接用键盘输入新标高与被复制标高的间距，如“3000”，单位为mm，输入后按<Enter>键，即完成一个标高的复制，由于勾选了选项栏上的【多个】复选框，所以可继续输入下一个标高间距，而无须再次选择标高并激活【复制】工具，如图2-42所示。

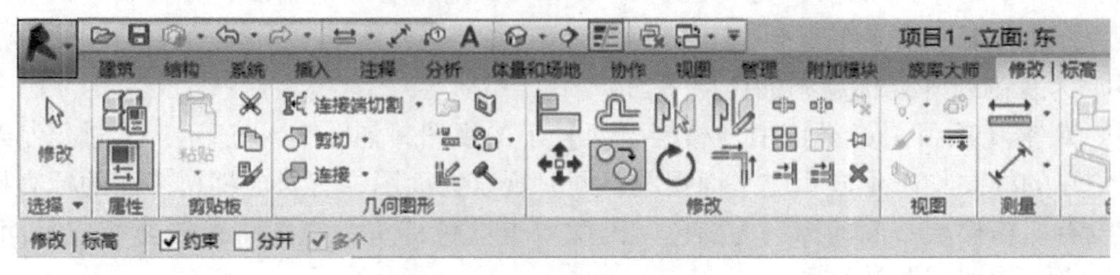

图　2-41

图　2-42

注意：选项栏的【约束】选项可以保证正交，如果不选择【复制】选项将执行移动的操作，选择【多个】选项，可以在一次复制完成后无须激活【复制】命令而继续执行操作，从而实现多次复制。

通过以上【复制】的方式完成所需标高的绘制，结束复制命令可以单击鼠标右键，在弹出的快捷菜单中选择【取消】命令，或按 <Esc> 键结束复制命令。

注意：通过复制的方式生成标高可在复制时输入准确的标高间距，但观察【项目浏览器】中，并未生成相应的楼层平面。

（2）用【阵列】的方式绘制标高，可一次绘制多个间距相等的标高，此种方法适用于多层或高层建筑。选择一个现有标高，将鼠标移动至【功能区】，选择【阵列】工具中的，设置选项栏，取消勾选【成组并关联】复选框，输入【项目数】为“6”即生成包含被阵列对象在内的共 6 个标高，并保证正交。也可以勾选【约束】复选框，以保证正交，如图 2-43 所示。

修改 | 标高　□成组并关联　项目数：6　移动到：◉第二个　○最后一个　□约束　激活尺寸标注

图　2-43

设置完选项栏后，单击新阵列标高，向上移动，输入标高间距“3000”后按 <Enter> 键，将自动生成包含原有标高在内的 6 个标高。

注意：如勾选【成组并关联】复选框，阵列后的标高将自动成组，需要编辑该组才能调整标高的标头位置、高度等属性。

（3）为复制或阵列标高添加楼层平面。

（4）观察【项目浏览器】中【楼层平面】下的视图，如图 2-44 所示，通过复制及阵列的方式创建的标高均未生成相应平面视图，同时观察立面图，有对应楼层平面的标高标头为蓝色，没有对应楼层平面的标头为黑色，因此双击蓝色标头，视图将跳转至相应平面视图，而黑色标高不能引导跳转视图。

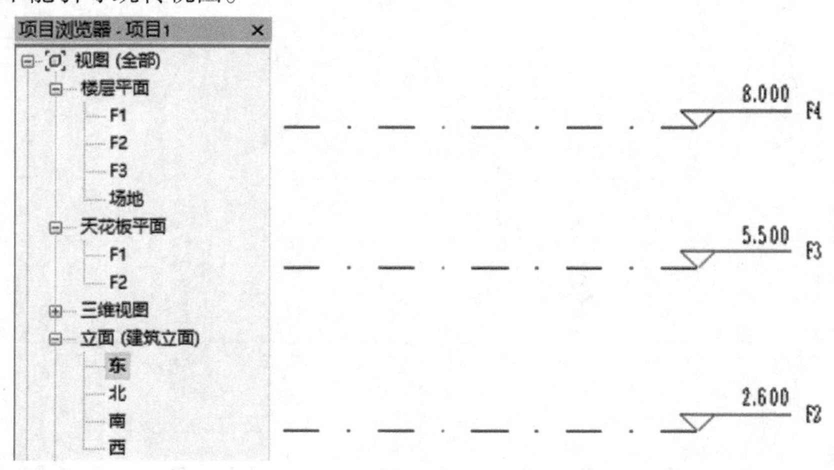

图　2-44

如图 2-45 所示，选择【视图】选项卡，然后在【平面视图】面板中执行【楼层平面】命令。

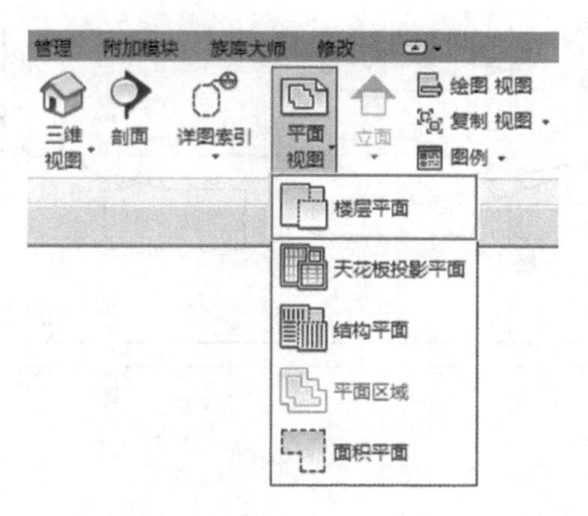

图　2-45

（5）在弹出的【新建楼层平面】对话框中单击第一个标高，再按住 <Shift> 键单击最后一个标高，以上操作将选中所有标高，单击【确定】按钮。再次观察【项目浏览器】，所有复制和阵列生成的标高都已创建了相应的平面视图，如图 2-46 所示。

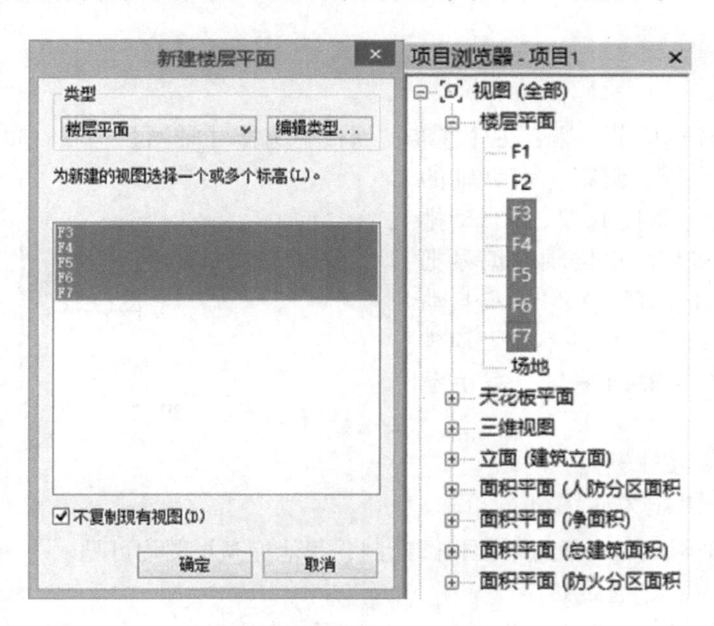

图　2-46

3. 编辑标高

（1）选择任意一根标高线，会显示临时尺寸、一些控制符号和复选框，如图 2-47 所示。可以编辑其尺寸值、单击并拖曳控制符号，还可整体或单独调整标高标头位置、控制标头隐藏或显示、标头偏移等操作（如何操作 2D 和 3D 显示模式的不同作用详见轴网部分相关内容）。

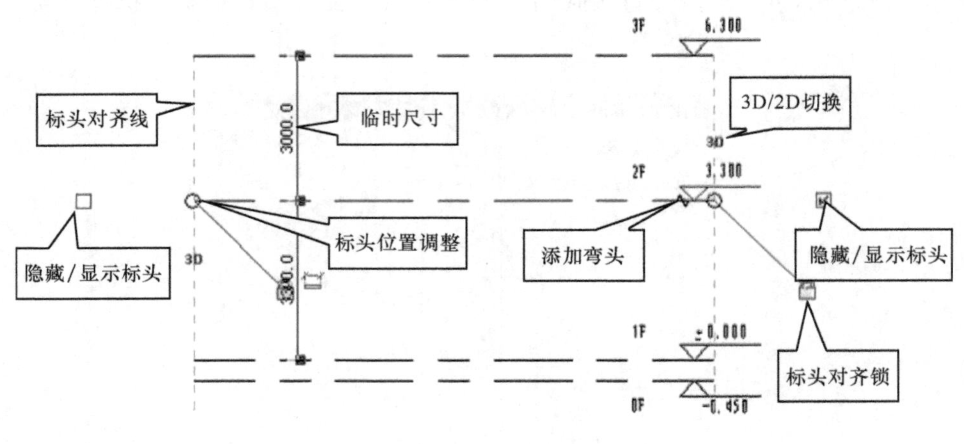

图 2-47

（2）选择标高线，单击标头外侧方框，即可关闭/打开轴号显示。

（3）单击标头附近的折线符号，偏移标头，单击蓝色“拖曳点”，按住鼠标不放，调整标头位置。

2.3.2 轴网

1. 绘制轴网

选择【建筑】选项卡，然后在【基准】面板中选择【轴网】命令，单击起点、终点位置，绘制一根轴线。绘制第一根纵轴的编号为1，后续轴号将按1、2、3自动排序：绘制第一根横轴后单击轴网编号把它改为A，后续编号将按A、B、C自动排序，如图2-48所示。软件不能自动排除I和O字母作为轴网编号，需手动排除。

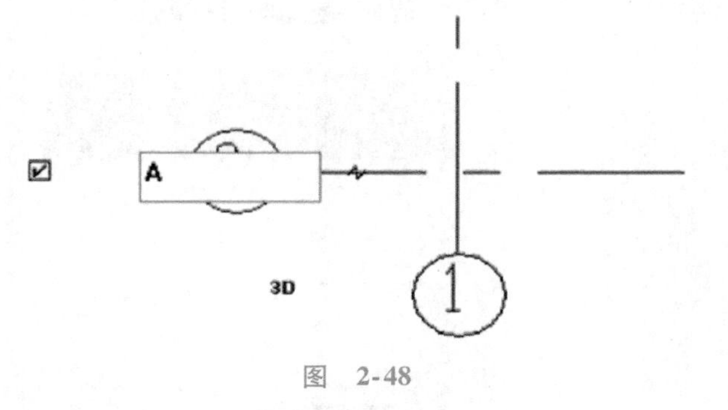

图 2-48

2. 用拾取命令生成轴网

可调用CAD图作为底图进行拾取。

需要注意的是，轴网只需在任意平面视图绘制，其他标高视图均可见。

3. 复制、阵列、镜像轴网

（1）选择一根轴线，单击工具栏中的【复制】、【阵列】或【镜像】按钮，可以快速生成所需的轴线，轴号自动排序。

注意：1～3轴线以轴线4为中心镜像，同样可以生成5～7轴线，但镜像后7～5轴线的顺序将发生颠倒，即轴线7将在最左侧，轴线5将在右侧。因为在对多个轴线进行复制或镜像时，Revit默认以复制原对象的绘制顺序进行排序，因此，绘制轴网时不建议使用镜像的方式，如图2-49所示。

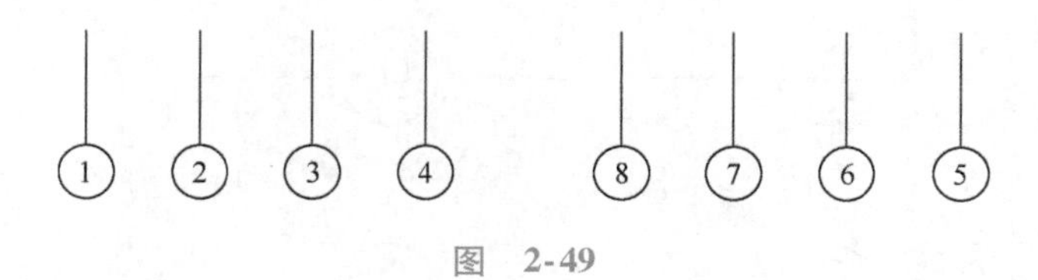

图 2-49

（2）选择不同命令时，选项栏中会出现不同选项，如【复制】、【多个】和【约束】等。

（3）阵列时注意取消勾选【成组并关联】复选框，因为轴网成组后修改将会相互关联，影响其他轴网的控制。

建议轴网绘制完毕后，选择所有的轴线，自动激活【修改轴网】选项卡，在【修改】面板中选择【锁定】命令锁定轴网，以避免以后工作中错误操作移动轴网位置。

4. 尺寸驱动调整轴线位置

选择任何一根轴网线，会出现蓝色的临时尺寸标注，单击尺寸即可修改其值，调整轴线位置，如图 2-50 所示。

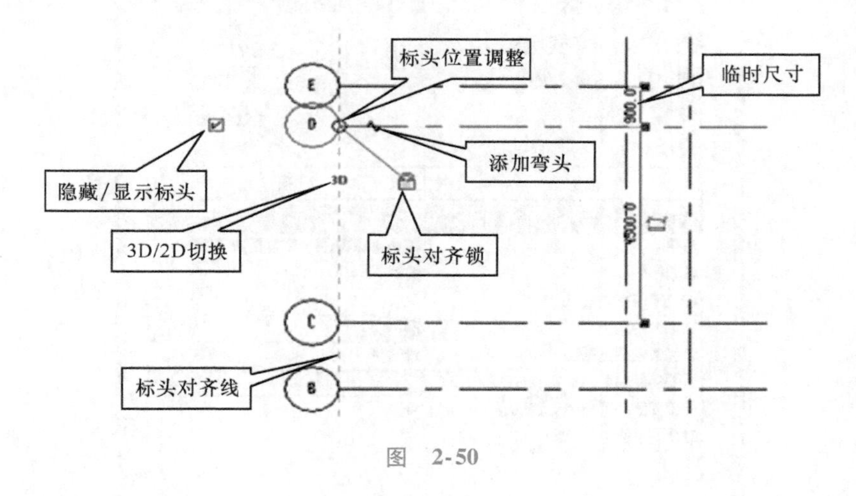

图 2-50

5. 轴网标头位置调整

选择任何一根轴网线，所有对齐轴线的端点位置会出现一条对齐虚线，用鼠标拖曳轴线端点，所有轴线端点同步移动。

（1）如果只移动单根轴线的端点，则先打开对齐锁定，再拖曳轴线端点。

（2）如果轴线状态为【3D】，则所有平行视图中的轴线端点同步联动，如图 2-51a 所示。

（3）单击切换为【2D】，则只改变当前视图的轴线端点位置，如图 2-51b 所示。

6. 轴号显示控制

（1）选择任何一根轴网线，单击标头外侧方框☑，即可关闭/打开轴号显示。

（2）如需控制所有轴号的显示，可选择所有轴线，将自动激活【修改｜轴网】选项卡。在【属性】面板中选择【类型属性】命令，弹出【类型属性】对话框，在其中修改类型属性，单击端点默认编号的【√】标记，如图 2-52 所示。

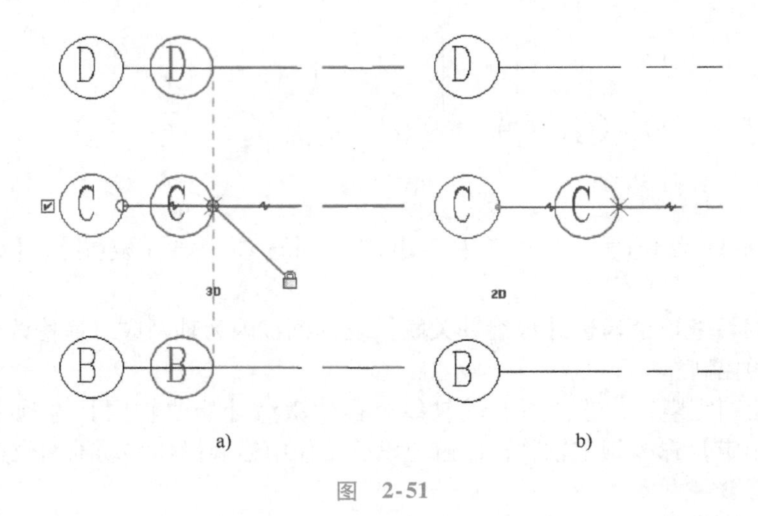

图 2-51

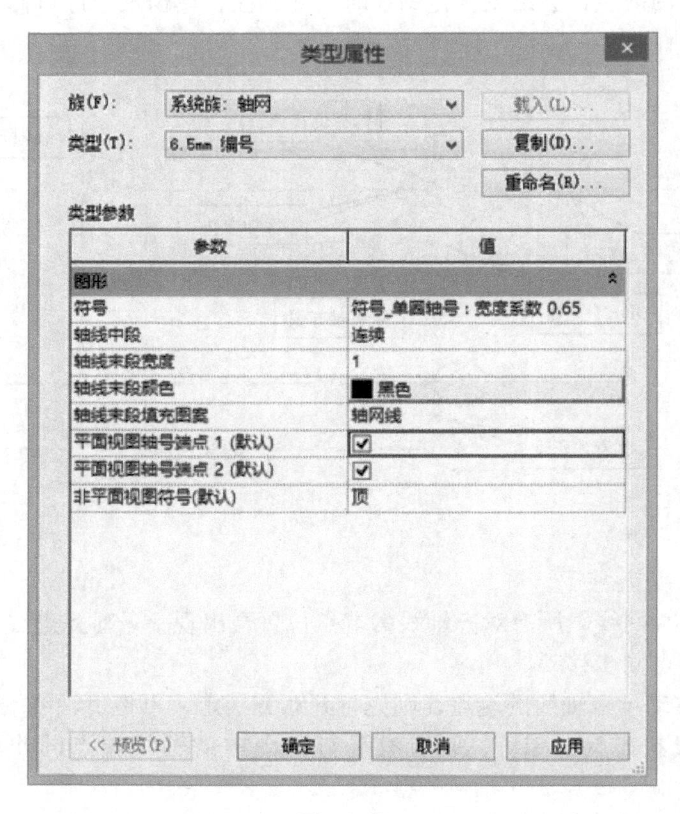

类型属性

旅(F): 系统族：轴网
类型(T): 6.5mm 编号
载入(L)...
复制(D)...
重命名(R)...

类型参数

参数	值
图形	
符号	符号_单圆轴号：宽度系数 0.65
轴线中段	连续
轴线末段宽度	1
轴线末段颜色	黑色
轴线末段填充图案	轴网线
平面视图轴号端点 1 (默认)	☑
平面视图轴号端点 2 (默认)	☑
非平面视图符号(默认)	顶

<< 预览(P)　确定　取消　应用

图 2-52

（3）除可控制【平面视图轴号端点】的显示，在【非平面视图轴号（默认）】中还可以设置轴号的显示方式，控制除平面视图以外的其他视图，如立面、剖面等视图的轴号，其显示状态为顶部显示、底部显示、两者显示或无显示，如图 2-53 所示。

（4）在轴网的【类型属性】对话框中设置【轴线中段】的显示方式，分别有【连续】、

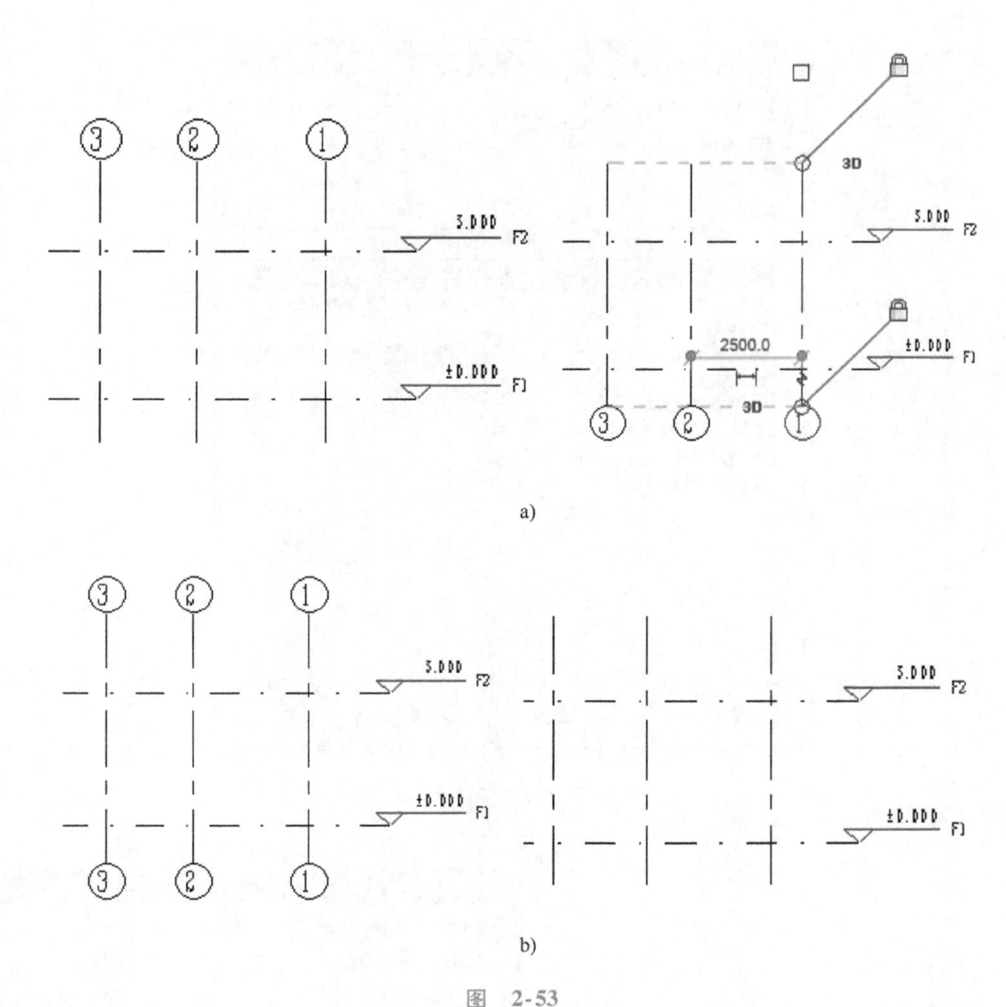

a)

b)

图 2-53

a）顶部显示、底部显示 b）两者显示、无显示

【无】、【自定义】几项，如图2-54所示。

（5）将【轴线中段】设置为【连续】方式，可设置其【轴线末段宽度】、【轴线末段颜色】及【轴线末段填充图案】的样式，如图2-55所示。

（6）【轴线中段】设置为【无】方式时，可设置其【轴线末段宽度】及【轴线末段长度】的样式，如图2-56所示。

（7）【轴线中段】设置为【自定义】方式时，可设置其【轴线中段宽度】、【轴线中段颜色】、【轴线中段填充图案】、【轴线末段宽度】、【轴线末段颜色】、【轴线末段填充图案】、【轴线末段长度】的样式，如图2-57所示。

7. 轴号偏移

单击标头附近的【折线符号】和【偏移轴号】，单击“拖曳点”，按住鼠标不放，移动“拖曳点”调整轴号位置，如图2-58所示。

偏移后若要恢复直线状态，按住“拖曳点”到直线上释放鼠标即可。

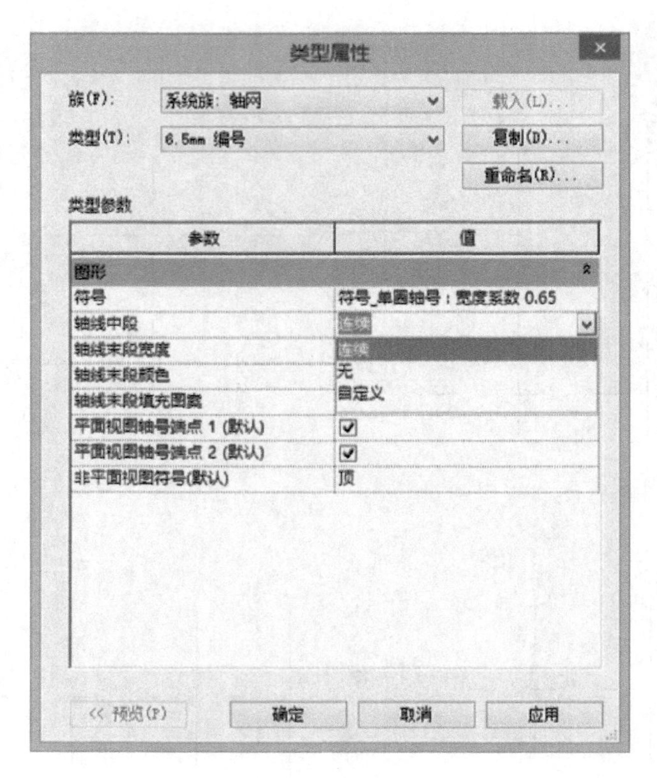
类型属性
族(F)：
系统族：轴网
载入(L)...
类型(T)：
6.5mm 编号
复制(D)...
重命名(R)...
类型参数
参数
值
图形
符号
符号_单圆轴号：宽度系数 0.65
轴线中段
连续
轴线末段宽度
连续
轴线末段颜色
无
轴线末段填充图案
自定义
平面视图轴号端点 1 (默认)
平面视图轴号端点 2 (默认)
非平面视图符号(默认)
顶
<< 预览(P)
确定
取消
应用

图 2-54

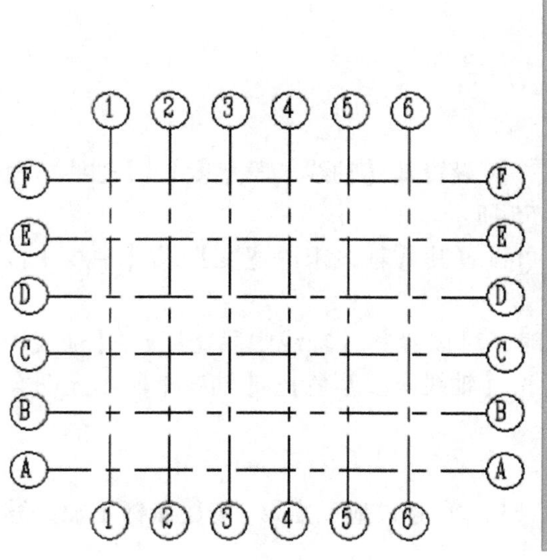
1
2
3
4
5
6
F
E
D
C
B
A

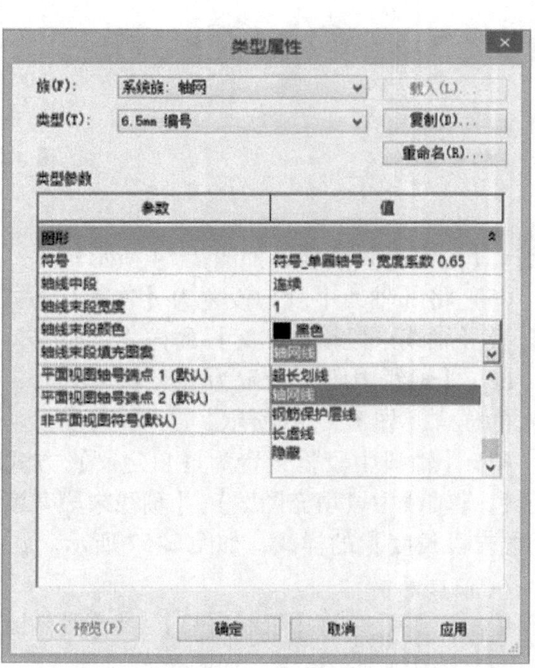
类型属性
族(F)：
系统族：轴网
载入(L)...
类型(T)：
6.5mm 编号
复制(D)...
重命名(R)...
类型参数
参数
值
图形
符号
符号_单圆轴号：宽度系数 0.65
轴线中段
连续
轴线末段宽度
1
轴线末段颜色
黑色
轴线末段填充图案
轴网线
平面视图轴号端点 1 (默认)
超长划线
平面视图轴号端点 2 (默认)
轴网线
非平面视图符号(默认)
钢筋保护层线
长虚线
隐藏
<< 预览(P)
确定
取消
应用

图 2-55

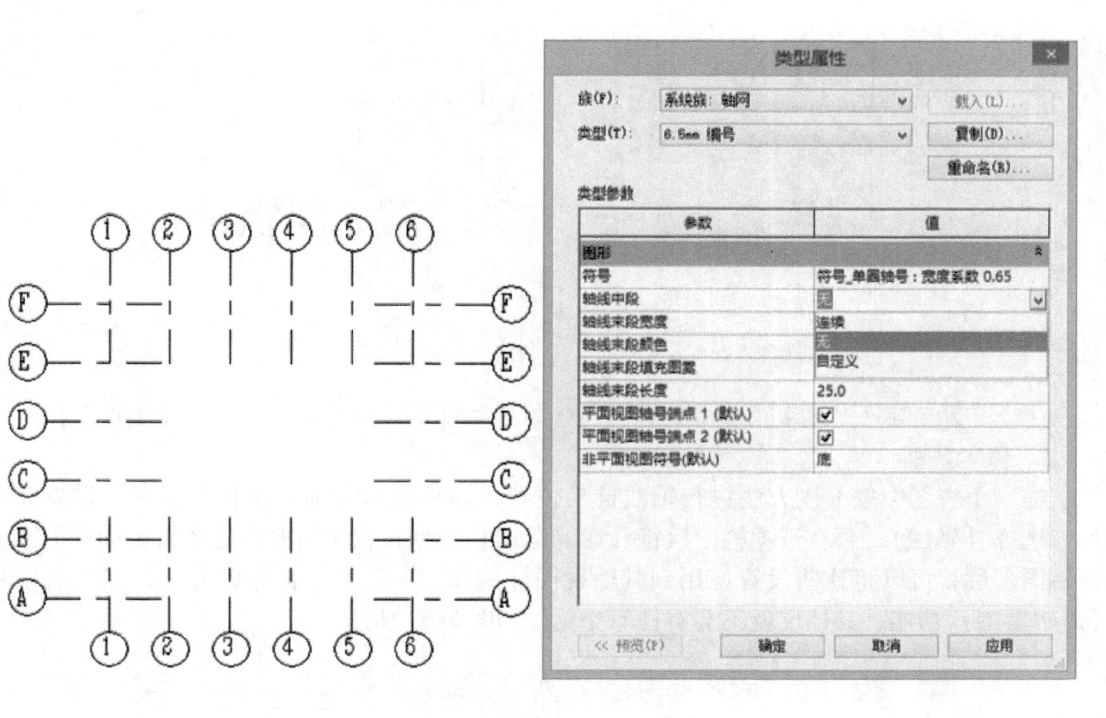
类型属性
族(F): 系统族: 轴网
载入(L)...
类型(T): 6.5mm 编号
复制(D)...
重命名(R)...
类型参数
参数
值
图形
符号
符号_单圆轴号：宽度系数 0.65
轴线中段
无
轴线末段宽度
连续
轴线末段颜色
无
轴线末段填充图案
自定义
轴线末段长度
25.0
平面视图轴号端点 1 (默认)
平面视图轴号端点 2 (默认)
非平面视图符号(默认)
底
<< 预览(P)
确定
取消
应用

图 2-56

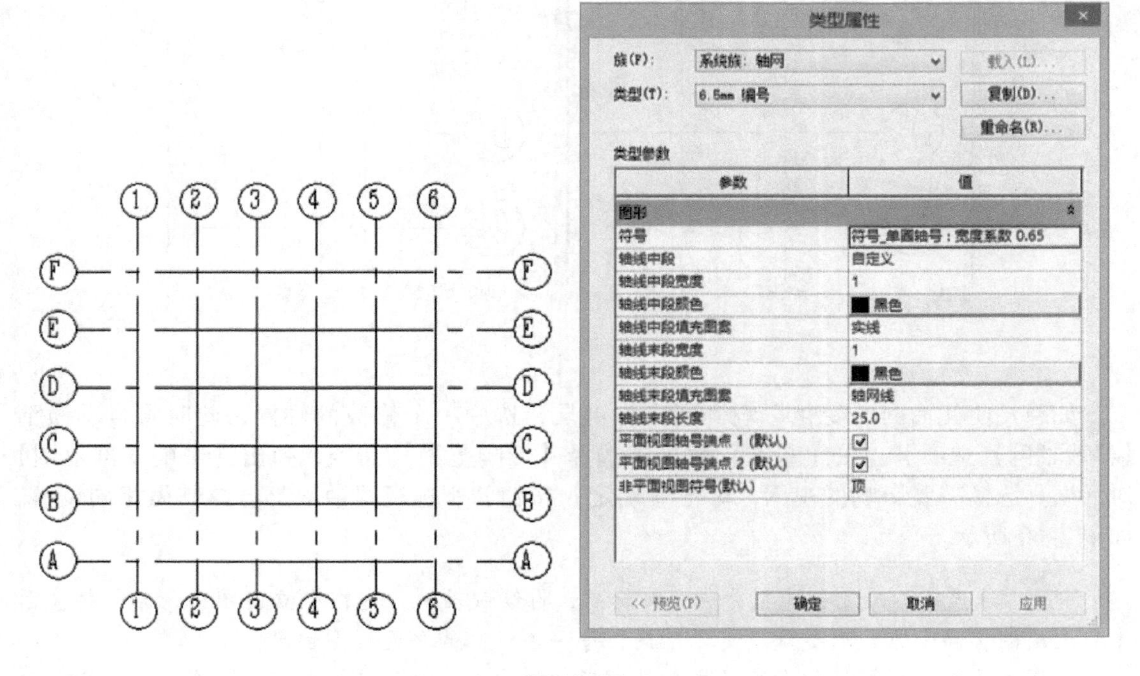
类型属性
族(F): 系统族: 轴网
载入(L)...
类型(T): 6.5mm 编号
复制(D)...
重命名(R)...
类型参数
参数
值
图形
符号
符号_单圆轴号：宽度系数 0.65
轴线中段
自定义
轴线中段宽度
1
轴线中段颜色
黑色
轴线中段填充图案
实线
轴线末段宽度
1
轴线末段颜色
黑色
轴线末段填充图案
轴网线
轴线末段长度
25.0
平面视图轴号端点 1 (默认)
平面视图轴号端点 2 (默认)
非平面视图符号(默认)
顶
<< 预览(P)
确定
取消
应用

图 2-57

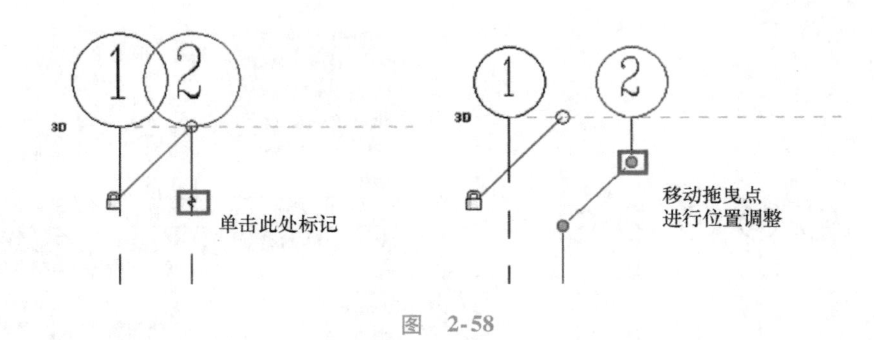

图 2-58

注意：锁定轴网时要取消偏移，需要选择轴线并取消锁定后，才能移动【拖曳点】。

8. 影响范围

在一个视图中按上述方法进行轴线标头位置、轴号显示和轴号偏移等设置，设置完成后，选择【轴线】，再在选项栏上执行【影响范围】命令，在对话框中选择需要的平面或立面视图名称，可以将这些设置应用到其他视图。例如，一层做了轴号的修改，而没有使用【影响范围】功能，其他层就不会有任何变化，如图 2-59 所示。

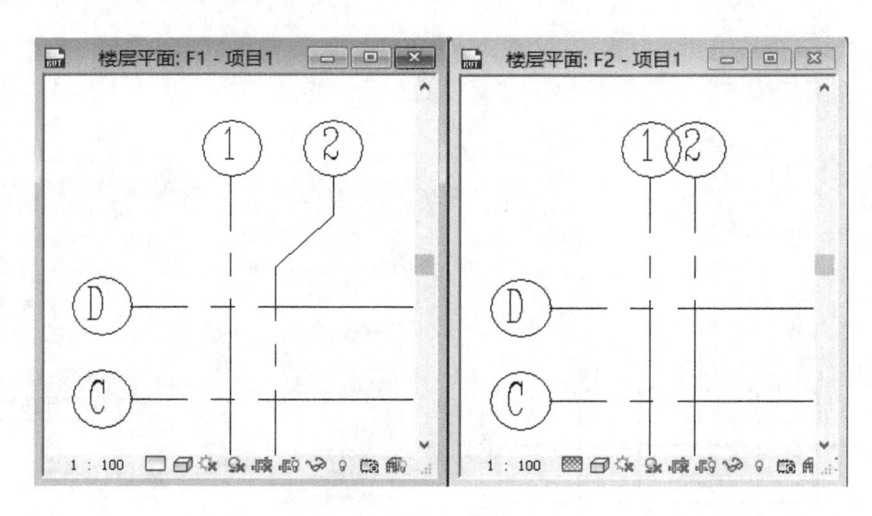

图 2-59

如想要使其轴网的变化影响到所有标高层，选中一个修改的轴网，此时将自动激活【修改轴网】选项卡。在【基准】面板中选择【影响范围】命令，弹出【影响基准范围】对话框。选择需要影响的视图，单击【确定】按钮，所选视图轴网都会与其做相同调整，如图 2-60 所示。

注意：这里推荐的制图流程为先绘制标高，再绘制轴网。这样在立面图中，轴号将显示于最上层的标高上方，这也就决定了轴网在每一个标高的平面视图都可见。

如果先绘制轴网再添加标高，或者是项目过程中新添加了某个标高，则有可能导致轴网在新添加标高的平面视图中不可见。

其原理是在立面上，轴网在 3D 显示模式下需和标高视图相交，即轴网的基准面与视图平面相交，则轴网在此标高的平面视图可见，如图2-61所示，2、4轴网与F8标高未相交，所以它们在F8层标高的平面视图不可见。

影响基准范围

对于选定的基准，将此视图的范围应用于以下视图:

- 天花板投影平面: F1
- 天花板投影平面: F2
- 楼层平面: F2
- 楼层平面: F3
- 楼层平面: F4
- 楼层平面: F5
- 楼层平面: F6
- 楼层平面: F7
- 楼层平面: 场地
- 面积平面（人防分区面积）: F1
- 面积平面（人防分区面积）: F2
- 面积平面（净面积）: F1

仅显示与当前视图具有相同比例的视图

确定 取消

图 2-60

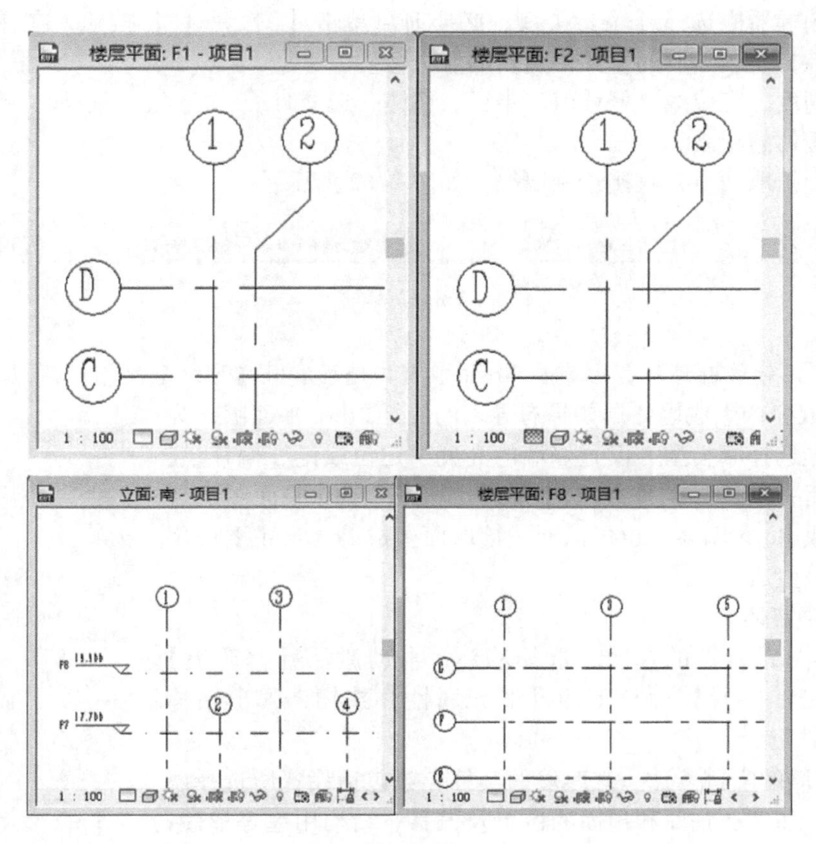

图 2-61

2.4 墙体和幕墙

概述：在墙体绘制时需要综合考虑墙体的高度、构造做法、立面显示及墙身大样详图，图纸的粗略、精细程度的显示（各种视图比例的显示），内外墙体区别等。幕墙作为墙的一种类型，幕墙嵌板具备的可自由定制的特性及嵌板样式同幕墙网格的划分之间的自动维持边界约束的特点，使幕墙具有很好的应用拓展。

2.4.1 墙体的绘制和编辑

1. 一般墙体

（1）绘制墙体。选择【建筑】选项卡，单击【构建】面板下的【墙】下拉按钮，可以看到有【墙】、【结构墙】、【面墙】、【墙饰条】、【分隔缝】共 5 种类型可供选择。【结构墙】为创建承重墙和抗剪墙时使用；在使用体量面或常规模型时选择【面墙】；【墙饰条】和【分隔缝】的设置原理相同。

从类型选择器中选择【墙】类型，必要时可单击【图元属性】按钮，在弹出的对话框中编辑墙属性，使用复制的方式创建新的墙类型。

设置墙高度、定位线、偏移值、半径、墙链，选择直线、矩形、多边形、弧形墙体等绘制方法进行墙体的绘制。

在视图中拾取两点，直接绘制墙线，如图 2-62 所示。

图 2-62

注意：顺时针绘制墙体，因为在 Revit 中有内墙面和外墙面的区别。

（2）拾取命令生成墙体。如果有导入的二维 .dwg 平面图作为底图，可以先选择墙类型，设置好墙的高度、定位线链、偏移量、半径等参数后，选择【拾取线/边】命令，拾取 .dwg 平面图的墙线，自动生成 Revit 墙体。也可以通过拾取面生成墙体。主要应用在体量的面墙生成。

（3）编辑墙体。

1）墙体图元属性的修改。选择墙体，自动激活【修改墙】选项卡，单击【图元】面板下的【图元属性】按钮，弹出墙体【属性】对话框。

2）修改墙的实例参数。修改墙的实例参数包括设置所选择墙体的定位线、高度、基面和顶面的位置及偏移、结构用途等特性，如图 2-63 所示。

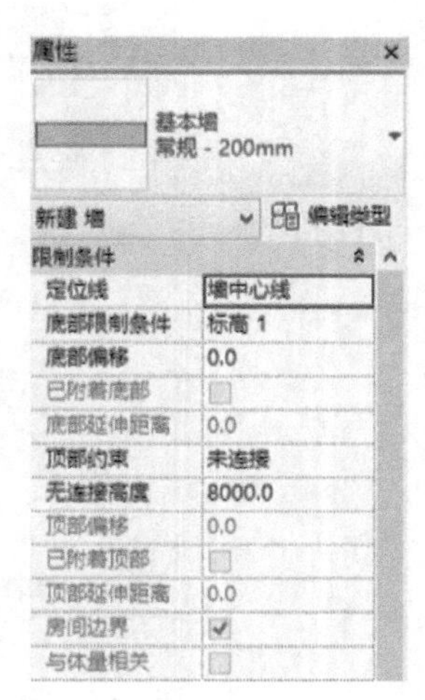

图 2-63

建议墙体与楼板屋顶附着时设置顶部偏移，偏移值为楼板厚度，可以解决楼面三维显示时看到墙体与楼板交线的问题。

（4）设置墙的类型参数。

1）设置墙的类型参数可以设置不同类型墙的粗略比例填充样式、墙的结构、材质等，如图2-64所示。

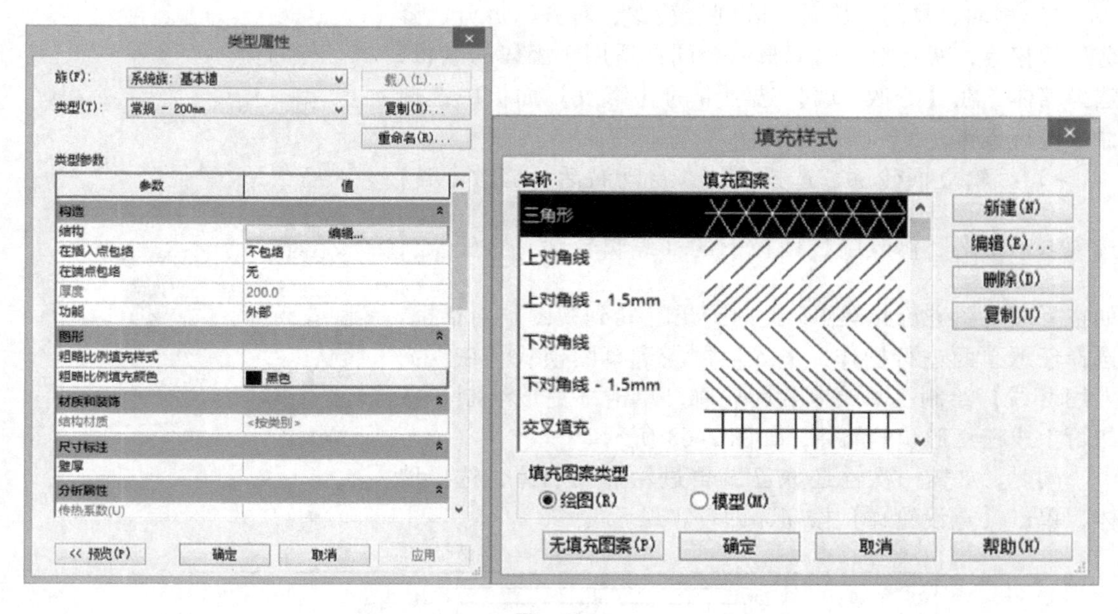

图 2-64

单击图元在【属性】中【结构】对应的【编辑】按钮，弹出【编辑部件】对话框，如图2-65所示。墙体构造层厚度及位置关系（可利用【向上】、【向下】按钮调整）可以由用户自行定义。需要注意的是，绘制墙体的定位有核心边界的选项。

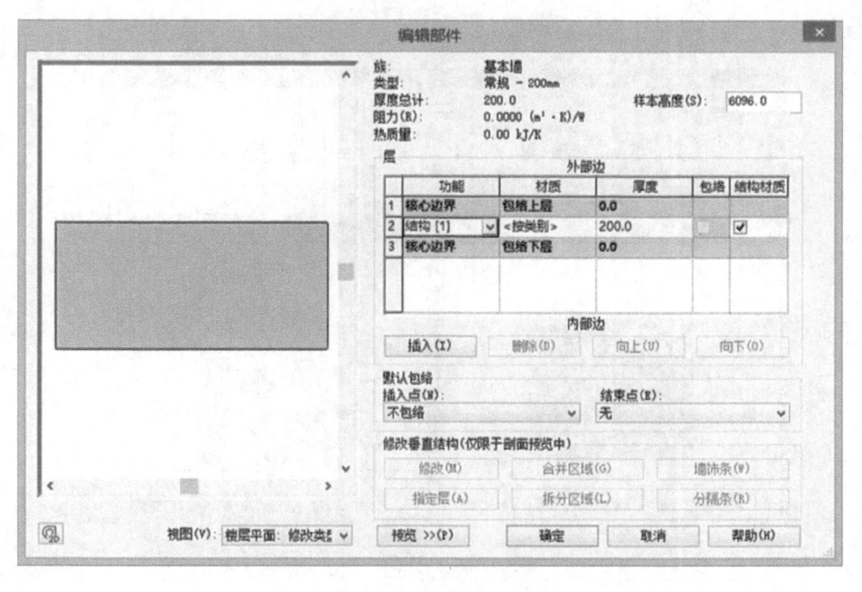

图 2-65

系统对视图详细程度的设置：在绘图区域单击鼠标右键，在弹出的快捷菜单中选择【视图属性】命令，弹出【属性】对话框，如图 2-66 所示。

2）尺寸驱动、鼠标拖曳点控制柄修改墙体位置、长度、高度、内外墙面等，如图 2-67 所示。

3）移动、复制、旋转、阵列、镜像、对齐、拆分、修剪、偏移等，所有常规的编辑命令同样适用于墙体的编辑，选择墙体，在【修改 | 墙】选项卡的【修改】面板中选择命令进行编辑。

4）编辑立面轮廓。选择墙体，自动激活【修改 | 墙】选项卡，单击【修改墙】面板下的（编辑轮廓）按钮 编辑轮廓，如在平面视图进行此操作，此时弹出【转到视图】对话框，选择任意立面进行操作，进入绘制轮廓草图模式。在立面上用【线】绘制工具绘制封闭轮廓，单击【完成绘制】按钮可生成任意形状的墙体，如图 2-68 所示。

同时，如需一次性还原已编辑过轮廓的墙体，选择墙体，单击【重设轮廓】按钮，即可实现。

属性

三维视图

三维视图: {三维} 编辑类型

图形

视图比例	1 : 100
比例值 1:	100
详细程度	中等
零件可见性	显示原状态
可见性/图形替换	编辑...
图形显示选项	编辑...
规程	建筑
显示隐藏线	按规程
默认分析显示...	无
日光路径	☐

图 2-66

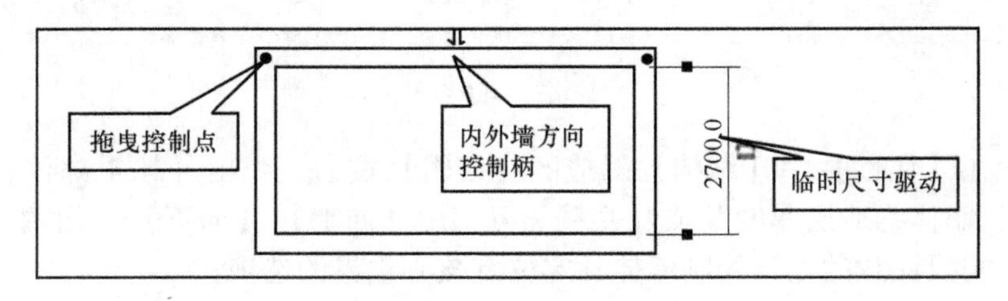

图 2-67

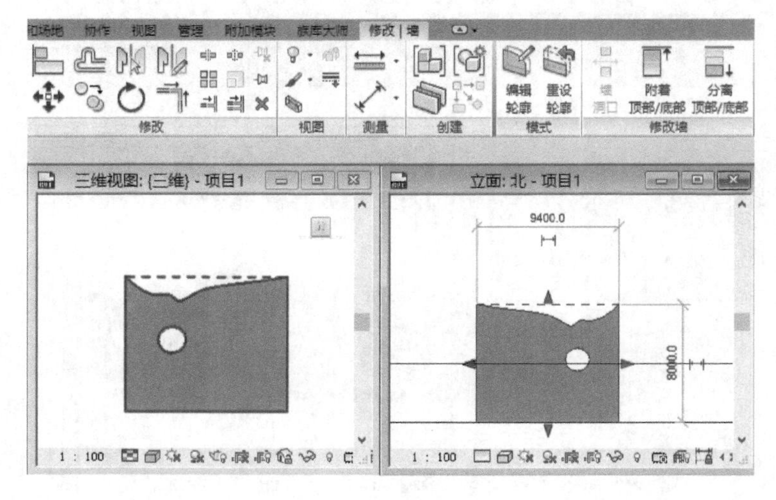

图 2-68

5）附着/分离。选择墙体，自动激活【修改|墙】选项卡，单击【修改墙】面板下的【附着】按钮，然后拾取屋顶、楼板、天花板或参照平面，可将墙连接到屋顶、楼板、天花板、参照平面上，墙体形状自动发生变化。单击【分离】按钮可将墙从屋顶、楼板、天花板、参照平面上分离开，墙体形状恢复原状，如图2-69所示。

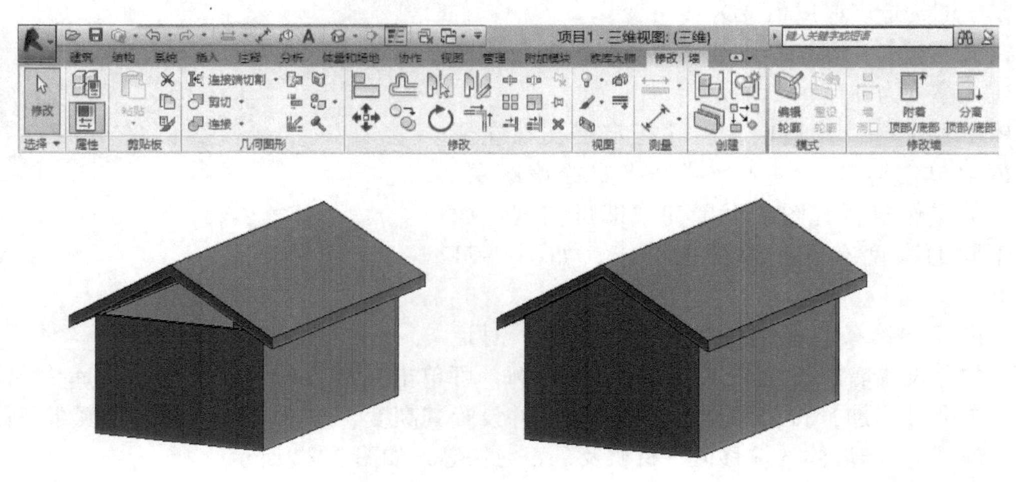

图 2-69

2. 复合墙设置

选择【建筑】选项卡，单击【构建】面板下的【墙】按钮。

从类型选择器中选择墙的类型，选择【属性】面板，单击【编辑类型】按钮，弹出【类型属性】对话框，再单击【结构】参数后面的【编辑】按钮，弹出【编辑部件】对话框，如图2-70所示。

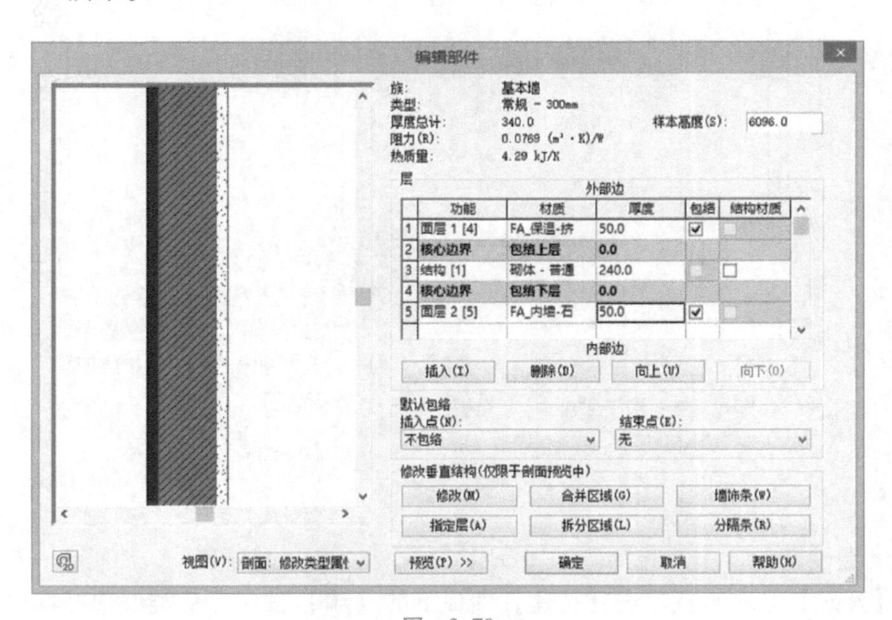

图 2-70

单击【插入】按钮，添加一个构造层，并为其指定功能、材质、厚度，使用【向上】、【向下】按钮调整其上、下位置。

单击【修改垂直结构】选项区域的【拆分区域】按钮，将一个构造层拆为上、下 n 个部分，用【修改】命令修改尺寸及调整拆分边界位置，原始的构造层厚度值变为【可变】。

在【图层】中插入 $n-1$ 个构造层，指定不同的材质，厚度为0。

单击其中一个构造层，用【指定层】在左侧预览框中单击拆分开的某个部分指定给该图层。用同样的操作对所有图层设置完成即可实现一面墙在不同的高度有几个材质的要求，如图 2-71 所示。

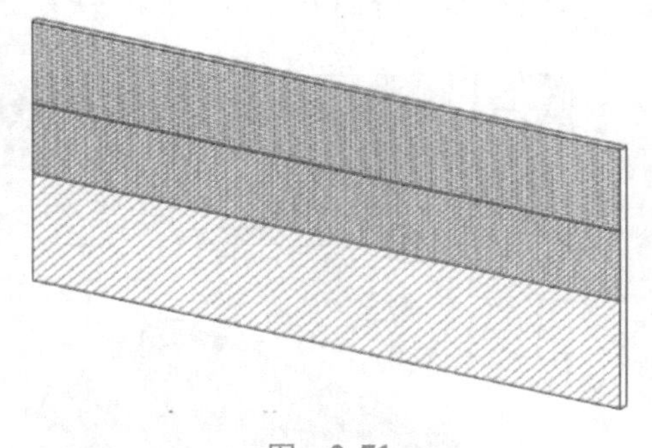

图 2-71

单击【墙饰条】按钮，弹出【墙饰条】对话框，添加并设置墙饰条的轮廓，如需新的轮廓，可单击【载入轮廓】按钮，从库中载入轮廓族，单击【添加】按钮添加墙饰条轮廓，并设置其高度、放置位置（墙体的顶部、底部、内部、外部）、与墙体的偏移值、材质及是否剪切等，如图 2-72 所示。

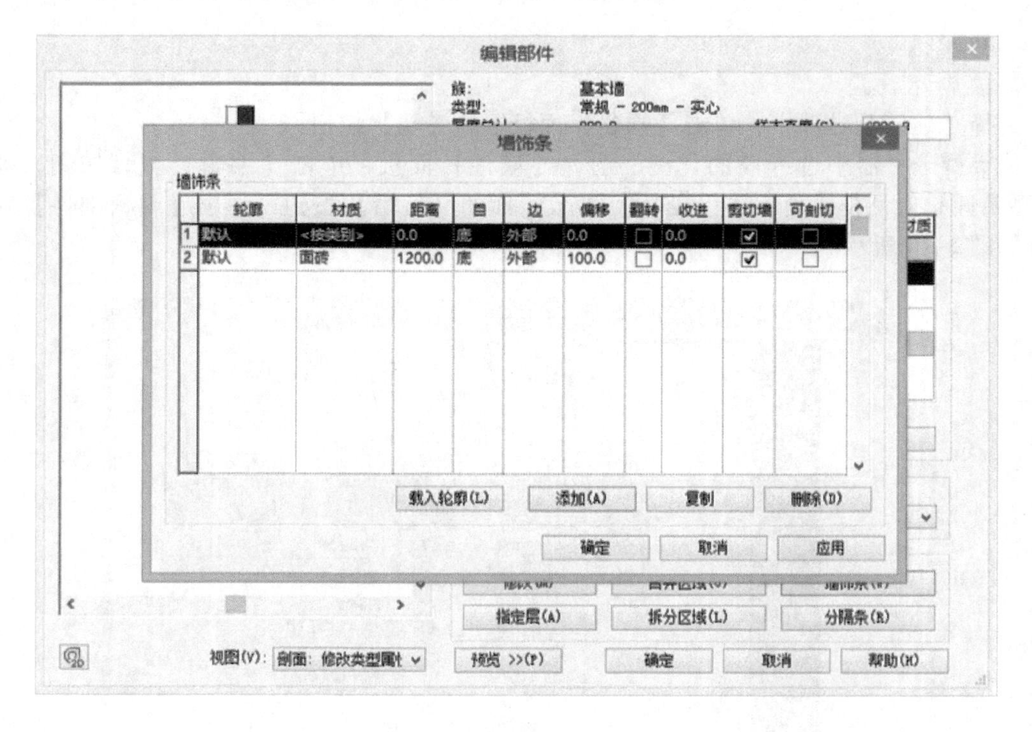

图 2-72

3. 叠层墙设置

选择【建筑】选项卡，单击【构建】面板下的【墙】按钮，从类型选择器中选择。例如：【叠层墙：外部—带金属立柱的砌块上的砖】类型，单击【图元】面板下的【图元属性】按钮，弹出【实例属性】对话框，单击【编辑类型】按钮，弹出【类型属性】对话框，再单击【结构】后的【编辑】按钮，弹出【编辑部件】对话框，如图2-73所示。

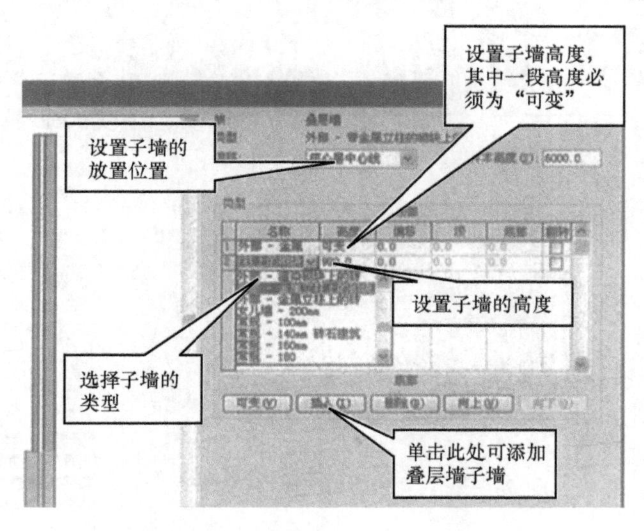

图 2-73

叠层墙是一种由若干个不同子墙（基本墙类型）相互堆叠在一起而组成的主墙，可以在不同的高度定义不同的墙厚、复合层和材质。

4. 异型墙的创建

所谓异型墙，就是不能直接应用绘制墙体命令生成的造型特异的墙体，如倾斜墙、扭曲墙。

（1）体量生成面墙。

1）选择【体量和场地】选项卡，在【概念体量】面板上单击【内建体量】或【放置体量】工具，创建所需体量，使用【放置体量】工具创建斜墙，如图2-74所示。

2）单击【放置体量】工具，如果项目中没有现有体量族，可从库中载入现有体量族，在【放置】面板上确定体量的放置面，【放置在面上】项目中至少有一个构件，需要拾取构件的任意【面】放置体量，【放置在工作平面上】命令实现放置在任意平面或工作平面上，如图2-75所示。

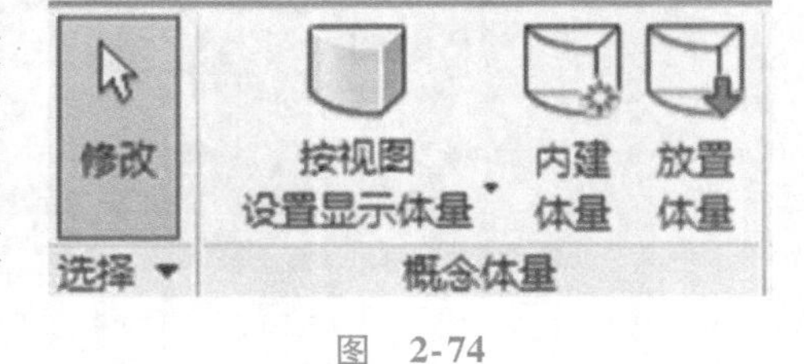

图 2-74

3）放置好体量，单击【体量和场地】面板上【面模型】下拉按钮，单击【墙】工具，自动激活【放置墙】选项卡，如图2-76所示，设置所放置墙体的基本属性，选择墙体类型、墙体属性的设置、放置标高、定位线等。

移动鼠标到体量任意面单击，确定放置。

4）单击【概念体量】面板中的显示体量工具，控制体量的显示与关闭，如图2-77所示。

（2）内建族创建异形墙体。选择【建筑】选项卡，在【构建】面板下的【构件】下拉菜单中执行【内建模型】命令，在弹出的【族类别和族参数】对话框中选择【墙】选项，然后单击【确定】按钮，如图2-78所示。

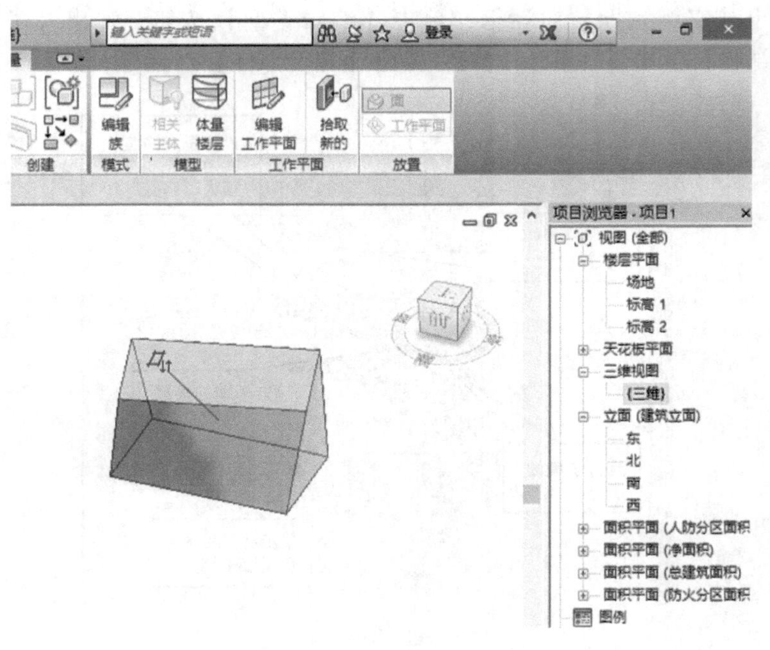

图 2-75

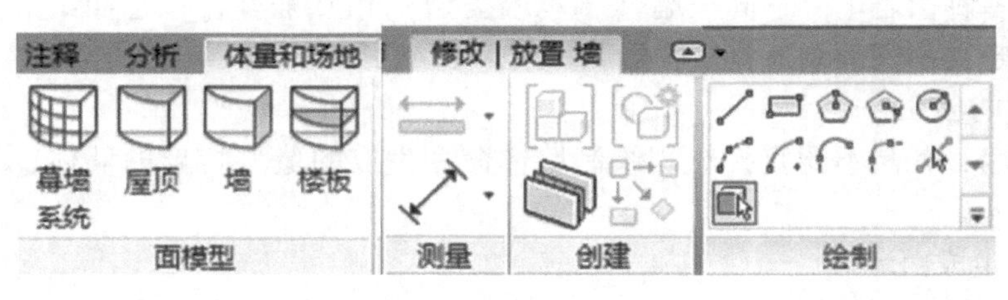

图 2-76

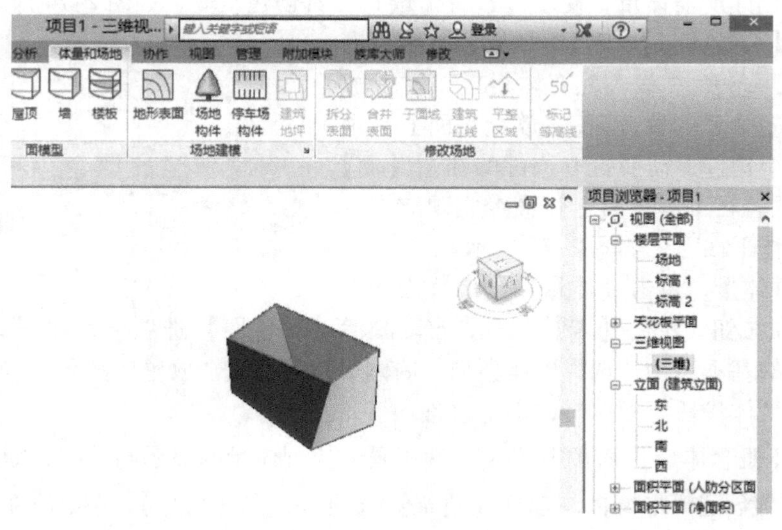

图 2-77

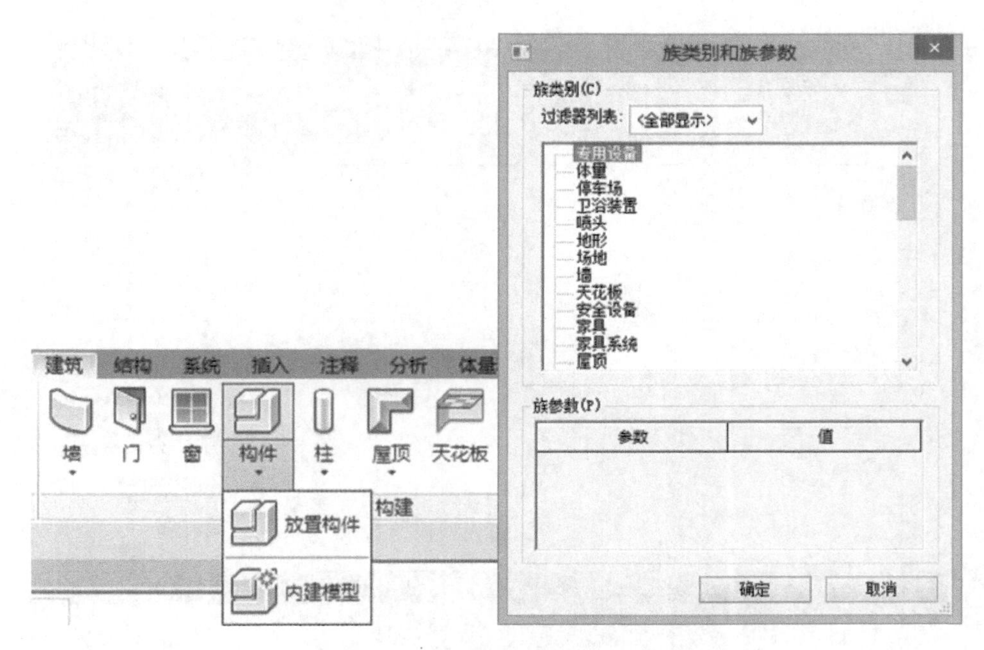

图　2-78

执行【在位建模】面板中【创建】下拉菜单中的【拉伸】、【融合】、【旋转】、【放样】、【放样融合】、【空心形状】命令来创建异形墙体，如执行【融合】来实现。

首先，在一层标高1中创建【底面轮廓】，创建完成后单击【编辑底部】，单击二层标高2创建【顶面轮廓】，创建完成后单击【编辑顶点】，单击完成后去3D图中完成立体图形。同时还可以给此墙族添加相应参数，如材质（此墙体没有构造层可设置，只是单一的材质）、尺寸等，如图2-79三张图所示。

2.4.2　幕墙和幕墙系统

1. 幕墙

幕墙在软件中属于墙的一种类型，由于幕墙和幕墙系统在设置上有相同之处，所以本书将它们合并为一个小节进行讲解。幕墙默认有3种类型：店面、外部玻璃、幕墙，如图2-80所示。

幕墙的竖梃样式、网格分割形式、嵌板样式及定位关系皆可修改。

（1）绘制幕墙。在Revit中玻璃幕墙是一种墙类型，可以像绘制基本墙一样绘制幕墙。选择【建筑】选项卡，单击【构建】面板下的【墙】按钮，从类型选择器中选择幕墙类型，绘制幕墙或选择现有的基本墙，从类型下拉列表中选择幕墙类型，将基本墙转换成幕墙，如图2-81所示。

（2）图元属性修改。对于外部玻璃和店面类型幕墙，可用参数控制幕墙网格的布局模式、网格的间距值及对齐、旋转角度和偏移值。选择幕墙，自动激活【修改墙】选项卡，在【属性】窗口可以编辑该幕墙的实例参数，单击【编辑类型】按钮，弹出幕墙的【类

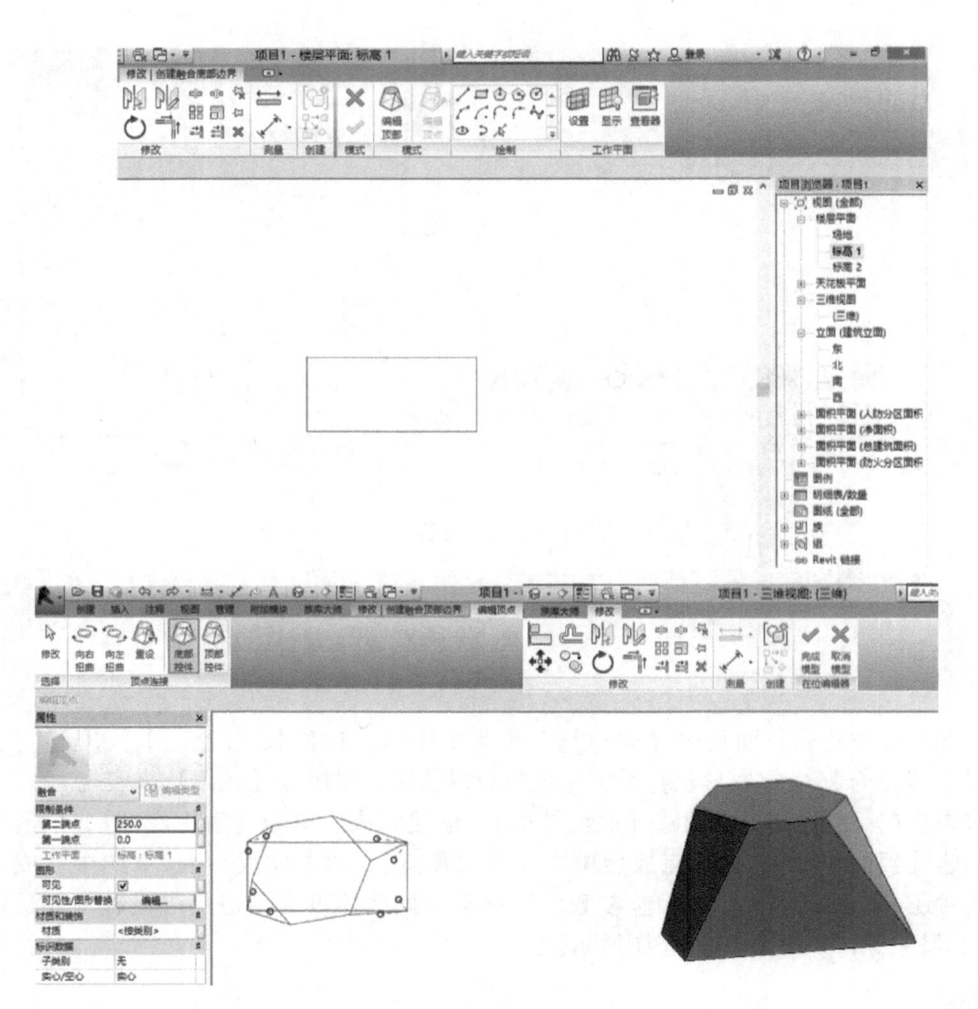

图 2-79

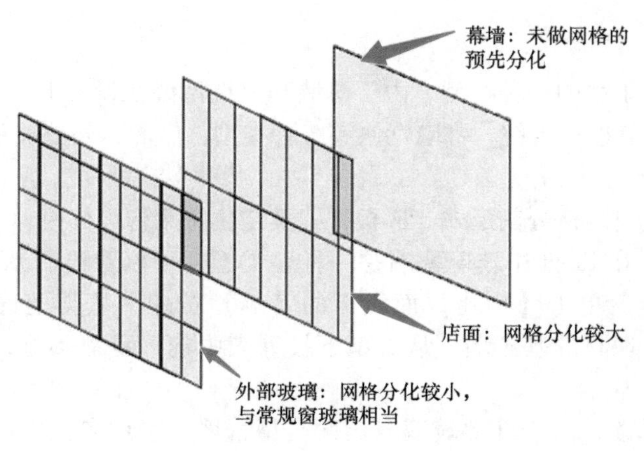

图 2-80

型属性】对话框，编辑幕墙的类型参数，如图2-82所示。

（3）手工修改。可手动调整幕墙网格间距：选择幕墙网格（按<Tab>键切换选择），单击开锁标记即可修改网格临时尺寸，如图2-83所示。

（4）编辑立面轮廓。选择幕墙，自动激活【修改|墙】选项卡，单击【修改|墙】面板下的【编辑轮廓】按钮，即可像基本墙一样任意编辑其立面轮廓。

（5）幕墙网格与竖梃。选择【建筑】选项卡，单击【构建】面板下的【幕墙网格】按钮，可以整体分割或局部细分幕墙嵌板。

1）全部分段：单击添加整条网格线。

2）一段：单击添加一段网格线细分嵌板。

3）除拾取外的全部：单击，先添加一条红色的整条网格线，再单击某段，删除，其余的嵌板添加网格线，如图2-84所示。

在【构建】面板的【竖梃】中选择竖梃类型，从右边执行合适的创建命令拾取网格线添加竖梃，如图2-85所示。

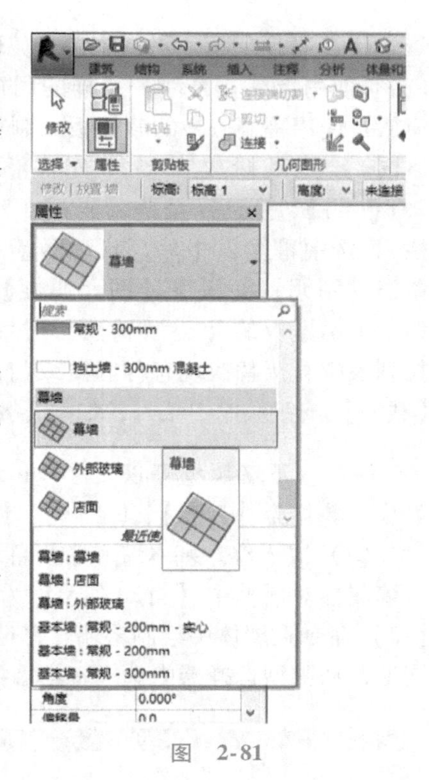

图　2-81

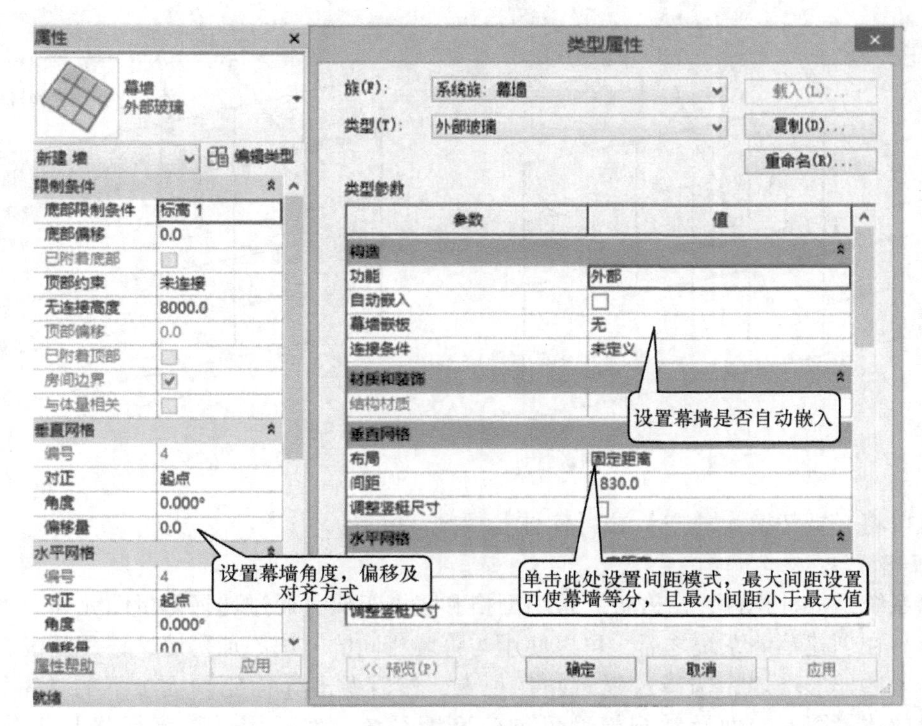

图　2-82

(6) 替换门窗。可以将幕墙玻璃嵌板替换为门或窗（必须使用带有【幕墙】字样的门窗族来替换，此类门窗族是使用幕墙嵌板的族样板来制作的，与常规门窗族不同）：将鼠标放在要替换的幕墙嵌板边沿，使用 <Tab>键切换选择至幕墙嵌板（观察屏幕下方的状态栏），选中幕墙嵌板后，自动激活【修改墙】选项卡，单击【图元】面板下【图元属性】按钮，单击编辑类型，弹出嵌板的【类型属性】对话框，可在【族】下拉列表中直接替换现有幕墙窗或门，如果没有，可单击【载入】按钮从库中载入，如图 2-86 所示。

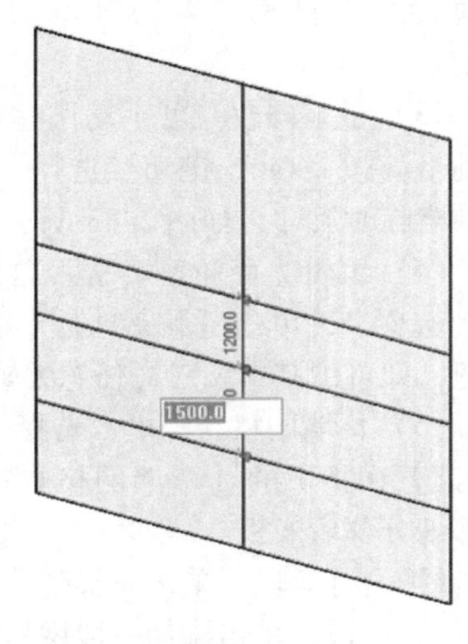

图 2-83

注意：幕墙嵌板可以用 <Tab> 键切换选择，幕墙嵌板可替换为【门窗】、【百叶】、【墙体】、【空】。

(7) 嵌入墙。基本墙和常规幕墙可以互相嵌入（当幕墙属性对话框中【自动嵌入】为勾选状态时）：执行【墙】命令在墙体中绘制幕墙，幕墙会自动剪切墙，像插入门、窗一样；选择幕墙嵌板方法同上，从类型选择器中选择基本墙类型，可将幕墙嵌板替换成基本墙，如图 2-87 所示。

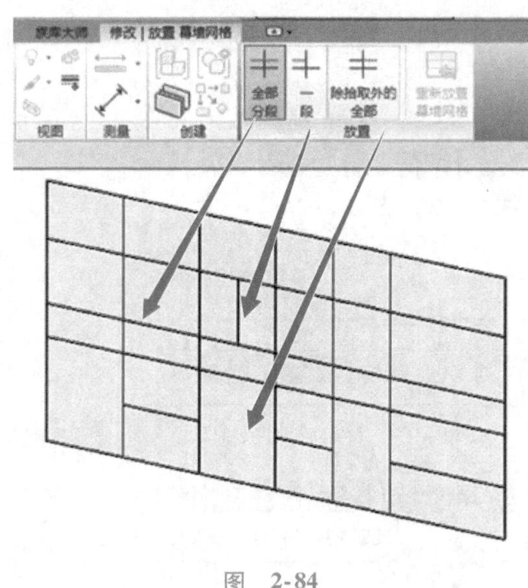

图 2-84

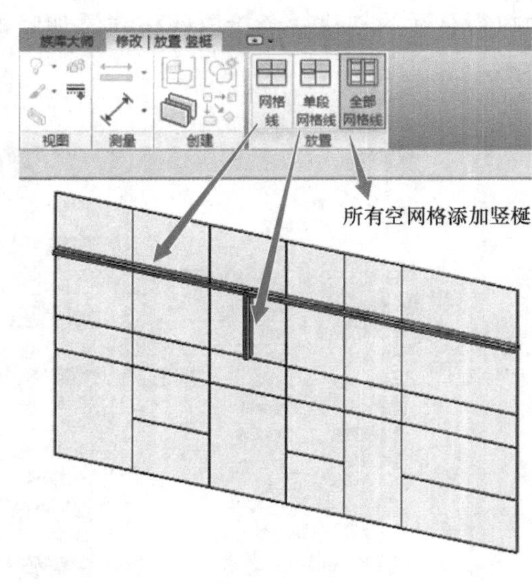

图 2-85

也可以将嵌板替换为【空】或【实体】。

2. 幕墙系统

幕墙系统是一种构件，由嵌板、幕墙网格和竖梃组成，通过选择体量图元面，可以创建幕墙系统。在创建幕墙系统之后，可以使用与幕墙相同的方法添加幕墙网格和竖梃。

对于一些异形幕墙，选择【建筑】选项卡，然后单击【构建】面板下的【幕墙系统】按钮，拾取体量图元的面及常规模型可创建幕墙系统，然后用【幕墙网格】细分后添加竖梃。

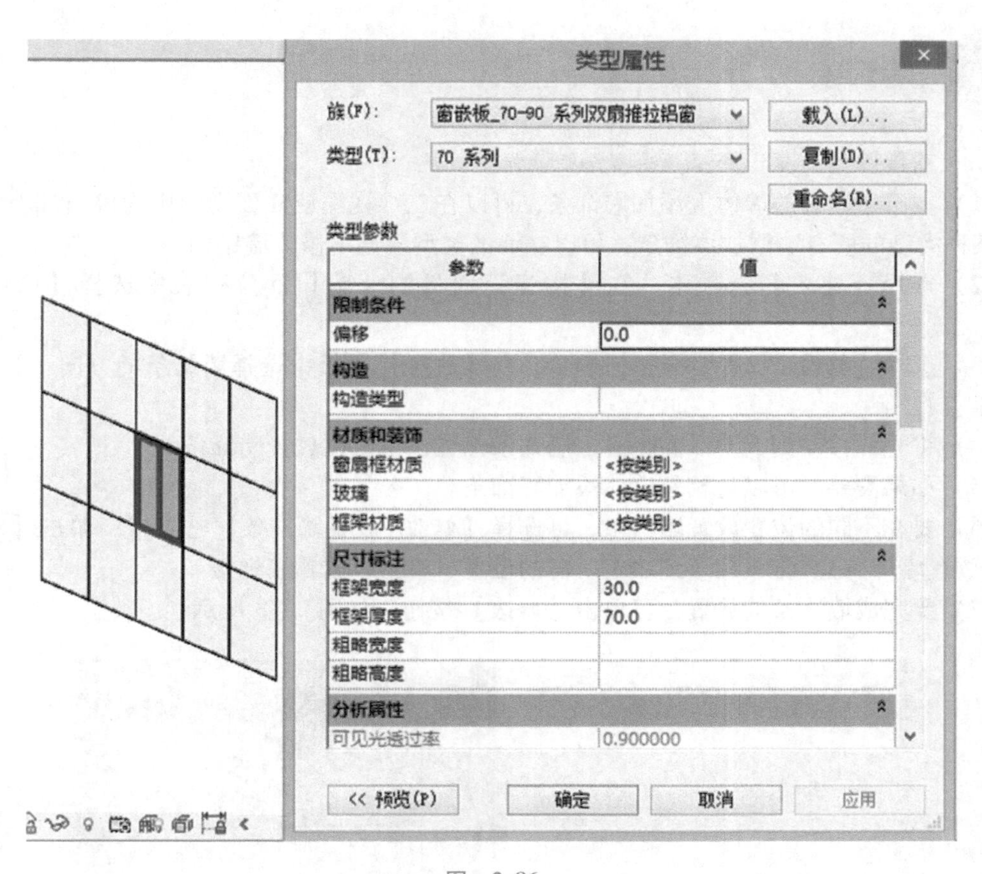

图　2-86

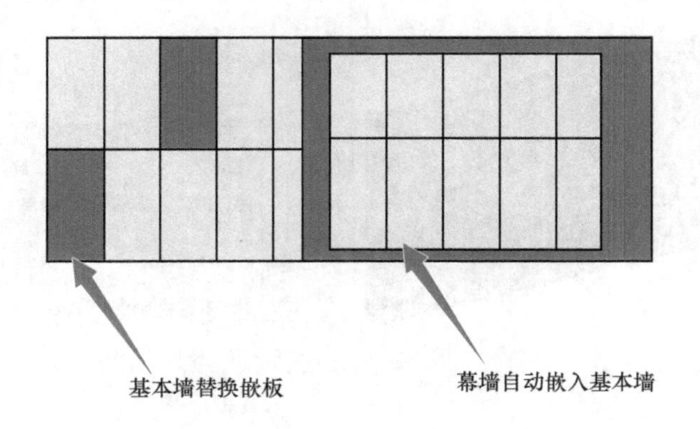

图　2-87

注意：拾取常规模型的面生成幕墙系统，指的是内建族中的族类别为常规模型的内建模型。其创建方法为：在【构建】面板中执行【构件】|【内建模型】命令，设置族类别为【常规模型】，即可创建模型。

2.4.3 墙饰条

1. 创建墙饰条

（1）在已经建好的墙体上添加墙饰条，可以在三维视图或立面视图中为墙添加墙饰条。要为某种类型的所有墙添加墙饰条，可以在墙的类型属性中修改墙结构。

（2）选择【建筑】选项卡，在【构建】面板的【墙】下拉列表中选择【墙饰条】选项。

（3）选择【修改|放置墙饰条】选项，在【放置】面板中选择墙饰条的方向：【水平】或【垂直】。

（4）将光标移动到墙上以高亮显示墙饰条位置，单击以放置墙饰条。

（5）如果需要，可以为相邻墙体添加墙饰条。

（6）要在不同的位置放置墙饰条，可选择【修改|放置墙饰条】选项卡，单击【放置】（重新放置墙饰条）。将鼠标移到墙上所需的位置，单击以放置墙饰条。

（7）要完成墙饰条的放置，可单击【修改】按钮，如图 2-88 所示。

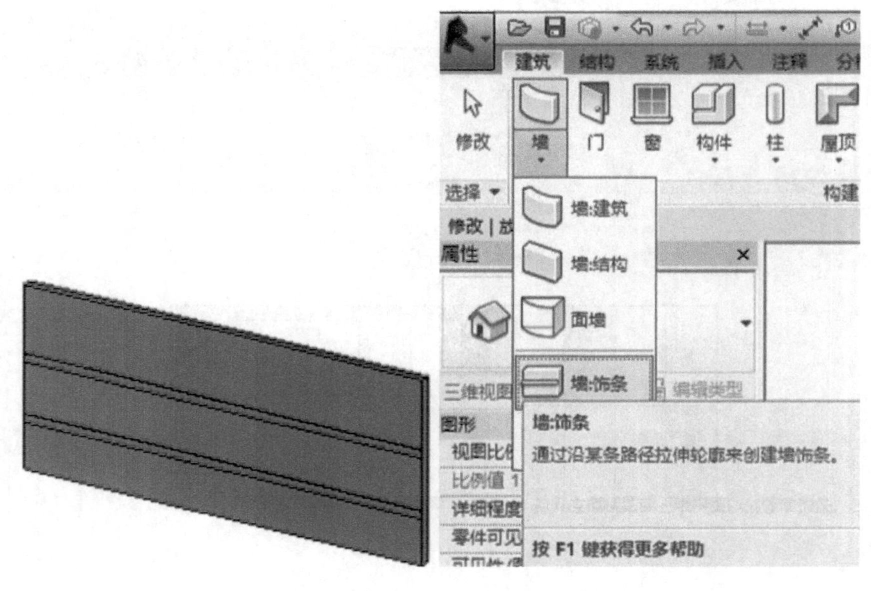

图 2-88

2. 添加分隔缝

（1）打开三维视图或不平行立面视图。

（2）选择【建筑】选项卡，在【构建】面板中的【墙】下拉列表中选择【分隔条】选项，如图 2-89 所示。

（3）在类型选择器（位于【属性】选项板顶部）中选择所需的墙分隔条的类型。

（4）选择【修改|放置墙分隔条】下的【放置】，并选择墙分隔条的方向：【水平】或【垂直】。

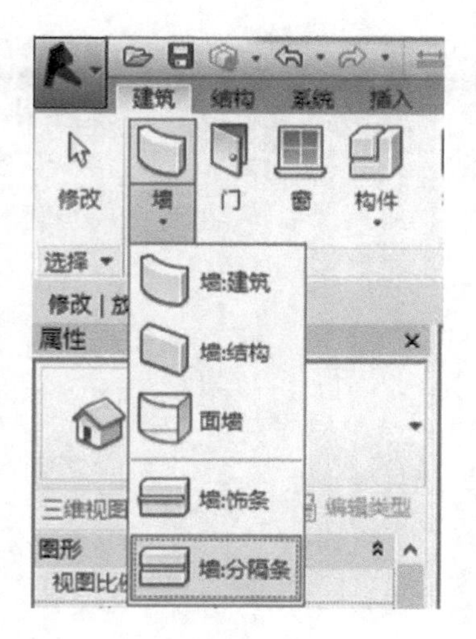

图　2-89

（5）将光标移动到墙上以高亮显示墙分隔条位置，单击以放置分隔条。

（6）Revit 会在各相邻墙体上预选分隔条的位置。

（7）要完成对墙分隔条的放置，单击视图中墙以外的位置。

2.5　门、窗

概述：在三维模型中，门窗的模型与它们的平面表达并不是对应的剖切关系，这说明门窗模型与平立面表达可以相对独立。此外，门窗在项目中可以通过修改类型参数，如门窗的宽和高，以及材质等，形成新的门窗类型。门窗主体为墙体，它们对墙具有依附关系，删除墙体，门窗也随之被删除。

在门窗构件的应用中，其插入点、门窗平立剖面的图纸表达，可见性控制等都和门窗族的参数设置有关。所以，读者不仅需要了解门窗构件族的参数修改设置，还需要在未来的族制作课程中深入了解门窗族制作的原理。

2.5.1　插入门窗

门窗插入技巧：只需在大致位置插入，通过修改临时尺寸标注或尺寸标注来精确定位，因为在 Revit 中具有尺寸和对象相关联的特点。

选择【建筑】选项卡，然后在【构建】面板中单击【门】或【窗】按钮，在类型选择器中选择所需的门、窗类型，如果需要更多的门、窗类型，可选择从【插入】、【载入族】中找到。先选定楼层平面，再到选项栏中选择【放置标记】自动标记门窗，选择【引线】可设置引线长度。在墙主体上移动鼠标，当门位于正确的位置时单击确定，如图 2-90所示。

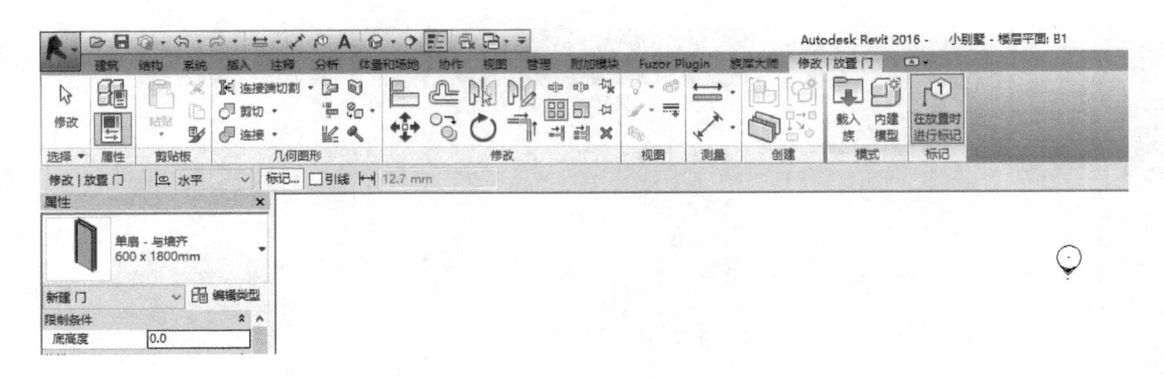

图 2-90

提示：

（1）插入门窗时输入 SM，自动捕捉到中点插入。

（2）插入门窗时在墙内外移动光标改变内外开启方向，按空格键改变左右开启方向。

（3）拾取主体：选择【门】，打开【修改门】的上下文选项卡，选择【主体】面板的【拾取新主体】命令，可是更换放置门的主体，即把门移动放置到其他墙上。

（4）在平面插入窗，其窗台高为【默认窗台高】参数值。在立面上，可以在任意位置插入窗。插入窗族时，立面出现绿色虚线，此时窗台高为【默认窗台高】参数值。

2.5.2 门窗编辑

（1）修改门窗实例参数。选择门窗，自动激活【修改门/窗】选项卡，单击【图元】面板中的【图元属性】按钮，弹出【图元属性】对话框。可以修改所选择门窗的标高、底高度等实例参数。

（2）修改门窗类型参数。自动激活【修改门/窗】选项卡，在【图元】面板中选择【图元属性】命令，弹出【图元属性】对话框，单击【编辑类型】按钮，弹出【类型属性】对话框，然后再单击【复制】按钮创建新的门窗类型，修改门窗的高度，宽度，窗台高度，框架、玻璃材质竖梃可见性参数，然后确定。

提示：修改窗的实例参数中的底高度，实际上也就修改了窗台高度。在窗的类型参数中通常有默认窗台高这个类型参数不受影响。

修改了类型参数中默认窗台高的参数值，只会影响随后再插入的窗台的窗台高度，对之前插入的窗户的窗台高度不产生影响。

（3）鼠标控制。选择门窗，出现开启方向控制和临时尺寸，单击改变开启方向和位置尺寸。

用鼠标拖曳门窗改变门窗位置，墙体洞口自动修复，开启新的洞口，如图 2-91 所示。

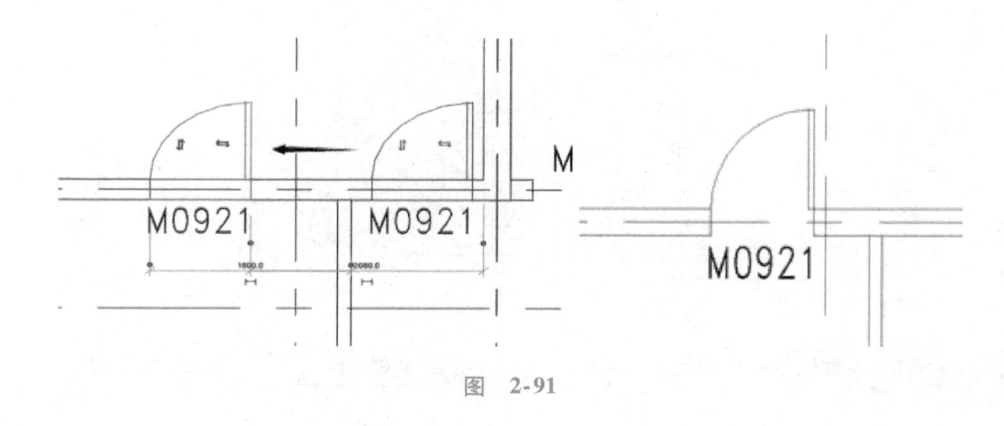

图 2-91

2.5.3 整合应用技巧

1. 复制门窗时约束选项的应用

选择门窗，单击【修改】面板中的【复制】命令，在选项栏中勾选【约束】，则可使门窗沿着与其垂直或共线的方向移动复制。若取消勾选【约束】，则任意方向复制，如图2-92所示。

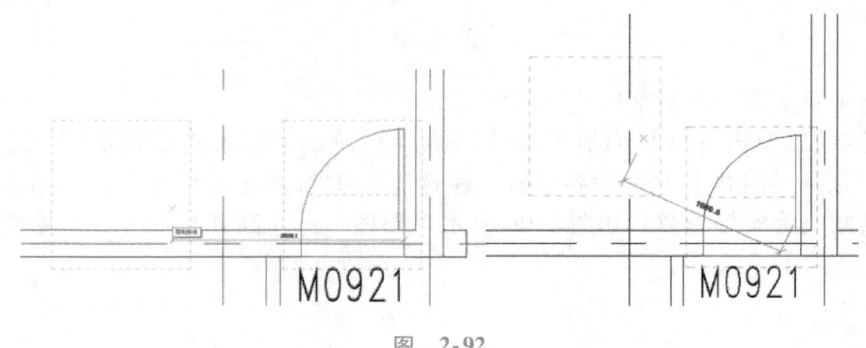

图 2-92

2. 图例视图——门窗分格立面

方法一，单击【视图】选项卡中的【创建】面板中的【图例】下拉按钮，选择【图例】并单击，弹出【新图例视图】对话框，输入名称、比例，确定，创建图例视图，如图2-93（上）所示。

插入窗族图例：进入刚刚创建的图例视图，单击【注释】选项卡中的【详图】面板下的【构件】下拉按钮，选择【图例构件】并单击，在选项栏中选择相应的【族】，【视图】中选择【立面：前】，在视图中的合适位置单击即可创建门窗分格立面。也可在【视图】中选择【楼层平面】，在视图中单击创建平面图例，如图2-93（中，下）所示。

方法二，在项目浏览器中，展开【族】目录，选择窗族实例，直接拖曳到图例视图中。

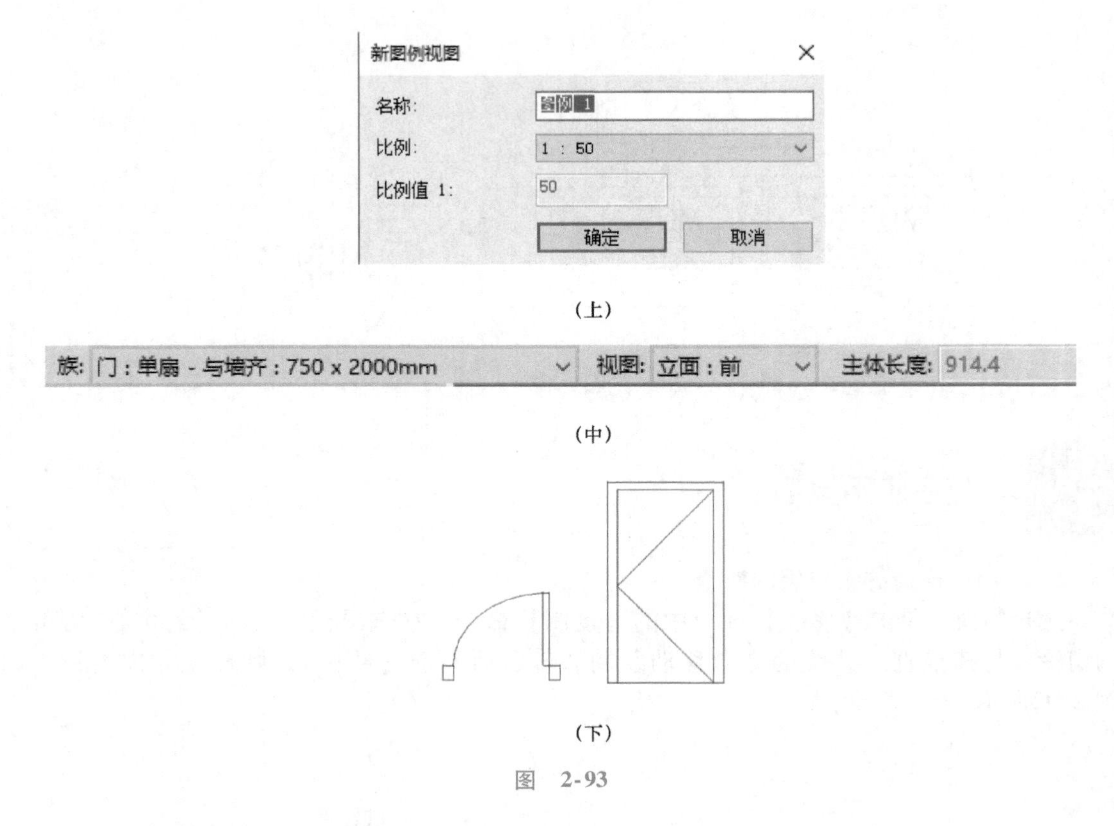

（上）

（中）

（下）

图 2-93

3. 窗族的宽、高为实例参数时的应用

选择【窗】，单击【族】面板中的【编辑族】命令，进入族编辑模式。进入【楼板线】视图，选择【宽度】尺寸标签参数，在选项栏中勾选【实例参数】，此时，【宽度】尺寸标签参数改为实例参数，如图 2-94 所示。同理，将【高度】尺寸标签参数改为实例参数。

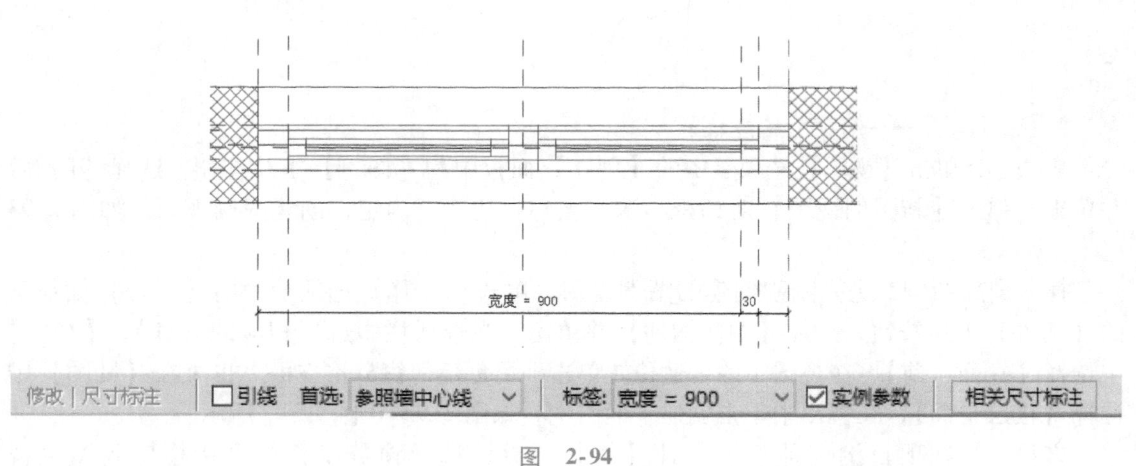

图 2-94

载入到项目，在墙体中插入窗，可任意修改窗的宽度和高度，如图 2-95 所示。

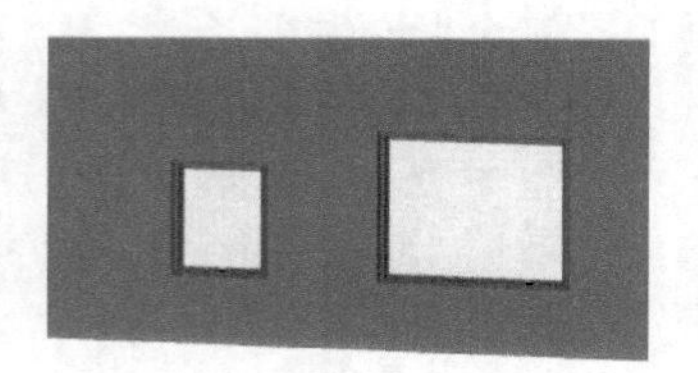

图　2-95

2.6　楼板

概述：楼板的创建可以通过在体量设计中设置楼层面生成面楼板；也可以直接绘制完成。在Revit中，楼板可以设置构造层。默认的楼层标高为楼板的面层标高，即建筑标高。在楼板编辑中，不仅可以编辑楼板的平面形状、开洞口和楼板坡度等，还可以通过【修改子图元】命令修改楼板的空间形状，设置楼板的构造层找坡，实现楼板的内排水和有组织排水的分水线建模绘制。此外，对于自动扶梯、电梯基坑、排水沟等与楼板相关的构件建模与绘图，软件还提供了【楼板的公制常规模型】的族样板，方便用户自行定制。

2.6.1　创建楼板

1. 拾取墙与绘制生成楼板

单击【建筑】选项卡下的【构建】面板中的【楼板】命令，进入绘制轮廓草图模式，此时自动跳转到【创建楼层边界】选项卡，单击【拾取墙】命令，在选项栏中单击 偏移: 0.0 ☑延伸到墙中(至核心层) 指定楼板边缘的偏移量，同时勾选【延伸到墙中（至核心层）】，拾取墙时将拾取到有涂层和构造层的复合墙的核心边界位置。使用<Tab>键切换选择，可一次选中所有外墙，单击生成楼板边界，如出现交叉线条，使用【修剪】命令编辑成封闭楼板轮廓，或者单击【线】命令，用线绘制工具绘制封闭楼板轮廓。完成草图的绘制后，单击【完成楼板】。创建楼板如图2-96所示。

选择楼板边缘，进入【修改|楼板】界面，选择【编辑边界】命令，可修改楼板边界，单击【编辑边界】，进入绘制轮廓草图模式，单击绘制面板下的【边界线】、【直线】命令，进行楼板边界的修改，可修改成非常规轮廓如图2-97所示。

使用【修改】面板下的X删除多余线段，单击完成，如图2-98所示。

2. 斜楼板的复制

坡度箭头：在绘制楼板草图时，执行【坡度箭头】命令绘制坡度箭头，在属性控制面板下设置【尾高度偏移】或【坡度】值。确定，完成绘制，如图2-99所示。

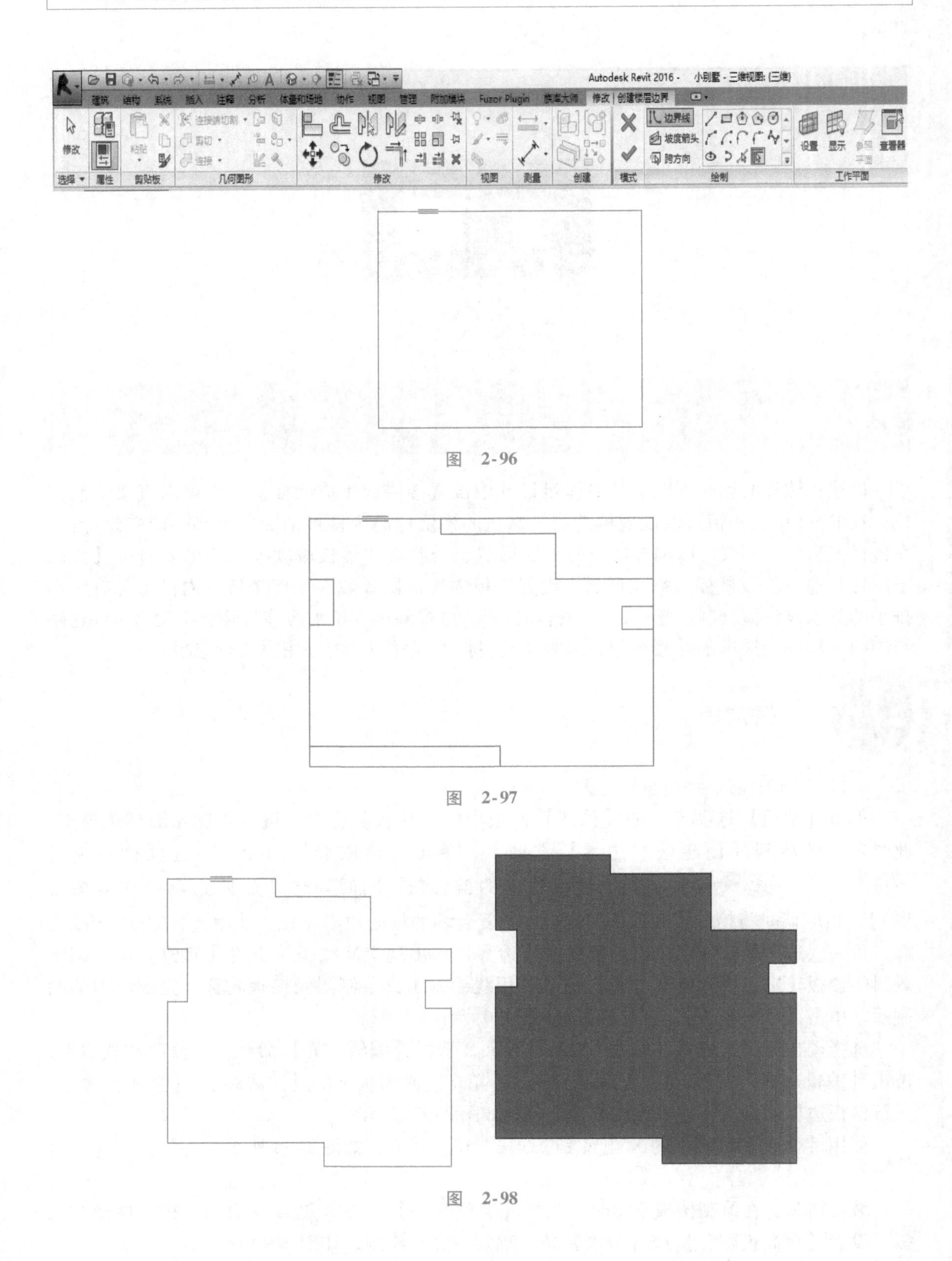

图 2-96

图 2-97

图 2-98

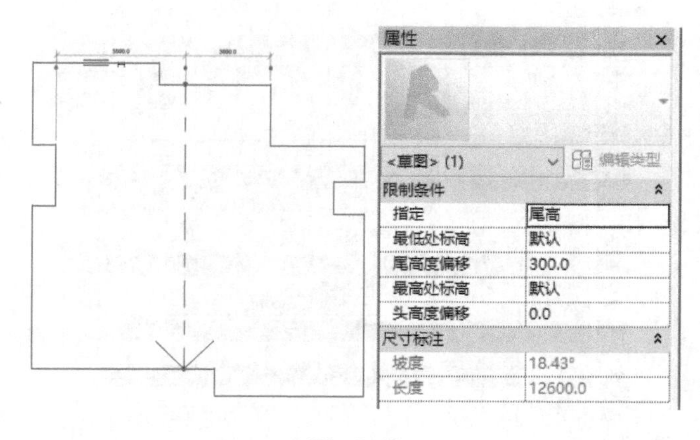

图 2-99

2.6.2 楼板的编辑

1. 图元属性修改

选择楼板，自动激活【修改楼板】选项卡，在【属性】对话框中单击【编辑类型】命令，选择左下角【预览】图标，修改类型属性如图2-100所示。

2. 楼板洞口

选择楼板，单击【编辑】面板下的【编辑边界】命令，进入绘制楼板轮廓草图模式，或在创建楼板时，在楼板轮廓以内直接绘制洞口闭合轮廓。完成绘制如图2-101所示。

3. 处理剖面图楼板与墙的关系

在Revit中直接生成剖面图时，楼板与墙会有空隙，先画楼板后画墙可以避免此问题。也可以利用【修改】选项卡中【编辑几何图形】面板下的【连接几何图形】命令，来连接楼板和墙，如图2-102所示。

4. 复制楼板

选择楼板，自动激活【修改楼板】选项卡，使用【剪贴板】面板下的【复制】命令，复制到剪贴板，执行【修改】选项卡【剪贴板】面板下【粘贴-与选定的标高对齐】命令，选择目标标高名称，楼板自动复制到所有楼层，如图2-103所示。

选择复制的楼板可在选项栏中点选【编辑】，再【完成绘制】，即可出现一个对话框，提示从墙中剪切与楼板重叠的部分。

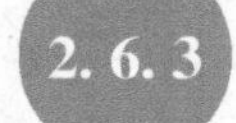

2.6.3 楼板边

单击【建筑】选项卡下【构建】面板中的【楼板】的下拉按钮，有【楼板】、【结构楼板】、【面楼板】、【楼板边缘】4个命令（图2-104）。

添加楼板边缘：执行【楼板边缘】命令，单击选择楼板的边缘，完成添加，如图2-105所示。

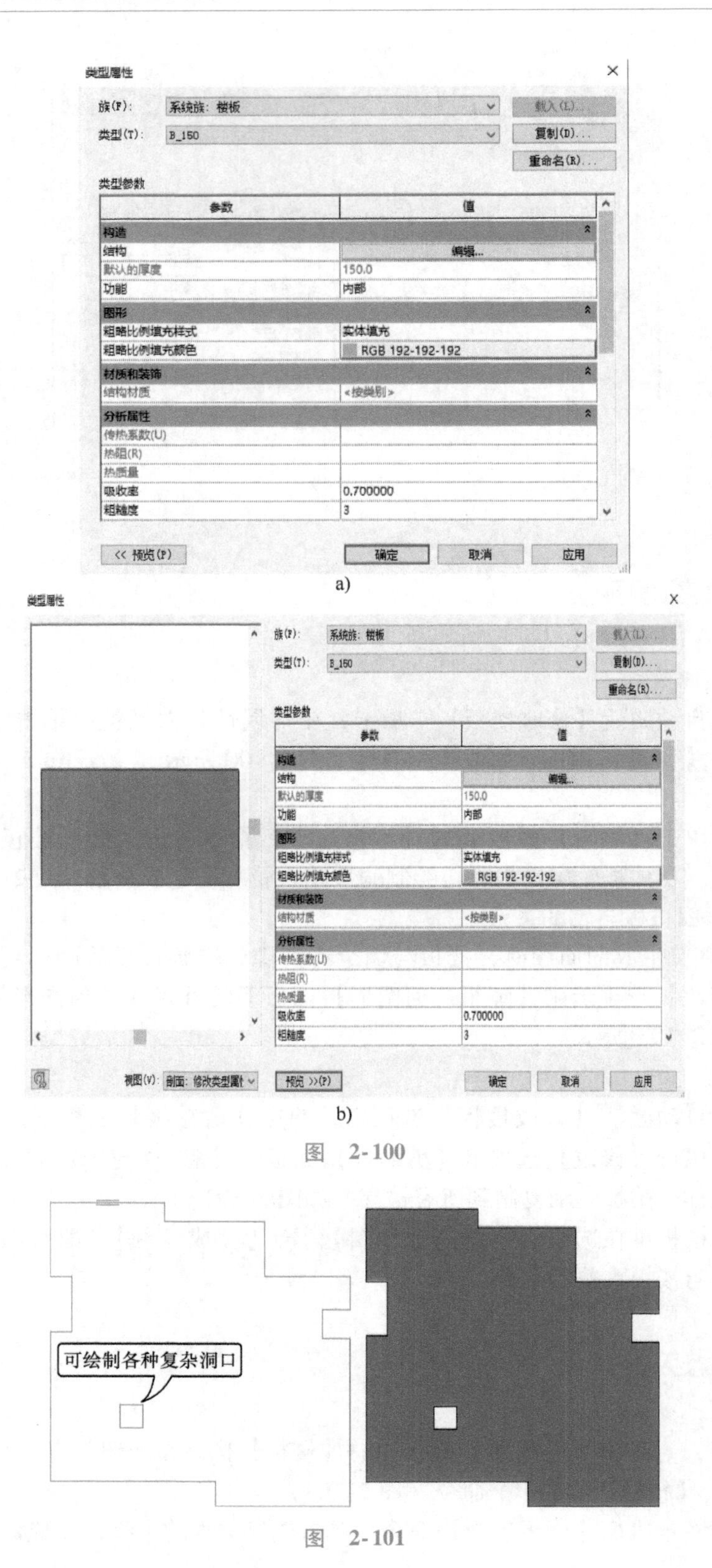

a)

b)

图 2-100

图 2-101

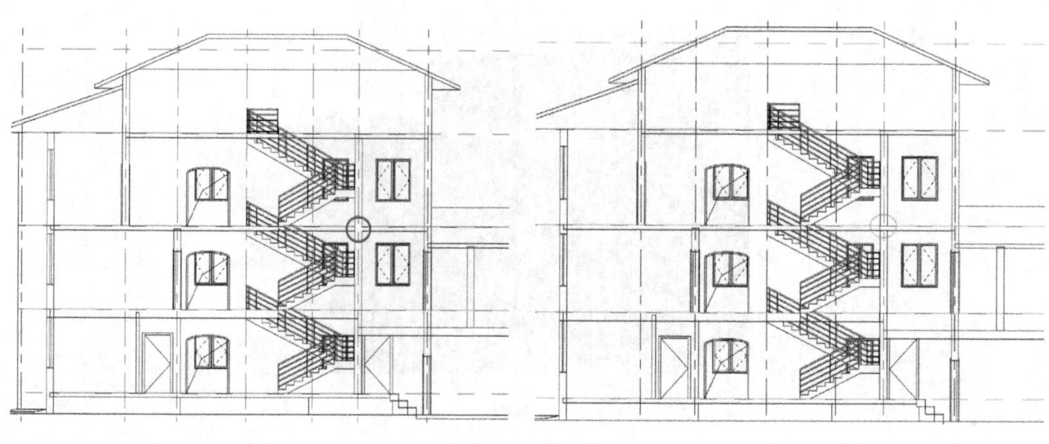

图　2-102

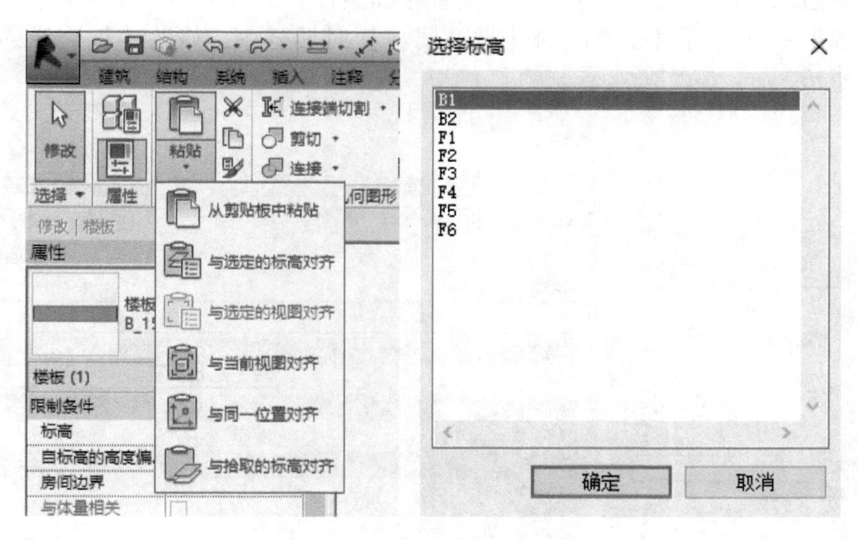

图　2-103

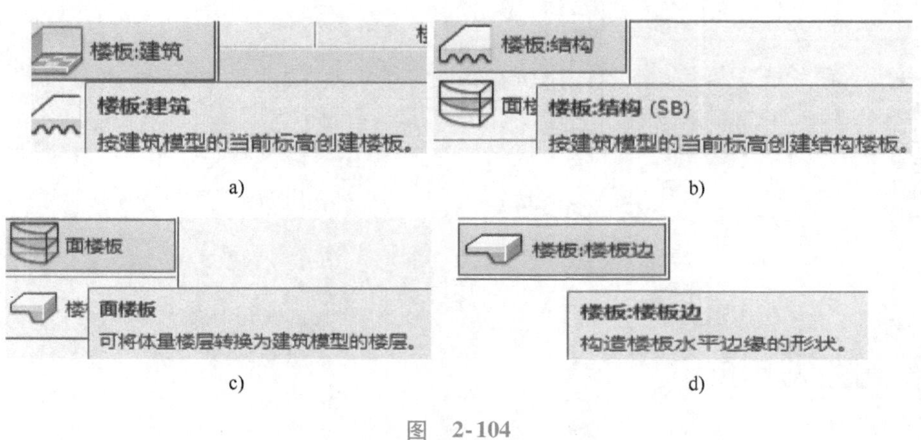

a)　　b)　　c)　　d)

图　2-104

a）楼板　b）结构楼板　c）面楼板　d）楼板边缘

图 2-105

单击楼板边缘可出现属性，可修改【垂直轮廓偏移】与【水平轮廓偏移】等数值。单击【编辑类型】按钮，可以在弹出的【类型属性】对话框中，修改楼板边缘的【轮廓】，如图 2-106 所示。

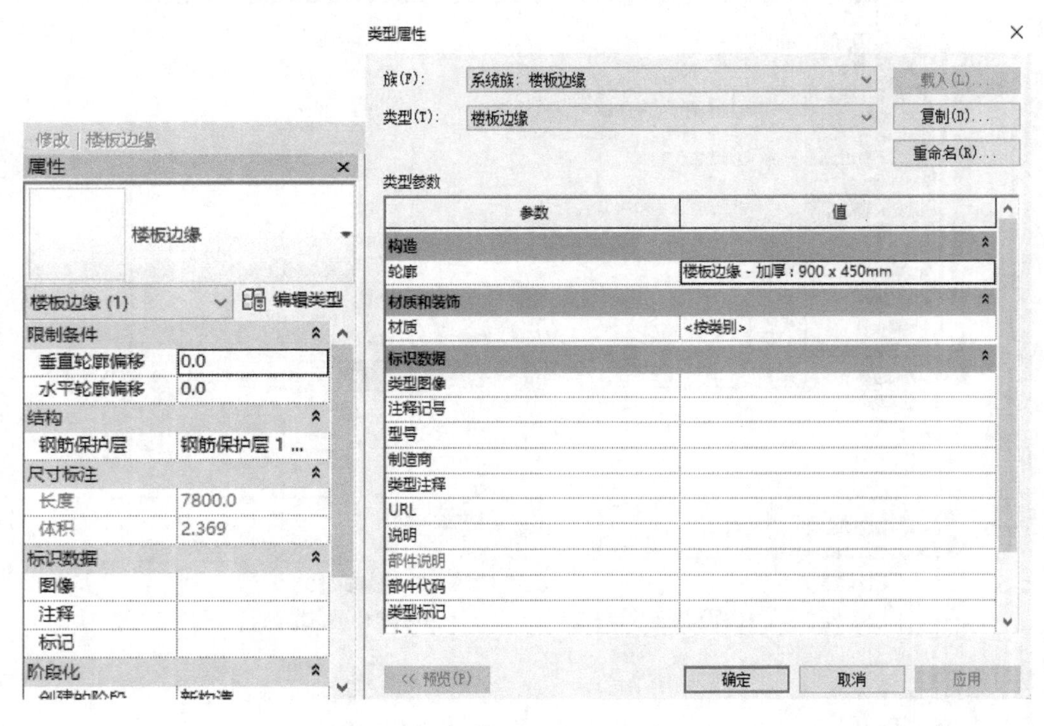

图 2-106

2.6.4 整合应用技巧

1. 创建阳台、雨篷与卫生间楼板

创建阳台、雨篷时使用【楼板】工具，在绘制完成后，单击【楼板属性】工具，在弹

出的【实例属性】对话框中，在【限制条件】下的【自标高的高度偏移】一栏中修改偏移值，如图2-107所示。

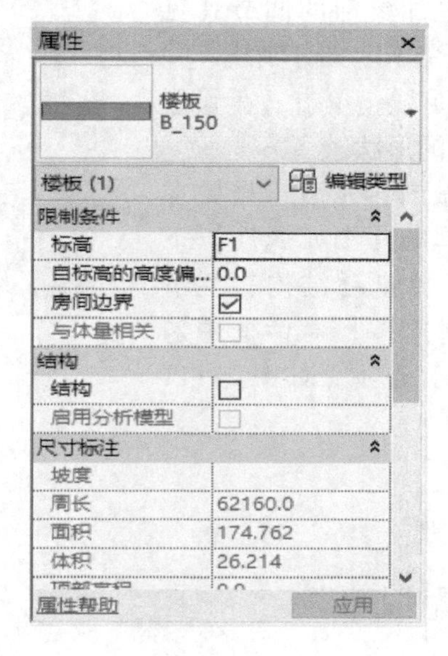

图　2-107

注意：卫生间楼板与室内其他区域相比应该偏低，所以在绘制卫生间内的楼板后应调整其偏移值，设置方法同上。

2. 楼板点编辑、楼板找坡层设置

选择楼板，单击自动弹出的【修改楼板】上下文选项卡，单击【修改子图元】工具，楼板进入点编辑状态（见图2-108）。单击【添加点】工具，然后在楼板需要添加控制点的地方单击，楼板将会增加一个控制点。单击【修改子图元】工具，再单击需要修改的点，在点的左上方会出现一个数值，如图2-109所示。

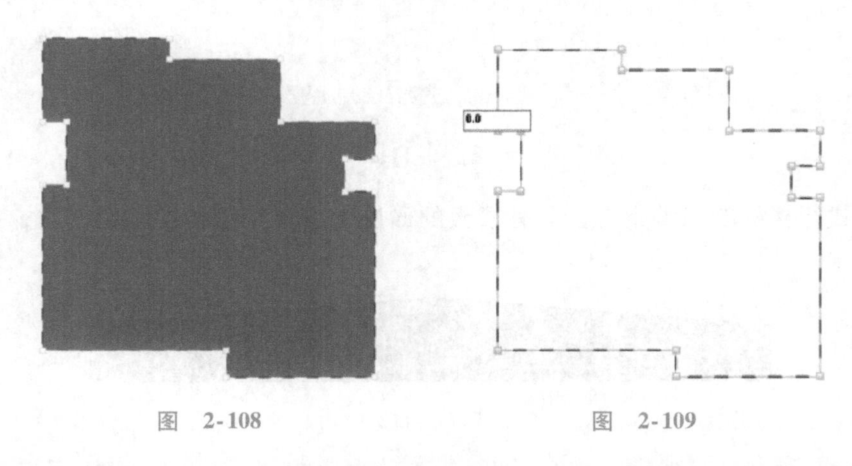

图　2-108　　　　图　2-109

该数值表示偏离楼板的相对标高的距离，可以通过修改其数值使该点高出或低于楼板的相对标高。

【形状编辑】面板中还有【添加分割线】、【拾取支座】和【重设形状】。【添加分割线】命令可以将楼板分为多块，以实现更加灵活的调节（见图 2-110）；【拾取支座】命令用于定义分割线，并在选择梁时为楼板创建恒定承重线；单击【重设形状】工具可以使图形恢复原来的形状。

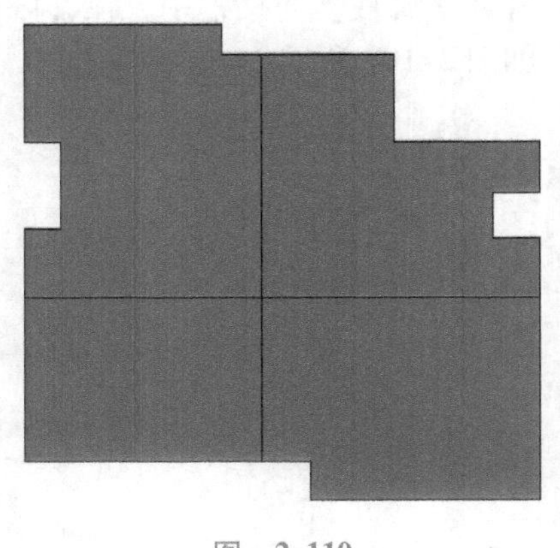

图 2-110

当楼层需要做找坡层或做内排水时，需要在面层上做坡度。选择楼层，单击【图元属性】下拉按钮，选择【类型属性】，单击【结构】栏下的【编辑】，在弹出的【编辑部件】对话框中勾选【面层 1［4］】后的【可变】选项，如图 2-111 所示。

编辑部件 ×

族: 楼板
类型: B_150
厚度总计: 150.0 (默认)
阻力(R): 0.1434 (m²·K)/W
热质量: 21.06 kJ/K

层

	功能	材质	厚度	包络	结构材质	可变
1	面层 1 [4]	混凝土-沙/	50	☐	☐	☑
2	涂膜层	防潮层/隔气	0.0	☐	☐	☐
3	核心边界	包络上层	0.0			
4	结构 [1]	混凝土，现	150.0	☐	☑	☐
5	核心边界	包络下层	0.0			

插入(I) 删除(D) 向上(U) 向下(O)

<< 预览(P) 确定 取消 帮助(H)

图 2-111

这时在进行楼板的点编辑时，只有楼板的面层会变化，结构层不会变化，如图 2-112 所示。

图 2-112

找坡层的设置：单击【形状编辑】面板中的【添加分割线】工具，在楼板的中线处绘制分割线，单击【修改子图元】工具，修改分割线两端端点的偏移值（即坡度高低差），效果如图2-112所示。

内排水的设置：单击【添加点】工具，在内排水的排水点添加一个控制点，单击【修改子图元】工具，修改控制点的偏移值（即排水高差），如图2-113所示。

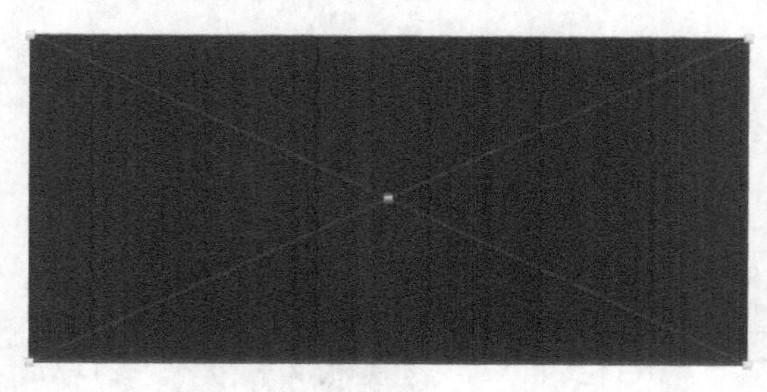

图 2-113

3. 楼板的建筑标高与结构标高

楼板包括结构层与面层，建筑标高是指到楼板面层的高度值，结构标高是指到楼板结构层的高度值，两者之间有一个面层的差值。在Revit中标高默认为建筑标高。屋面层楼板的建筑标高与结构标高是一样的，所以屋面层楼板需要向上偏移一个面层的高度。

2.7 屋顶

概述：屋顶是建筑的重要组成部分。在Revit中提供了多种建模工具，如迹线屋顶、拉伸屋顶、面屋顶、玻璃斜窗等创建屋顶的常规工具。此外，对于一些特殊造型的屋顶，还可以通过内建模型的工具来创建。为了方便读者理解，本章还专门介绍了古建六角亭的完整创建过程。

1. 迹线屋顶

（1）创建迹线屋顶（坡屋顶、平屋顶）。在【建筑】面板的【屋顶】面板下列表中选择【迹线屋顶】选项，进入绘制屋顶轮廓草图模式。

此时自动跳转到【创建楼层边界】选项卡，单击【绘制】面板下的【拾取墙】按钮，在选项栏中勾选【定义坡度】复选框，指定楼板边缘的偏移量，同时勾选【延伸到墙中（至核心层）】复选框，拾取墙时将拾取到有涂层和构造层的复合墙体的核心边界位置，如图2-114所示。

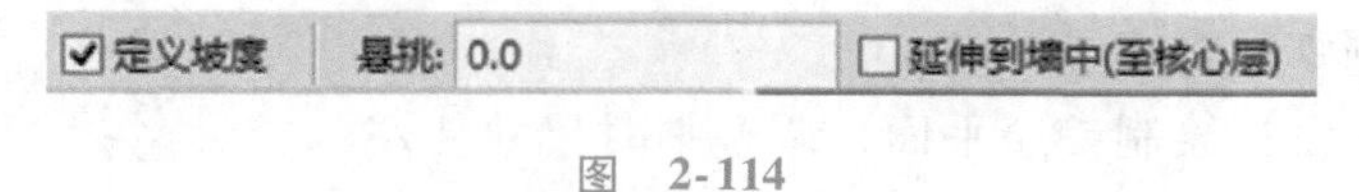

图 2-114

按<Tab>键切换选择，可一次选中所有外墙，单击生成楼板边界，如出现交叉线条，执行【修剪】命令编辑成封闭楼板轮廓，或者执行【线】命令，用线绘制工具绘制封闭楼板轮廓。

需要注意的是，如取消勾选【定义坡度】复选框则生成平屋顶。单击完成编辑，如图2-115所示。

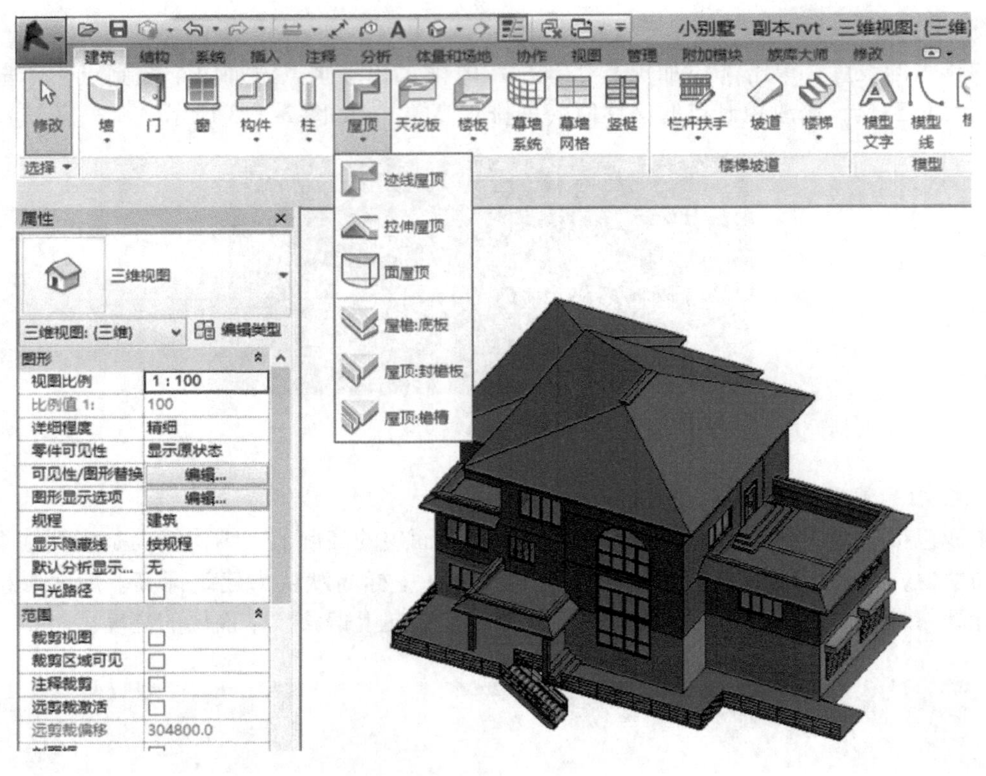

图 2-115

（2）创建圆锥屋顶。在【建筑】面板的【屋顶】下拉列表中选择【迹线屋顶】选项，进入绘制屋顶轮廓草图模式。

打开【属性】对话框，可以修改屋顶属性，如图 2-116 所示。执行【拾取墙】或【线】、【起点-终点-半径弧】命令绘制有圆弧线条的封闭轮廓线，选择轮廓线，在选项栏勾选【定义坡度】复选框，“⊿300”符号将出现在其上方，单击角度值设置屋面坡度。单击完成绘制，如图 2-117 所示。

（3）四面双坡屋顶。在【建筑】面板的【屋顶】下拉列表中选择【迹线屋顶】选项，进入绘制屋顶轮廓草图模式。

在选项栏取消勾选【定义坡度】复选框，执行【拾取墙】或【线】命令绘制矩形轮廓。

选择【参照平面】绘制参照平面，调整临时尺寸使左、右参照平面间距等于矩形宽度。

在【修改】栏选择【拆分图元】选项，在右边参照平面处单击，将矩形长边分为两段。添加坡度箭头 坡度箭头 选择【修改屋顶】|【编辑迹线】选项卡，单击【绘制】面板中的【属性】按钮，设置坡度属性，单击完成屋顶绘制，如图 2-118 所示。

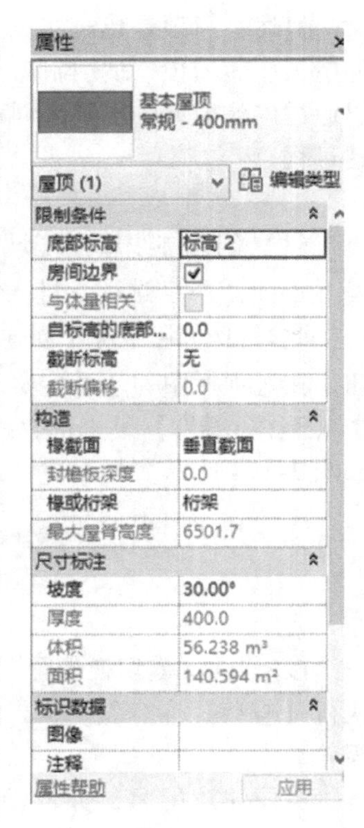

图 2-116

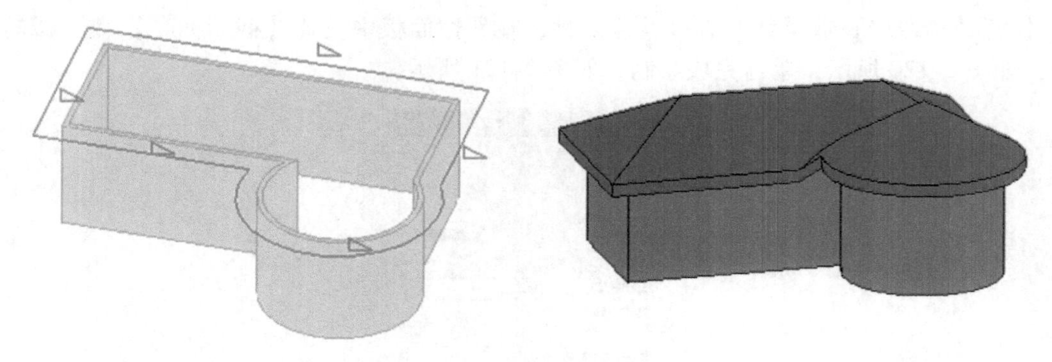

图　2-117

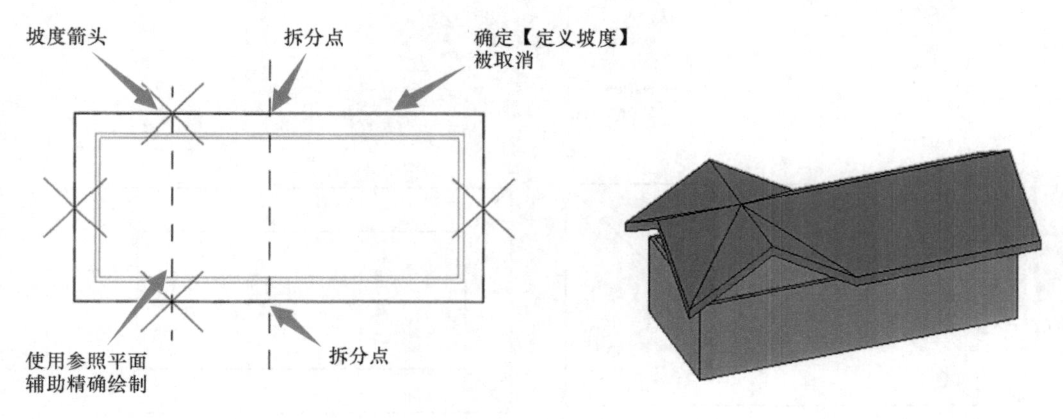

图　2-118

需要注意的是，单坡度箭头可在【属性】中选择尾高和坡度，如图2-119所示。

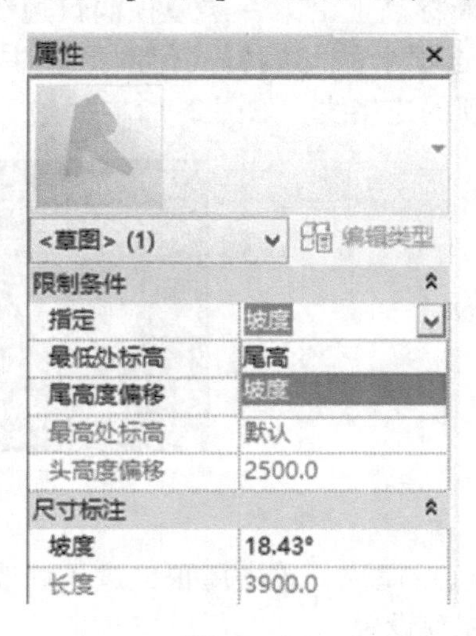

图　2-119

（4）双重斜坡屋顶（截断标高应用）。在【建筑】面板的【屋顶】下拉列表中选择【迹线屋顶】选项，进入绘制屋顶轮廓草图模式。

执行【拾取墙】或【线】命令绘制屋顶，在属性面板中设置【截断标高】和【截断偏移】，如图 2-120 所示，单击完成绘制，如图 2-121 所示。

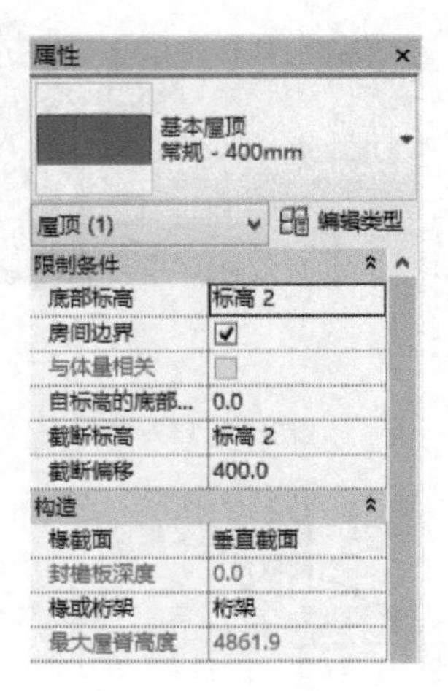

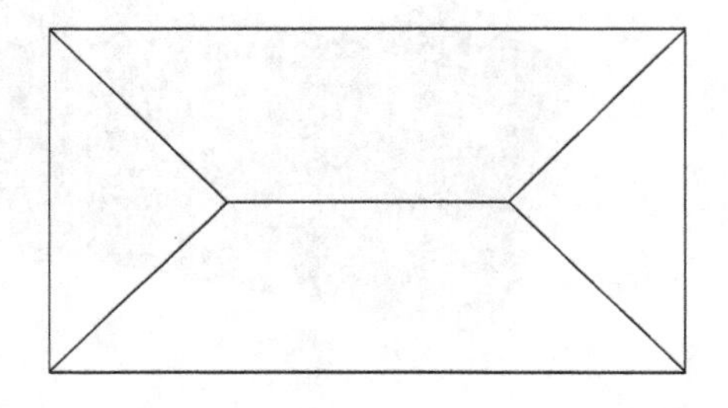

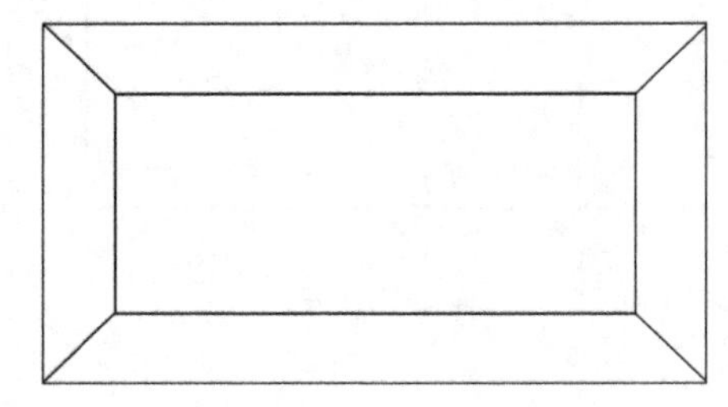

图 2-120

用【迹线屋顶】命令在截断标高上沿第一层屋顶洞口边线绘制第二层屋顶。如果两层屋顶的坡度相同，在【修改】选项卡的【编辑几何图形】中选择【连接/取消连接屋顶】选项，连接两个屋顶，隐藏屋顶的连接线，如图 2-122 所示。

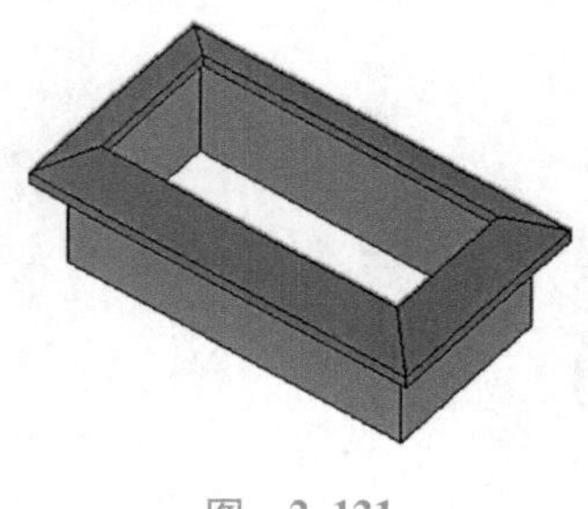

图 2-121

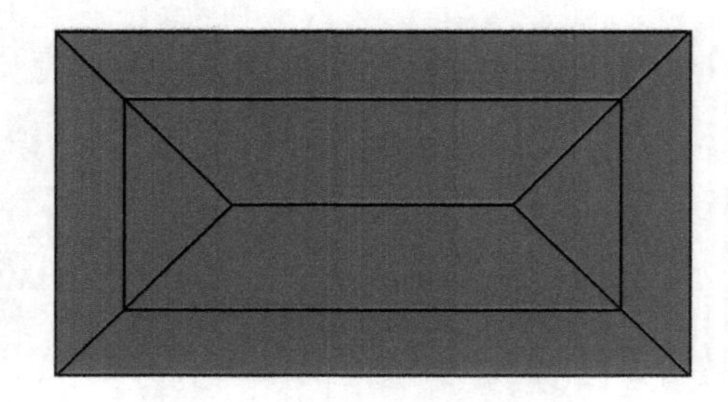

图 2-122

（5）编辑迹线屋顶。选择迹线屋顶，单击屋顶，进入修改模式，单击【编辑迹线】按钮，修改屋顶轮廓草图，完成屋顶设置。

属性修改：在【属性】对话框中可修改所选屋顶的标高、偏移、截断层、椽截面、坡度等；在【类型属性】中可以设置屋顶的构造（结构、材质、厚度）、图形（粗略比例填充样式）等，如图 2-123 所示。

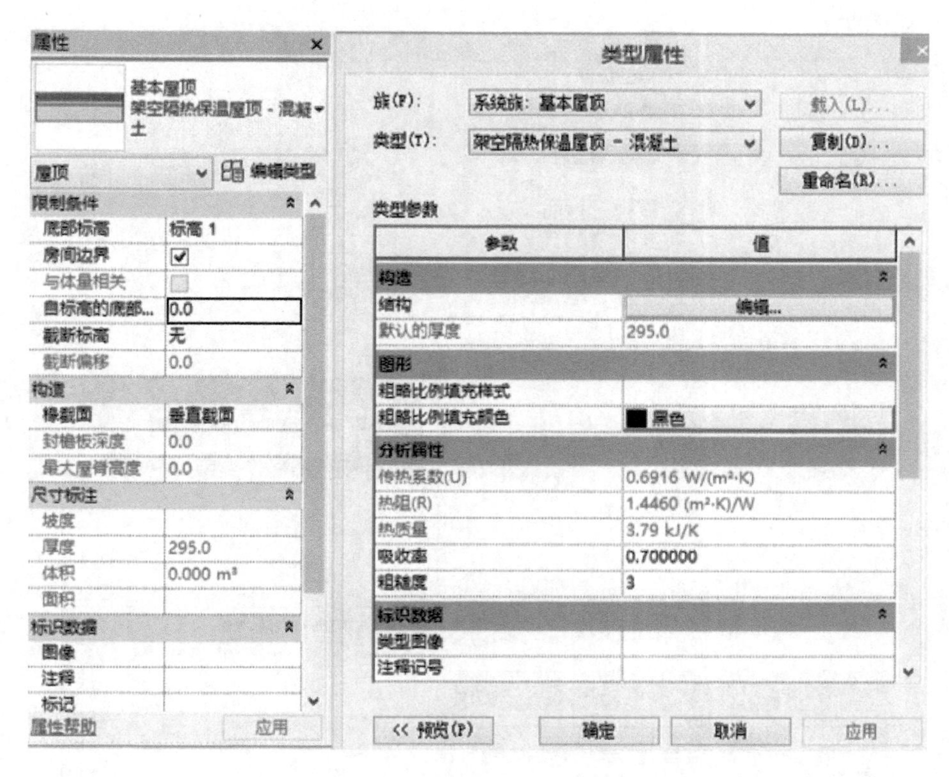

图 2-123

选择【修改】选项卡下【编辑几何图形】中的【连接/取消连接屋顶】选项，连接屋顶到另一个屋顶或墙上，如图2-124所示。

对于从平面上不能创建的屋顶，可以从立面上用拉伸屋顶着手创建模型，如图2-125所示。

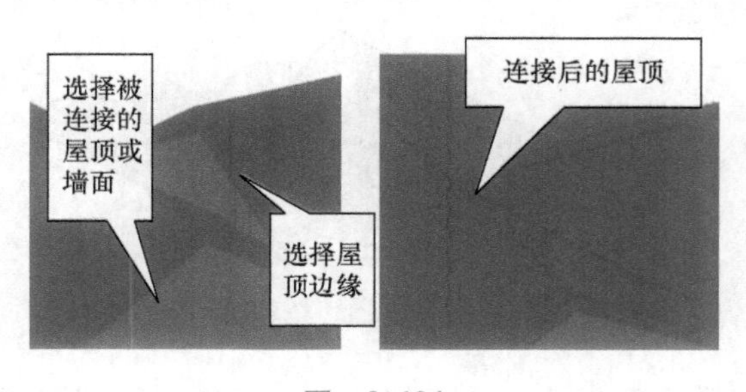

图 2-124

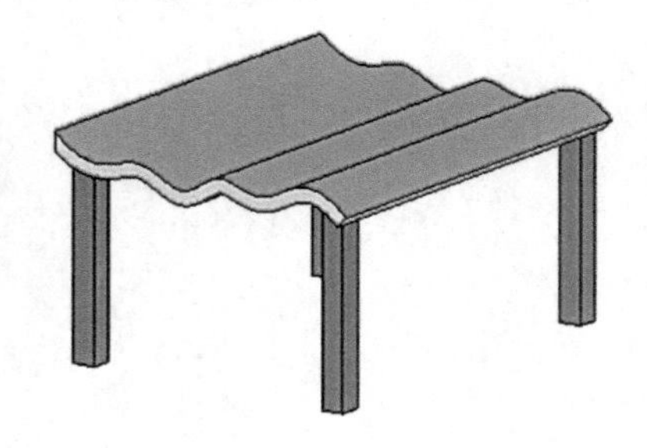

图 2-125

1）创建拉伸屋顶。在【建筑】面板中单击【屋顶】下拉按钮，在弹出的下拉列表中选择【拉伸屋顶】选项，进入绘制轮廓草图模式。

在【工作平面】对话框中设置工作平面（选择参照平面或轴网绘制屋顶截面线），选择工作视图（立面、框架立面、剖面或三维视图作为操作视图）。

在【屋顶参照标高和偏移】对话框中选择屋顶的基准标高，如图2-126所示。

绘制屋顶的截面线（单线绘制，无须闭合），单击设置拉伸屋顶的起点、终点、半径，完成绘制，如图2-127所示。单击完成绘制，如图2-128所示。

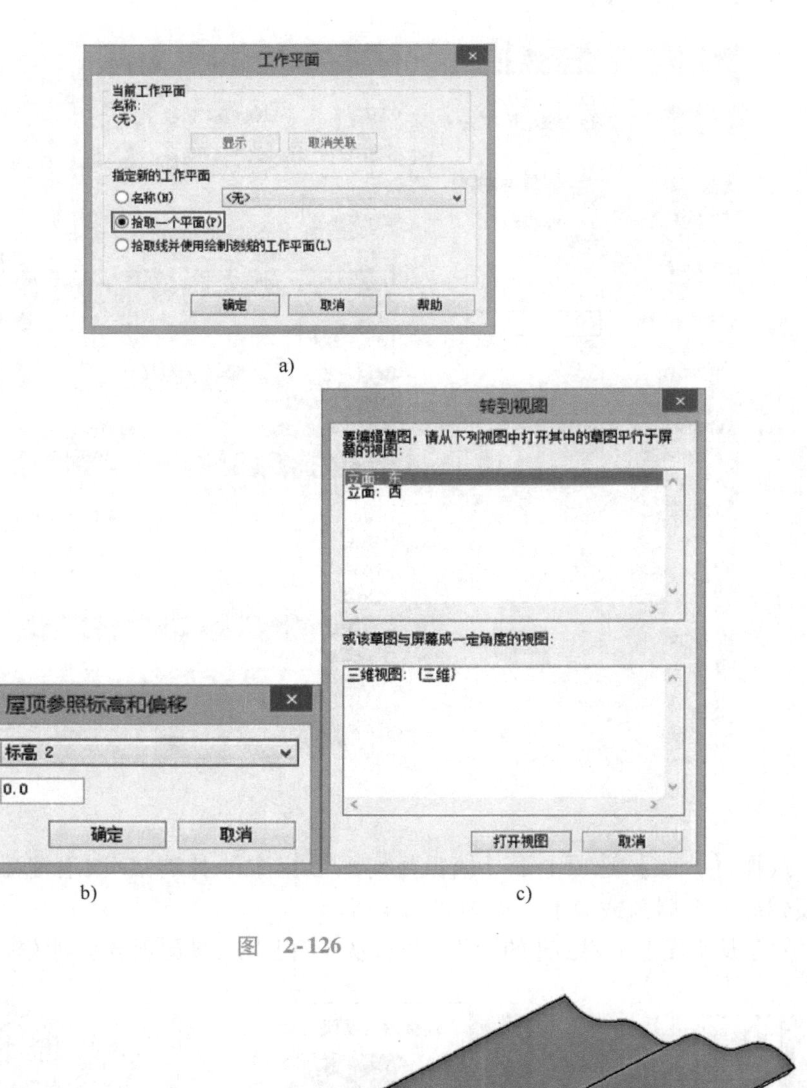

a)

b)

c)

图 2-126

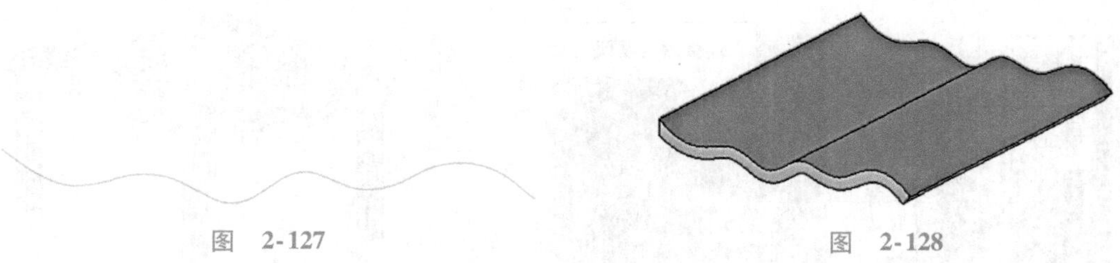

图 2-127

图 2-128

2）框架立面的生成。创建拉伸屋顶时经常需要创建一个框架立面，以便于绘制屋顶的截面线。

选择【视图】选项卡，在【创建】面板的【立面】下拉列表中选择【框架立面】选项，点选轴网或命名的参照平面，放置立面符号。

项目浏览器中自动生成一个“立面 1-a”视图，如图 2-129 所示。

3）编辑拉伸屋顶。选择拉伸屋顶，单击选项栏中的【编辑轮廓】按钮，修改屋顶草图，完成屋顶。

属性修改：修改所选屋顶的标高、拉伸起点、终点、椽截面等实例参数；编辑类型属性可以设置屋顶的构造（结构、材质、厚度）、图形（粗略比例填充样式）等。

2. 面屋顶

单击【建筑】面板中的【屋顶】下拉按钮，在弹出的下拉列表中选择【面屋顶】选项，进入【放置面屋顶】选项卡，拾取体量图元或常规模型族的面生成屋顶。

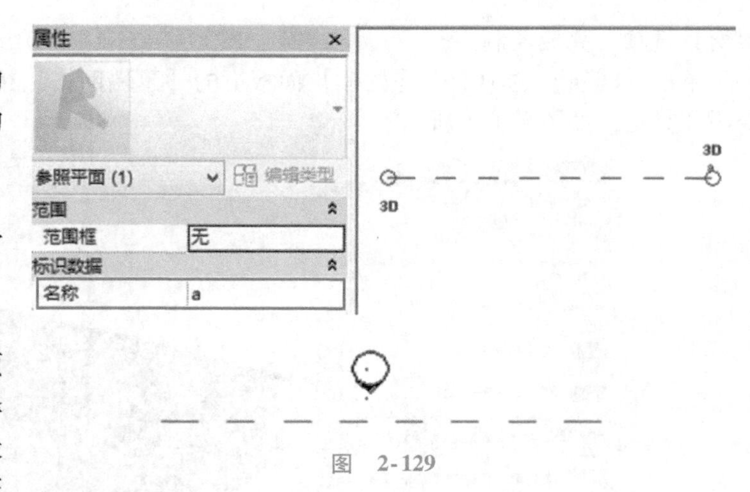

图 2-129

选择需要放置的体量面，可在【属性】中设置其屋顶的相应属性，可在类型选择器中直接设置屋顶类型，最后单击【创建屋顶】按钮完成面屋顶的创建，如需其他操作需单击【修改】按钮后恢复正常状态，如图2-130所示。

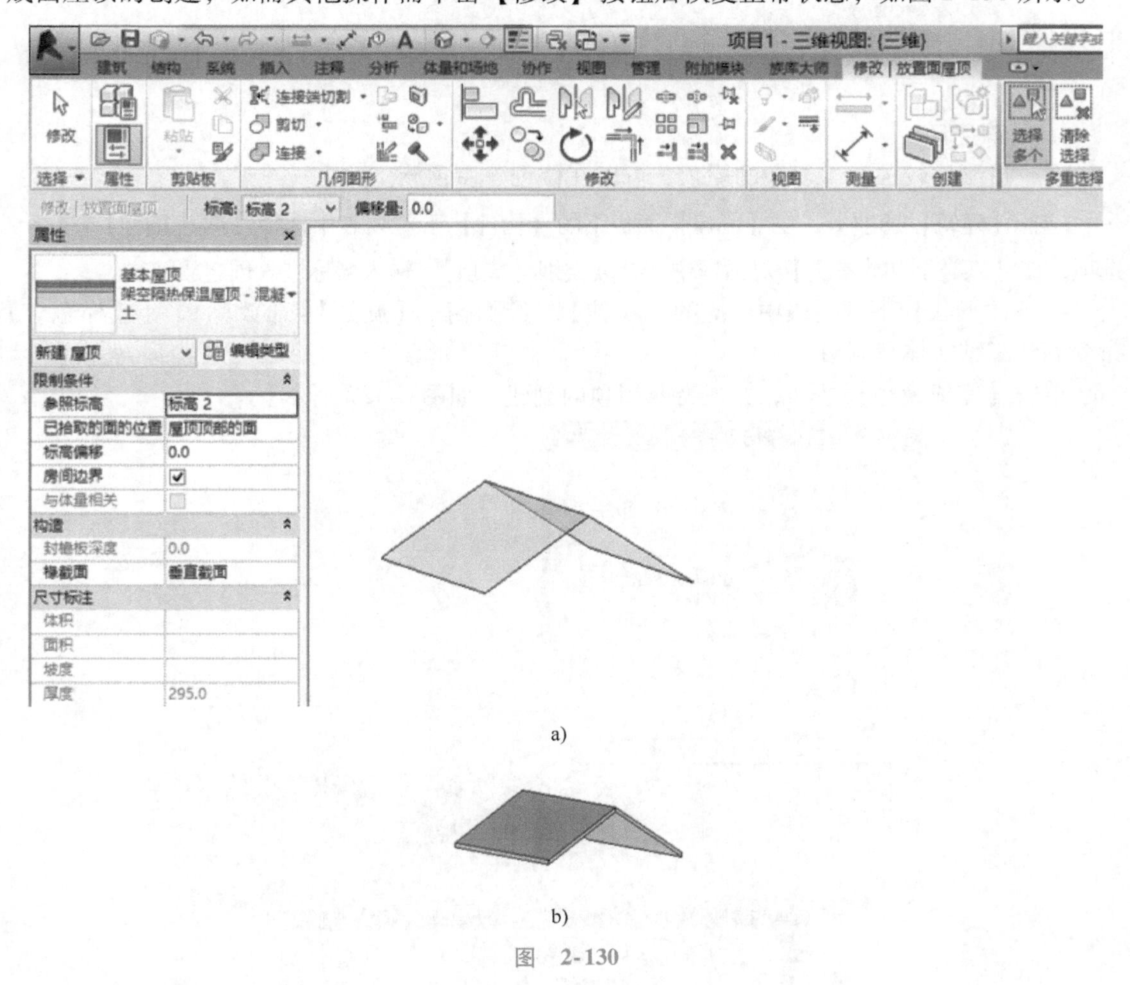

a)

b)

图 2-130

3. 玻璃斜窗

单击【建筑】面板下的【屋顶】选项，在左侧属性栏中类型器下拉列表中选择【玻璃斜窗】选项，完成绘制。

单击【建筑】选项卡中【构建】面板下的【幕墙网格】按钮分割玻璃，用【竖梃】命令添加竖梃，如图 2-131 所示。

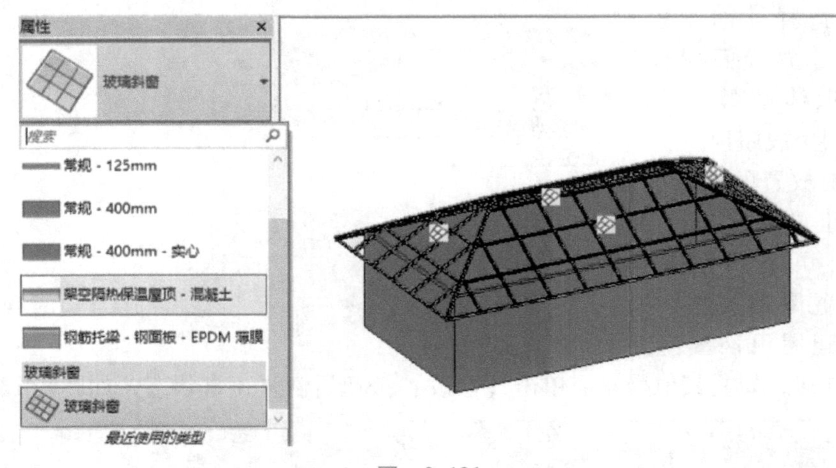

图 2-131

4. 特殊屋顶

对于造型比较独特、复杂的屋顶，可以在位创建屋顶族。

选择【建筑】选项卡，在【创建】面板下的【构件】下拉列表中选择【内建模型】选项，在【族类别和族参数】对话框中选择族类别【屋顶】，输入名称进入创建族模式。

执行【形状】下拉列表中对应的【拉伸】、【融合】、【旋转】、【放样】、【放样融合】命令创建三维实体和洞口。

单击【完成模型】按钮，完成特殊屋顶的创建，如图 2-132 所示。

图 2-132

注意：由于内建模型会影响项目的大小及运行速度，建议少用内建模型。

2.8　柱、梁和结构构件

概述：本节主要讲述如何创建和编辑建筑柱、结构柱，以及梁、梁系统、结构支架等，使读者了解建筑柱和结构柱的应用方法和区别。根据项目需要，某些时候需要创建结构梁系统和结构支架，比如对楼层净高产生影响的大梁等。大多数时候可以在剖面上执行二维填充命令来绘制梁剖面，示意即可。

2.8.1　柱的创建

1. 结构柱

（1）添加结构柱。

1）单击【建筑】选项卡下【构建】面板中的【柱】下拉按钮，在弹出的下拉列表中选择【结构柱】选项。

2）从类型选择器中选择适合尺寸规格的柱子类型，如没有则单击【类型属性】按钮，弹出【类型属性】对话框，编辑柱子属性，执行【编辑类型】|【复制】命令，创建新的尺寸规格，修改长度、宽度尺寸参数。

3）如没有需要的柱子类型，则选择【插入】选项卡，从【从库中载入】面板的【载入族】工具中打开相应族库，载入族文件。

4）在结构柱的【类型属性】对话框中，设置柱子高度尺寸（深度/高度、标高/未连接、尺寸值）。

5）单击【结构柱】，执行轴网交点命令（单击【放置结构柱 > 在轴网交点处】），从右下向左上交叉框选轴网的交点，单击【完成】按钮，如图 2-133 所示。

图　2-133

（2）编辑结构柱。柱的属性可以调整柱子基准，顶部、底部标高，顶部、底部偏移，是否随轴网移动，此柱是否设为房间边界及柱子的材质。单击【编辑类型】按钮，在弹出的【类型属性】对话框中设置长度、宽度参数，如图 2-134 所示。

2. 建筑柱

（1）添加建筑柱。从类型选择器中选择适合尺寸、规格的建筑柱类型，如没有则单击【图元属性】按钮，弹出【属性】对话框，编辑柱子属性，执行【编辑类型】|【复制】命

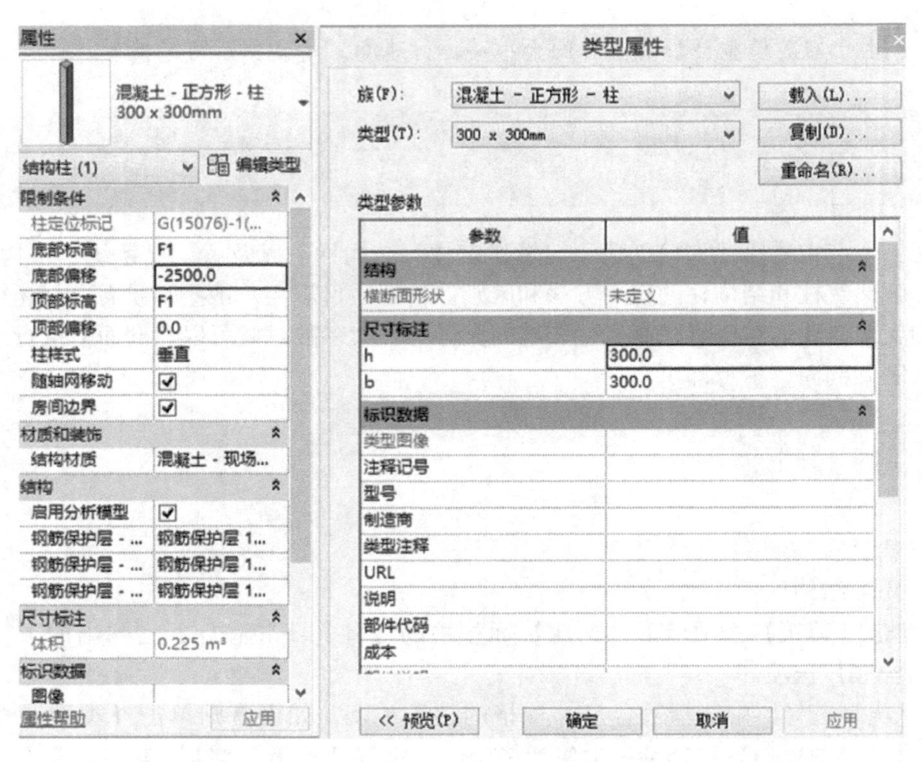

图 2-134

令，创建新的尺寸规格，修改长度、宽度尺寸参数。

如没有需要的柱子类型，则选择【插入】选项卡，从【从库中载入】面板的【载入族】工具中打开相应族库，载入族文件，单击插入点插入柱子。

（2）编辑建筑柱。同结构柱，柱的属性可以调整柱子基准，顶部、底部标高，顶部、底部偏移，是否随轴网移动，此柱是否设为房间边界。单击【编辑类型】按钮，在弹出的【类型属性】对话框中设置柱子的图形、材质和装饰、尺寸标注，如图 2-135 所示。

提示：建筑柱的属性与墙体相同，修改粗略比例填充样式只能影响没有与墙相交的建筑柱。

建议：建筑柱适用于砖混结构中的墙垛、墙上突出等结构。

梁的创建

1. 常规梁

（1）选择【结构】选项卡，单击【结构】面板中的【梁】按钮，从属性栏的下拉列表中选择需要的梁类型，如没有可从库中载入。

（2）在选项栏中选择梁的放置平面，从【结构用途】下拉列表中选择梁的结构用途或让其处于自动状态，结构用途参数可以包括在结构框架明细表中，这样用户便可以计算大

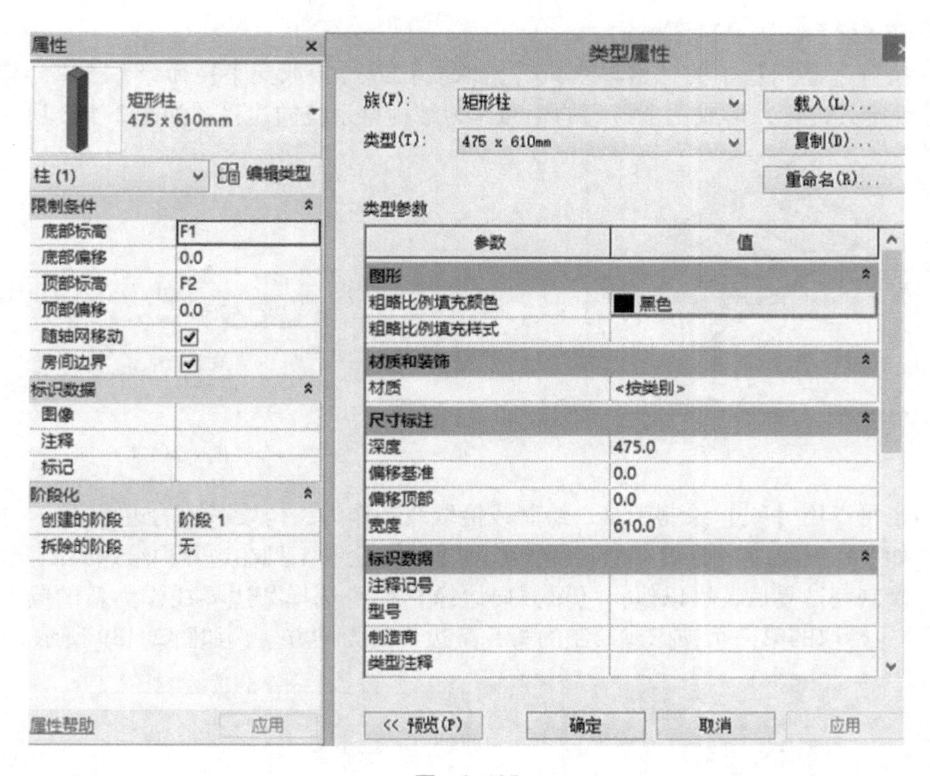

图　2-135

梁、托梁、檩条和水平支撑的数量。

（3）使用【三维捕捉】选项，通过捕捉任何视图中的其他结构图元，可以创建新梁，这表示用户可以在当前工作平面之外绘制梁和支撑。例如，在启用了三维捕捉之后，不论高程如何，屋顶梁都将捕捉到柱的顶部。

（4）要绘制多段连接的梁，可勾选选项栏中的【链】复选框，如图2-136所示。

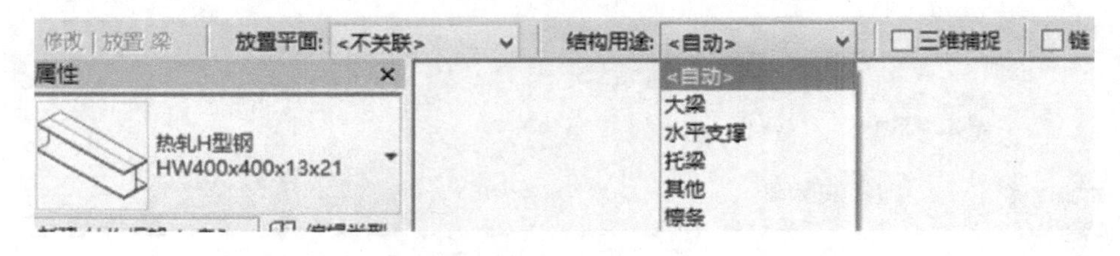

图　2-136

（5）单击起点和终点来绘制梁，当绘制梁时，鼠标会捕捉其他结构构件。

（6）也可执行【轴网】命令，拾取轴网线或框选、交叉框选轴网线，单击【完成】按钮，系统自动在柱、结构墙和其他梁之间放置梁。

2. 梁系统

结构梁系统可创建多个平行的等距梁，这些梁可以根据设计中的修改进行参数化调整，如图2-137所示。

（1）打开一个平面视图，选择【结构】选项卡，在【结构】面板中单击【梁系统】按钮，进入定义梁系统边界草图模式。

（2）执行【绘制】中的【边界线】、【拾取线】或【拾取支座】命令，拾取结构梁或结构墙，并锁定其位置，形成一个封闭的轮廓作为结构梁系统的边界，如图 2-138 所示。

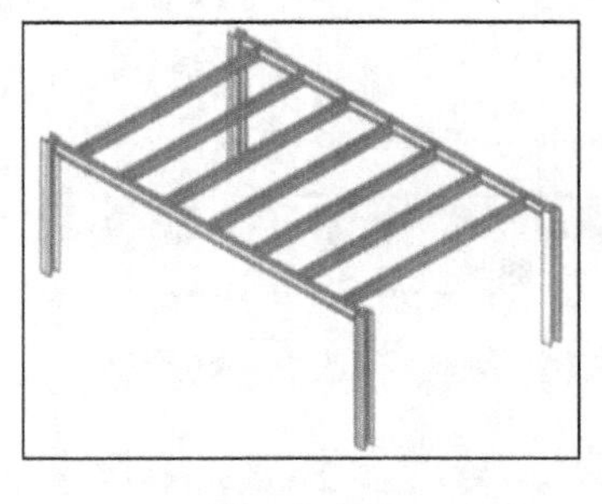

图 2-137

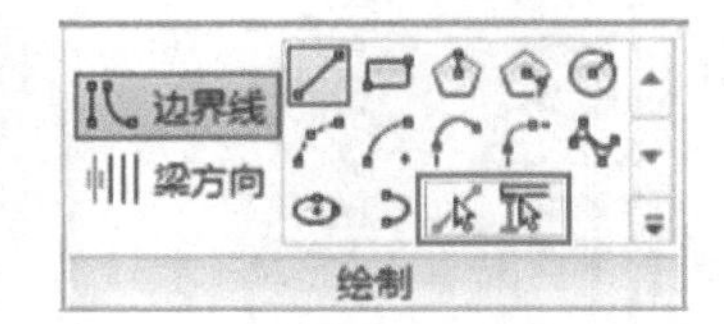

图 2-138

（3）也可以用【线】绘制工具，绘制或拾取线条作为结构梁系统的边界。

（4）如要在梁系统中剪切一个洞口，可用【线】绘制工具在边界内绘制封闭洞口轮廓。

（5）绘制完边界后，可以执行【梁方向边缘】命令选择某边界线作为新的梁方向（默认情况下），拾取的第一个支撑或绘制的第一条边界线为梁方向，如图 2-139 所示。

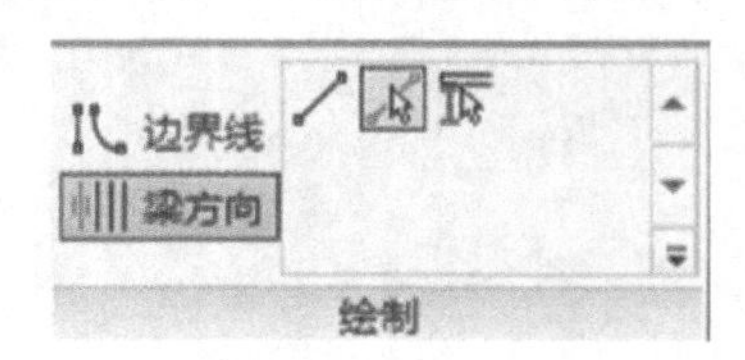

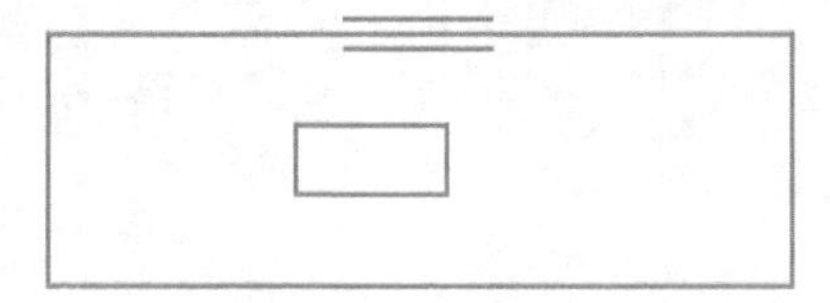

图 2-139

（6）单击【梁系统属性】按钮，设置此系统梁在立面的偏移值并设置在三维视图中显示该构件，设置其布局规则，以及按设置的规则确定相应数值、梁的对齐方式及选择梁的类型，如图 2-140 所示。

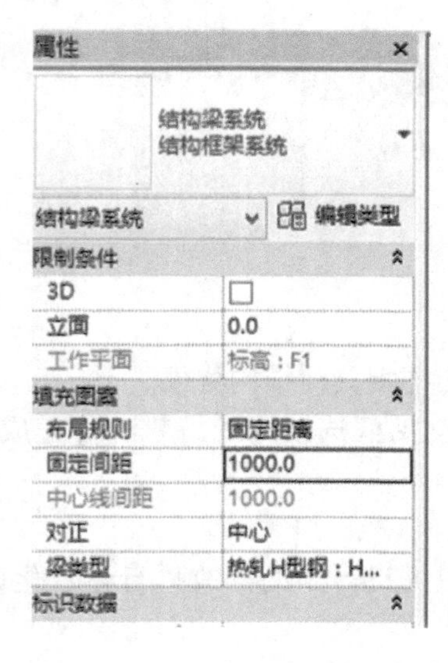

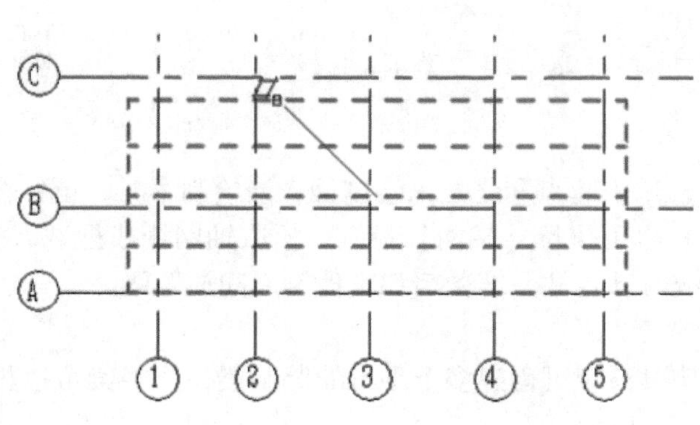

图 2-140

3. 编辑梁

（1）操纵柄控制：选择梁，端点位置会出现操纵柄，用鼠标拖曳调整其端点位置。

（2）属性编辑：选择梁，自动激活上下文选项卡中的【修改结构框架】，在【属性】面板中修改其实例、类型参数，可改变梁的类型与显示。

提示：如果梁的一端位于结构墙上，则【梁起始梁洞】和【梁结束梁洞】参数将显示在【图元属性】对话框中；如果梁是由承重墙支撑的，则需启用该复选框。选择后，梁图形将延伸到承重墙的中心线。

2.8.3 添加结构支撑

可以在平面视图或框架立面视图中添加支架，支架会将其自身附着到梁和柱上，并根据建筑设计中的修改进行参数化调整。

（1）打开一个框架立面视图或平面视图，选择【结构】选项卡，然后选择【结构】面板中的【支撑】命令。

（2）从类型选择器的下拉列表中选择需要的支撑类型，如没有可从库中载入。

（3）拾取放置起点、终点位置，放置支撑，如图2-141所示。

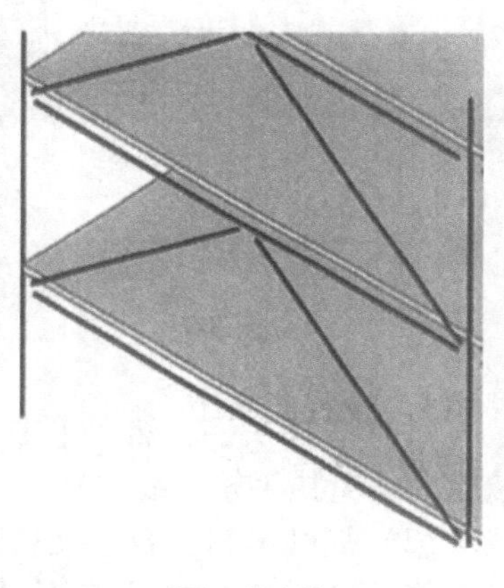

图 2-141

注意：由于软件默认的详细程度为粗略，绘制的支撑显示为单线，将详细程度改为精细就会显示有厚度的支撑。

（4）选择支架，自动激活上下文选项卡中的【修改结构框架】，然后单击【图元】面板中的【类型属性】按钮，弹出【类型属性】对话框，修改其实例、类型参数。

2.9 扶手、楼梯和坡道

概述：本节采用功能命令和案例讲解相结合的方式，详细介绍了扶手楼梯和坡道的创建和编辑方法，并对项目应用中可能遇到的各类问题进行了细致的讲解。此外，结合案例介绍楼梯和栏杆扶手的拓展应用的思路是本节的亮点。

2.9.1 扶手

1. 扶手的创建

单击【建筑】选项卡下【楼梯坡道】面板中的【栏杆扶手】按钮，进入绘制栏杆扶手轮廓模式。

用【线】绘制工具绘制连续的扶手轮廓线（楼梯扶手的平段和斜段要分开绘制）。单击【完成扶手】按钮创建扶手，如图 2-142 所示。

图 2-142

2. 扶手的编辑

（1）选择扶手，然后单击【修改栏杆扶手】选项卡下【模式】面板中的【编辑路径】按钮，编辑扶手轮廓线位置。

（2）属性编辑：自定义扶手。

单击【插入】选项卡下【从库中载入】面板中的【载入族】按钮，载入需要的扶手、栏杆族。单击【建筑】选项卡下【楼梯坡道】面板中的【栏杆扶手】按钮，在【属性】面板中单击【编辑类型】，弹出【类型属性】对话框，编辑类型属性，如图 2-143 所示。

单击【扶栏结构】栏对应的【编辑】按钮，弹出【编辑扶手】对话框，编辑扶手结构：插入新扶手或复制现有扶手，设置扶手名称、高度、偏移、轮廓、材质等参数，调整扶手上、下位置，如图 2-144 所示。

单击【栏杆位置】栏对应的【编辑】按钮，弹出【编辑栏杆位置】对话框，编辑栏杆位置：布置主栏杆样式和支柱样式——设置主样式和支柱的栏杆族、底部及底部偏移、顶部及顶部偏移、相对距离、偏移等参数。确定后，创建新的扶手样式、栏杆主样式并且按图中样式设置各参数。

3. 扶手连接设置

Revit 允许用户控制扶手的不同连接形式，扶手类型属性参数包括【斜接】、【切线连接】和【扶手连接】。

（1）斜接：如果两段扶手在平面内成角相交，但没有垂直连接，Revit 既可添加垂直或水平线段进行连接，也可不添加连接件保留间隙，这样即可创建连续扶手，且从平台向上延伸的楼梯梯段的起点无法由一个踏板宽度显示，如图 2-145 所示。

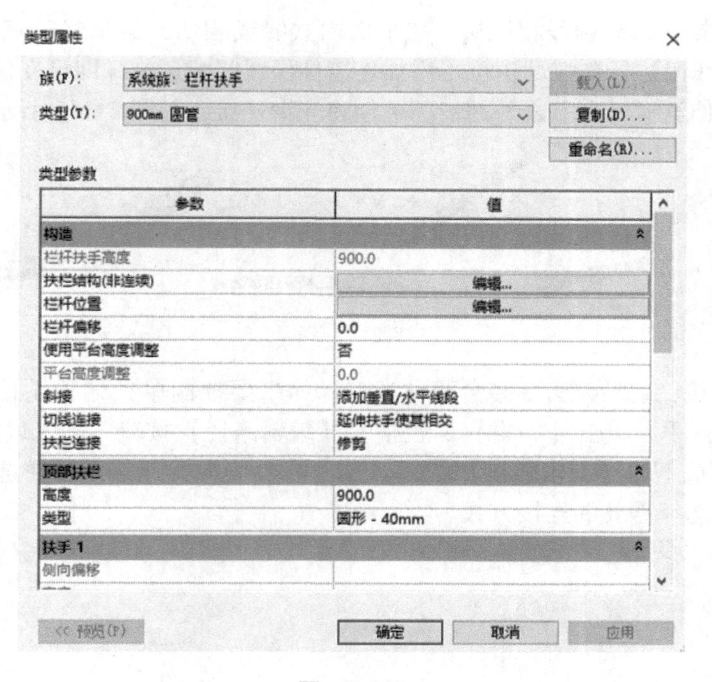

图 2-143

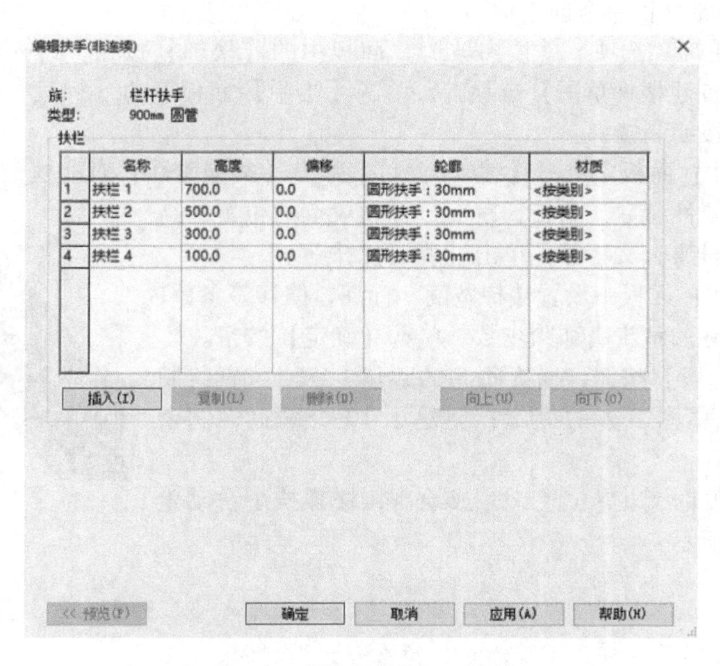

图 2-144

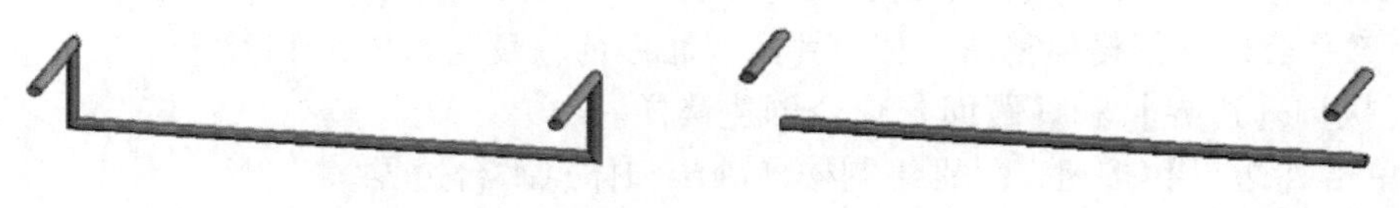

图 2-145

（2）切线连接：如果两段相切扶手在平面内共线或相切，但没有垂直连接，Revit 既可添加垂直或水平线段进行连接，也可不添加连接件保留间隙。这样即可在修改了平台处扶手高度，或扶手延伸至楼梯末端之外的情况下创建光滑连接，如图 2-146 所示。

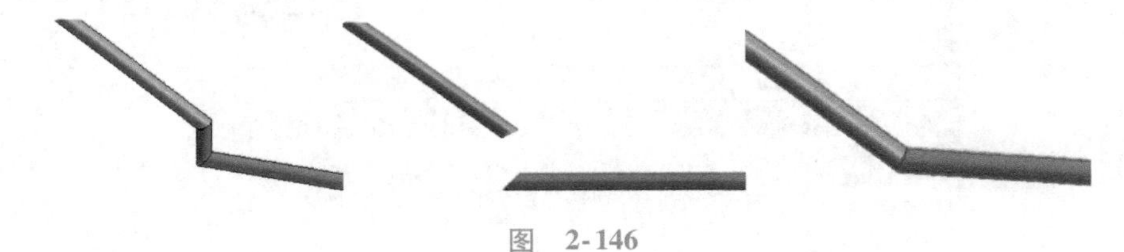

图　2-146

（3）扶手连接：包括修剪、结合两种类型。如果要控制单独的扶手接点，可以忽略整体的属性。选择扶手，单击【编辑】面板中的【编辑路径】按钮，进入编辑扶手草图模式，单击【工具】面板下的【编辑连接】按钮，单击需要编辑的连接点，在选项栏的【扶手连接】下拉列表中选择需要的连接方式。

2.9.2　楼梯

1. 直梯

（1）执行【梯段】命令创建楼梯。

1）单击【建筑】选项下【楼梯坡道】面板中的【楼梯】按钮，进入绘制楼梯草图模式，自动激活【创建楼梯草图】选项卡，单击【绘制】面板下的【梯段】按钮，不做其他设置即可开始直接绘制楼梯。

2）在【属性】面板中单击【编辑类型】，弹出【类型属性】对话框，创建自己的楼梯样式，设置类型属性参数：踏板，踢面，梯边梁等的位置，高度，厚度尺寸，材质，文字等，单击【确定】按钮。

3）在【属性】面板中设置楼梯宽度，标高，偏移等参数，系统自动计算实际的踏步高和踏步数，单击【确定】按钮。

4）单击【梯段】按钮，捕捉每跑的起点、终点位置绘制梯段。注意梯段草图下方的提示：创建了 10 个踢面，剩余 0 个。

5）调整休息平台边界位置，完成绘制，楼梯扶手自动生成，如图 2-147 所示。

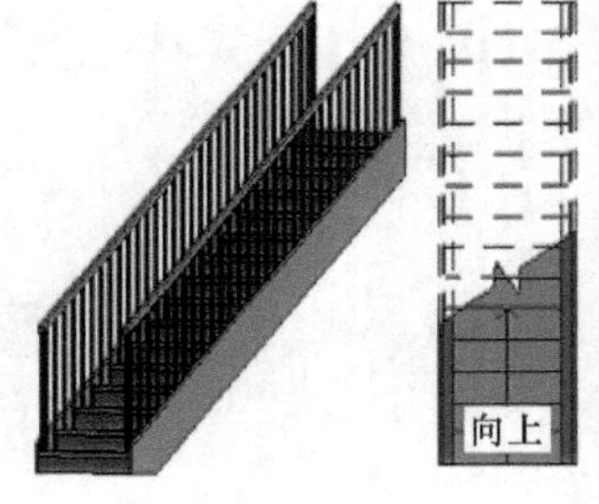

图　2-147

提示：

1）绘制梯段时是以梯段中心为定位线来开始绘制的。

2）根据不同的楼梯形式：单跑、双跑 L 形、双跑 U 形、三跑楼梯等，绘制不同数量、位置的参照平面以方便楼梯精确定位，并绘制相应的梯段，如图 2-148 所示。

（2）执行【边界】和【踢面】命令创建楼梯。

1）单击【边界】按钮，分别绘制楼梯踏步和休息平台边界。

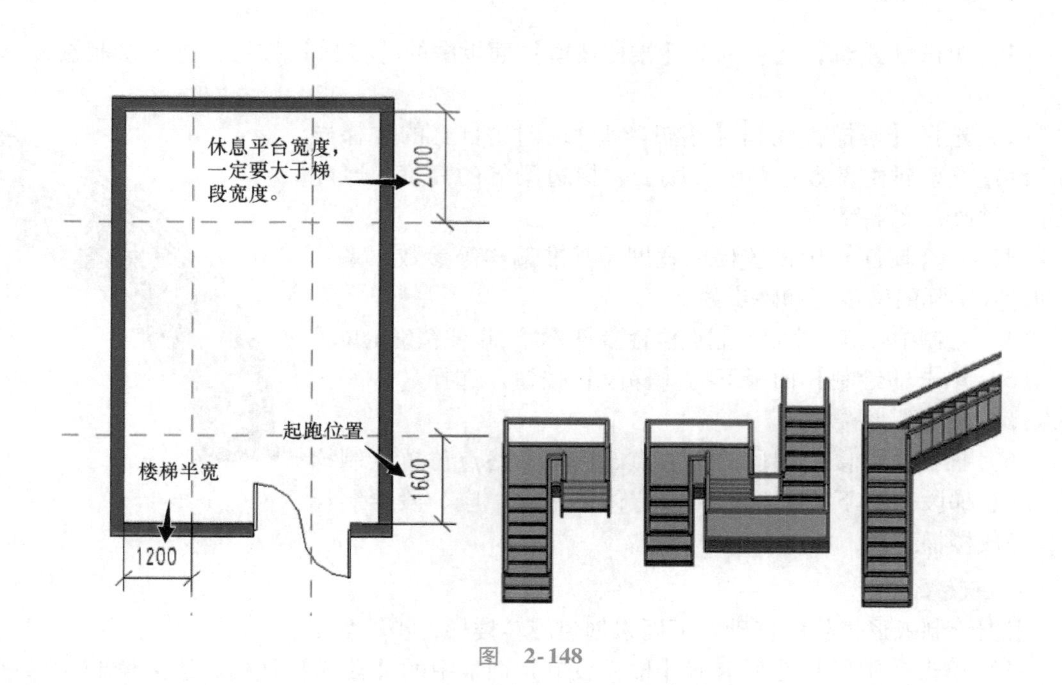

图　2-148

注意：踏步和平台处的边界线需分段绘制，否则软件将把平台也当成长踏步来处理。

2）单击【踢面】按钮，绘制楼梯踏步线。注意梯段草图下方的提示，【剩余 0 个】时即表示楼梯跑到了预定层高位置，如图 2-149 所示。

提示：对比较规则的异形楼梯，如弧形踏步边界、弧形休息平台楼梯等，可先执行【梯段】命令绘制常规梯段，然后删除原来的直线边界或踢面线，再执行【边界】和【踢面】命令绘制即可，如图 2-150 所示。

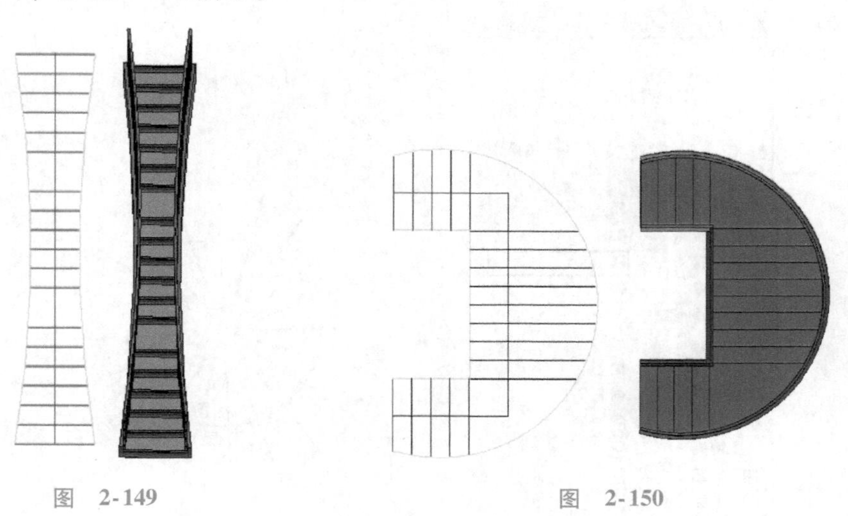

图　2-149　　　　图　2-150

2. 弧形楼梯

弧形楼梯的绘制步骤如下。

（1）单击【建筑】选项卡下【楼梯坡道】面板中的【楼梯】按钮，进入绘制楼梯草图模式。

（2）选择【楼梯属性】|【编辑类型】，创建自己的楼梯样式，设置类型属性参数：踏板、踢面、梯边梁等的高度、厚度尺寸，材质，文字等。

（3）在【属性】中设置楼梯宽度、基准偏移等参数，系统自动计算实际的踏步高和踏步数。

（4）绘制中心点、半径、起点位置参照平面，以便精确定位。

（5）单击【绘制】面板下的【梯段】按钮，选择【中心·端点弧】创建弧形楼梯。

（6）捕捉弧形楼梯梯段的中心点、起点、终点位置绘制梯段，注意梯段草图下方的提示，如有休息平台，应分段绘制梯段，完成楼梯绘制，如图 2-151 所示。

图 2-151

3. 旋转楼梯

根据绘制弧形楼梯的基础，下面来创建旋转楼梯，步骤如下。

（1）单击【常用】选项卡下【楼梯坡道】面板中的【楼梯】按钮，进入绘制楼梯草图模式。

（2）在楼梯的绘制草图模型下，选择【楼梯属性】|【编辑类型】，执行【复制】命令，创建旋转楼梯，并设置其属性：踏板、踢面、梯边梁等的高度，以及厚度尺寸、材质、文字等。

（3）在【属性】面板中设置楼梯宽度、基准偏移等参数，系统自动计算实际的踏步高和踏步数。

（4）单击【绘制】面板下的【梯段】按钮，选择【中心·端点弧】开始创建旋转楼梯。捕捉旋转楼梯梯段的中心点、起点、终点位置绘制梯段，如图 2-152 所示。

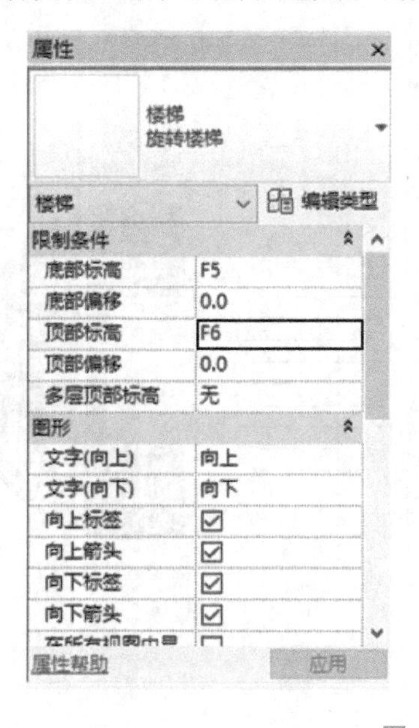

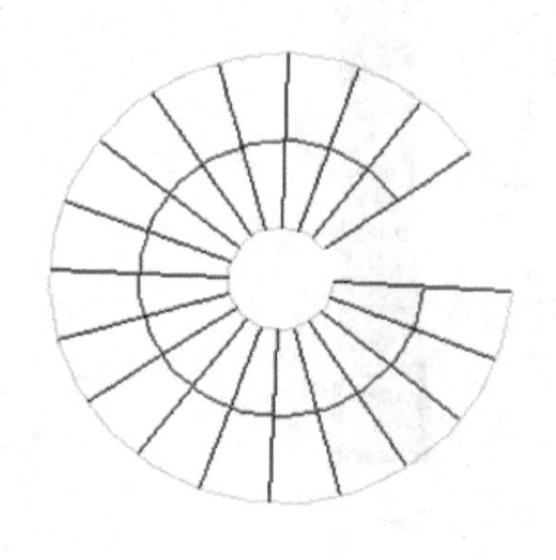

图 2-152

注意：绘制旋转楼梯时，中心点到梯段中心点的距离一定要大于或等于楼梯宽度的一半。因为绘制楼梯时都是以梯段中心线开始绘制的，梯段宽度的默认值一般为1000mm。所以旋转楼梯的绘制半径要大于或等于500mm。

（5）完成楼梯绘制，如图2-153所示。

4. 楼梯平面显示控制

（1）绘制首层楼梯完毕，平面显示如图2-154所示。按照规范要求，通常要设置它的平面显示。

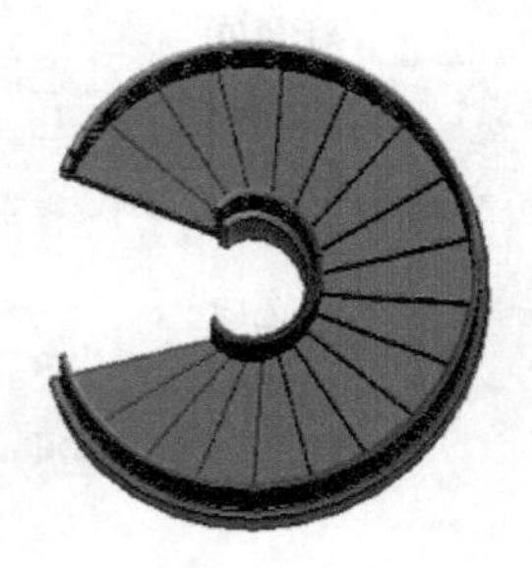

图　2-153

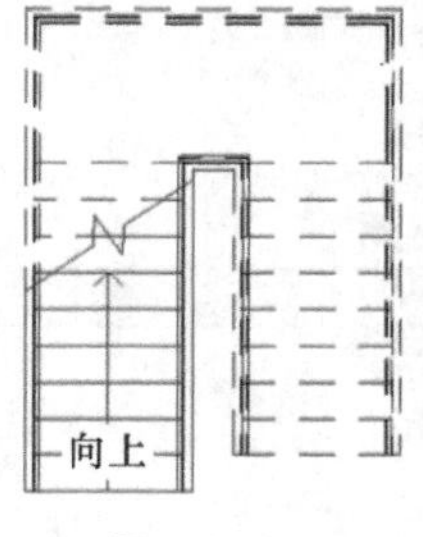

图　2-154

执行【视图】选项卡下【图形】面板中的【可见性/图形】命令。从列表中单击【栏杆扶手】前的【+】号展开，取消选择【<高于>扶手】、【<高于>栏杆扶手截面线】、【<高于>顶部栏杆】复选框。从列表中单击【楼梯】前的【+】号展开，取消勾选【<高于>剪切标记】、【<高于>支撑】、【<高于>楼梯前缘线】、【<高于>踢面线】、【<高于>轮廓】复选框，单击【确定】按钮，如图2-155所示。

栏杆扶手
<高于> 扶手
<高于> 栏杆扶手截...
<高于> 顶部扶栏
扶手
扶栏
支座
栏杆
终端
隐藏线
顶部扶栏

楼梯
<高于> 剪切标记
<高于> 支撑
<高于> 楼梯前缘线
<高于> 踢面线
<高于> 轮廓
剪切标记
支撑
楼梯前缘线
踢面/踏板
踢面线
轮廓
隐藏线

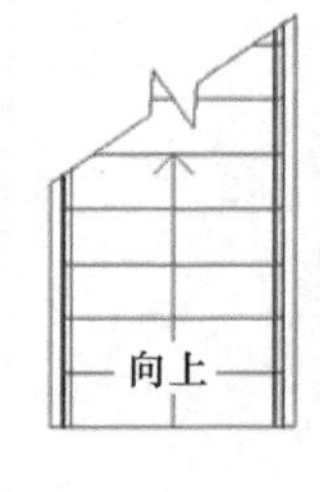

图　2-155

（2）根据设计需要可自由调整视图的投影条件，以满足平面显示要求。单击【视图】选项卡下【图形】面板中的【视图属性】按钮，弹出【属性】对话框，单击【范围】选项区域中【视图范围】的【编辑】按钮，弹出【视图范围】对话框。调整【主要范围】选项区域中【剖切面】的值，修改楼梯平面显示。

注意：【剖切面】的值不能低于【底】的值；也不能高于【顶】的值，如图2-156所示。

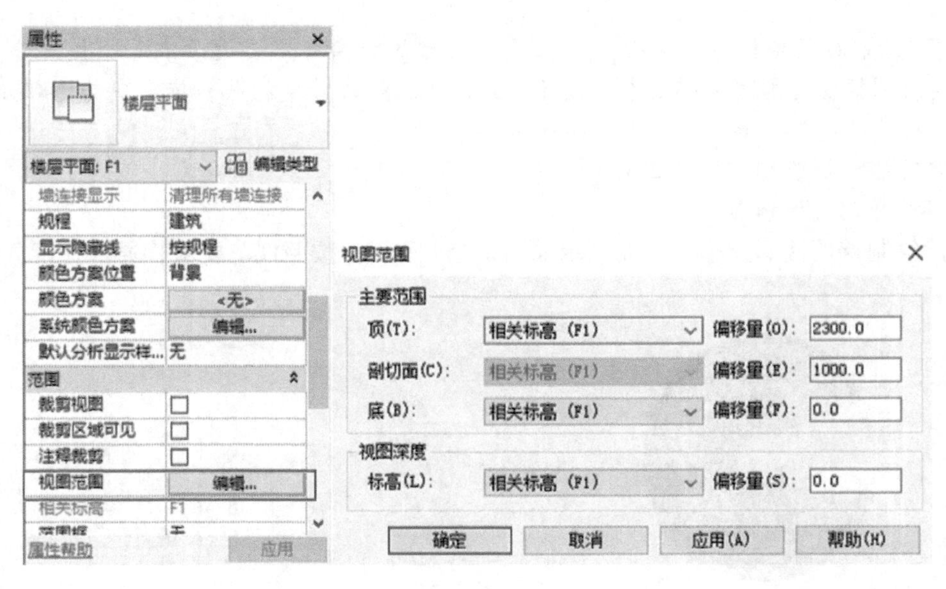

图 2-156

5. 多层楼梯

当楼层层高相同时，只需要绘制一层楼梯，然后修改【楼梯属性】的实例参数【多层顶部标高】的值到相应的标高即可制作多层楼梯，如图 2-157 所示。

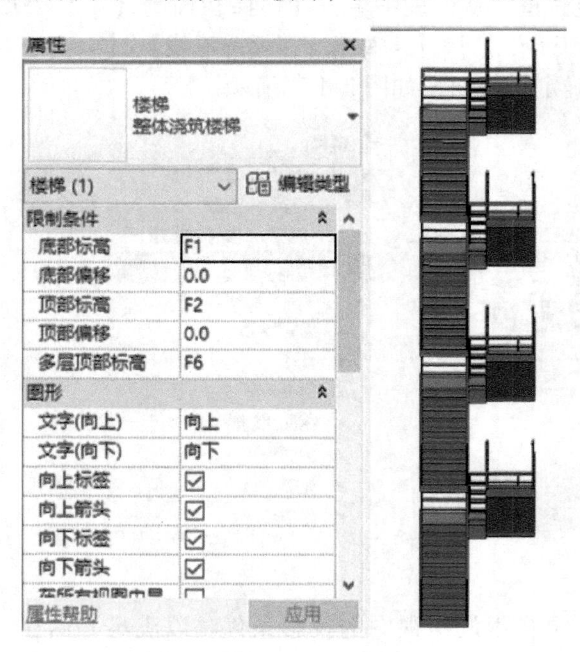

图 2-157

建议：多层顶部标高可以设置到顶层标高的下面一层标高，因为顶层的平台栏杆需要特殊处理。设置了【多层顶部标高】参数的各层楼梯仍是一个整体，当修改楼梯和扶手参数后所有楼层楼梯均会自动更新。

2.9.3 坡道

1. 直坡道

（1）单击【建筑】选项卡下【楼梯坡道】面板中的【坡道】按钮，进入【创建坡道草图】模式。

（2）单击【属性】面板中的【编辑类型】按钮，在弹出的【类型属性】对话框中单击【复制】按钮，创建自己的坡道样式，设置类型属性参数：坡道厚度、材质、坡道最大坡度（1/x）、结构等，单击【完成坡道】按钮。

（3）在【属性】面板中设置坡道宽度、底部标高、底部偏移和顶部标高、顶部偏移等参数，系统自动计算坡道长度，如图2-158所示。

（4）绘制参照平面：起跑位置线、休息平台位置、坡道宽度位置。

（5）单击【梯段】按钮，捕捉每跑的起点、终点位置绘制梯段，注意梯段草图下方的提示：×××创建的倾斜坡道，××××剩余。

（6）单击【完成坡道】按钮，创建坡道，坡道扶手自动生成，如图2-159所示。

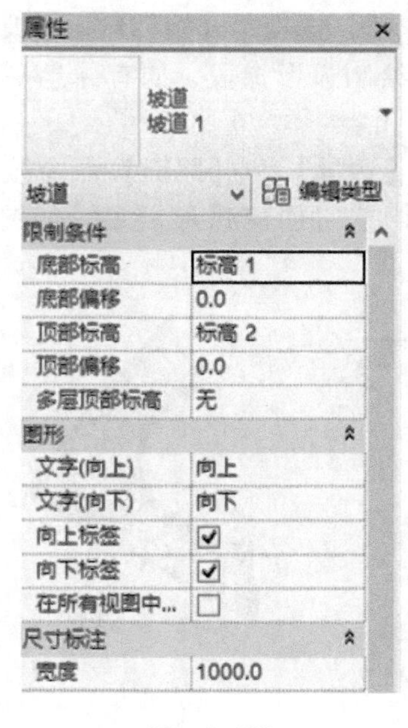

图　2-158

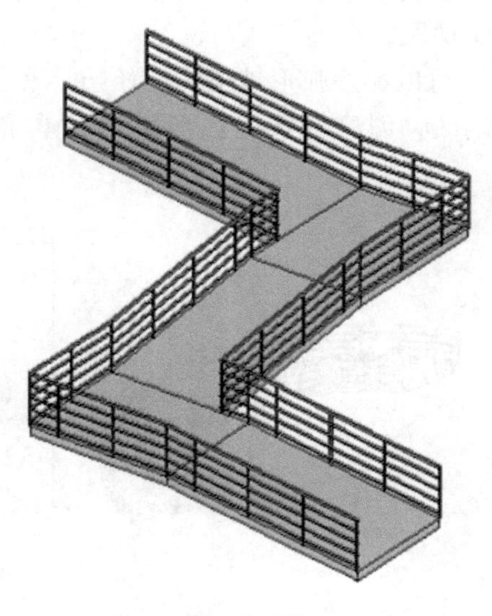

图　2-159

注意：

（1）【顶部标高】和【顶部偏移】属性的默认设置可能会使坡道太长。建议将【顶部标高】和【底部标高】都设置为当前标高，并将【顶部偏移】设置为较低的值。

（2）可以执行【踢面】和【边界】命令绘制特殊坡道，请参考执行【边界】和【踢面】命令创建楼梯的内容。

（3）坡道实线、结构板选项差异：选择坡道，单击【属性】面板下的【编辑类型】按钮，弹出【类型属性】对话框。若设置【其他】参数下的【造型】为【实体】，则如图 2-160a 所示，若设置【其他】参数下的【造型】为【结构板】，则如图 2-160b 所示。

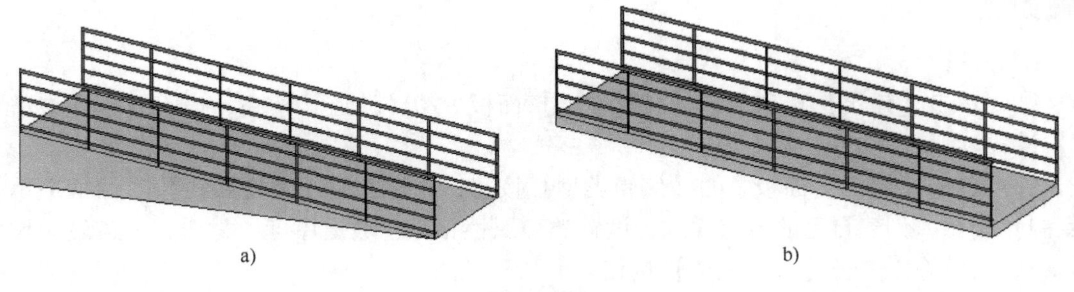

图 2-160

2. 弧形坡道

（1）单击【建筑】选项卡下【楼梯坡道】面板中的【坡道】按钮，进入绘制楼梯草图模式。

（2）在【属性】面板中，如前所述设置坡道的类型、实例参数。

（3）绘制中心点、半径、起点位置参照平面，以便精确定位。

（4）单击【梯段】按钮，选择选项栏的【中心-端点弧】选项，开始创建弧形坡道。

（5）捕捉弧形坡道梯段的中心点、起点、终点位置绘制弧形梯段，如有休息平台，应分段绘制梯段。

（6）可以删除弧形坡道的原始边界和踢面，并执行【边界】和【踢面】命令绘制新的边界和踢面，创建特殊的弧形坡道。单击【完成坡道】按钮创建弧形坡道，如图 2-161 所示。

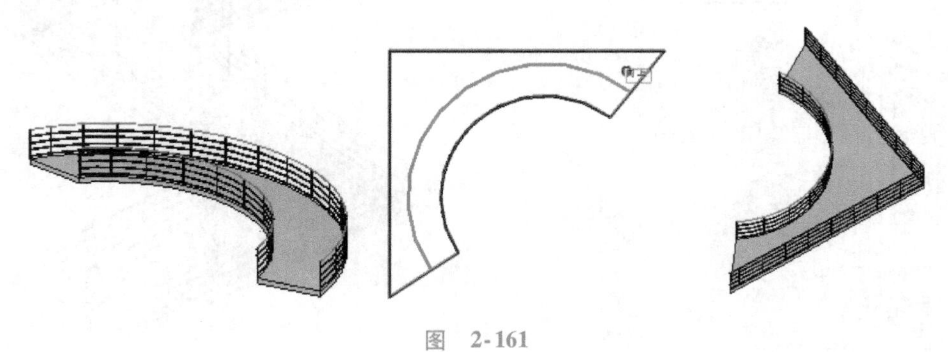

图 2-161

2.9.4 整合应用技巧

1. 带翻边楼边扶手

根据建筑设计规范要求，在楼板洞口的防护栏杆宜设置成带楼板翻边的栏杆。具体做法：执行【栏杆扶手】命令，单击【扶手属性】，设置【类型属性】中的【扶手结构】中一个扶手的【轮廓】为【楼板翻边】类型的轮廓。设置扶手轮廓的位置，绘制扶手。

2. 顶层楼梯栏杆的绘制与连接

绘制如图 2-162 所示的楼梯，进入二层平面。

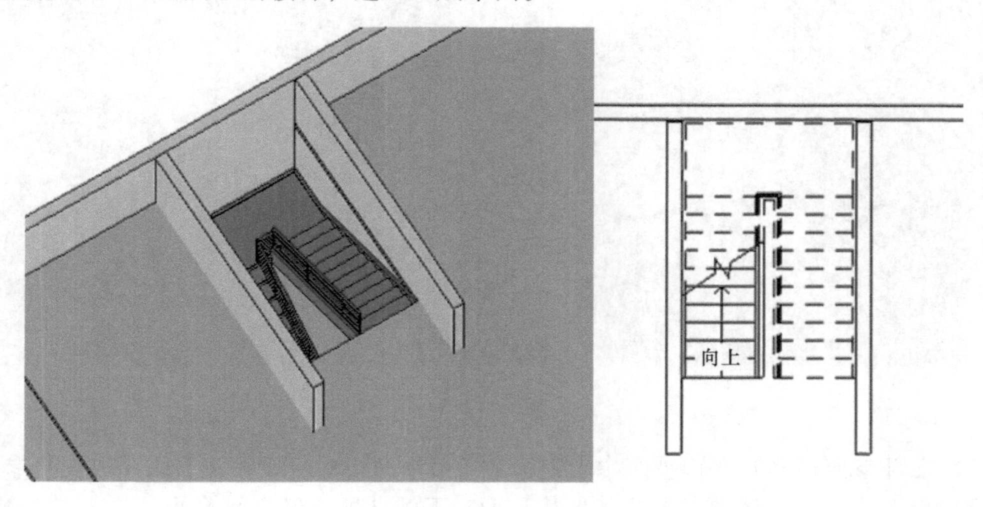

图 2-162

使用 <Tab> 键拾取楼梯内侧扶手，单击【编辑】面板中的【编辑路径】命令，进入扶手草图绘制模式。单击【绘制】面板的【直线】工具，分段绘制扶手，如图 2-163 所示。

注意：扶手线一定要单独绘制成段，不能使用【修剪】命令延长原扶手线，如图 2-164 所示为分段的扶手线。

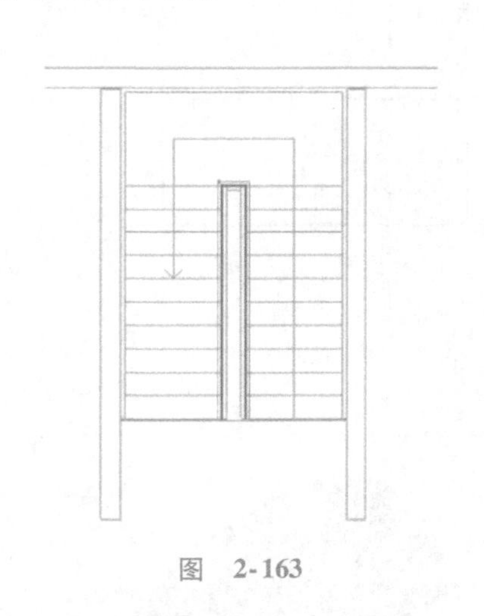

图 2-163

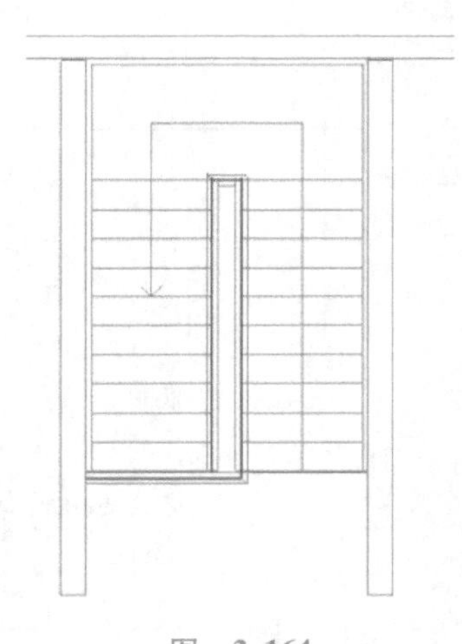

图 2-164

绘制最终结果如图 2-165 所示。

3. 带坡坡道族

绘制三面坡道可以用【公制常规模型.rft】制作成族文件。

（1）单击应用程序菜单下拉按钮，择【新建-族】，打开【新族-选择样板文件】对话框，选择【公制常规模型.rft】样板文件，打开。

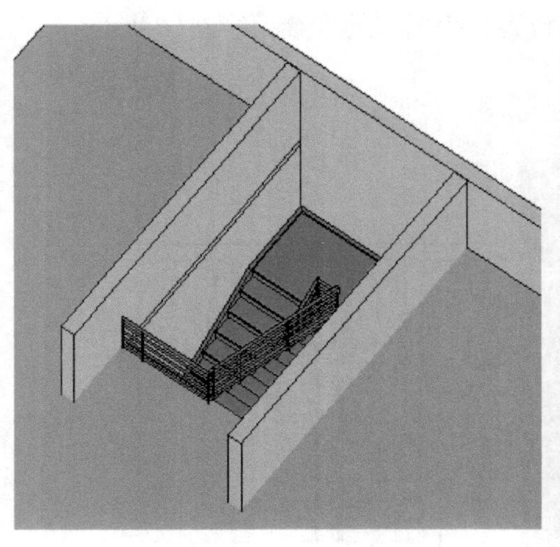

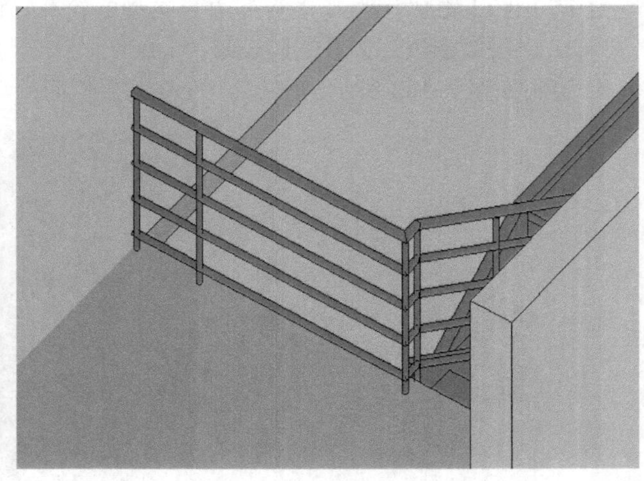

图 2-165

（2）在【参照标高】平面视图中绘制水平参照平面，标注尺寸并添加【坡长】参数。

（3）单击【创建】选项卡中的【形状】面板下的【实心融合】命令，进入【创建融合底部边界】模式，如图 2-165 所示绘制底部边界，并添加【底部宽度】参数。单击【模式】面板下的【编辑顶部】命令，如图 2-166 所示绘制顶部边界（顶部边界是宽度为 1 的矩形），并添加【顶部宽度】参数。

进入【参照标高】平面视图，将边缘与参照平面锁定，完成融合，如图 2-166 所示。

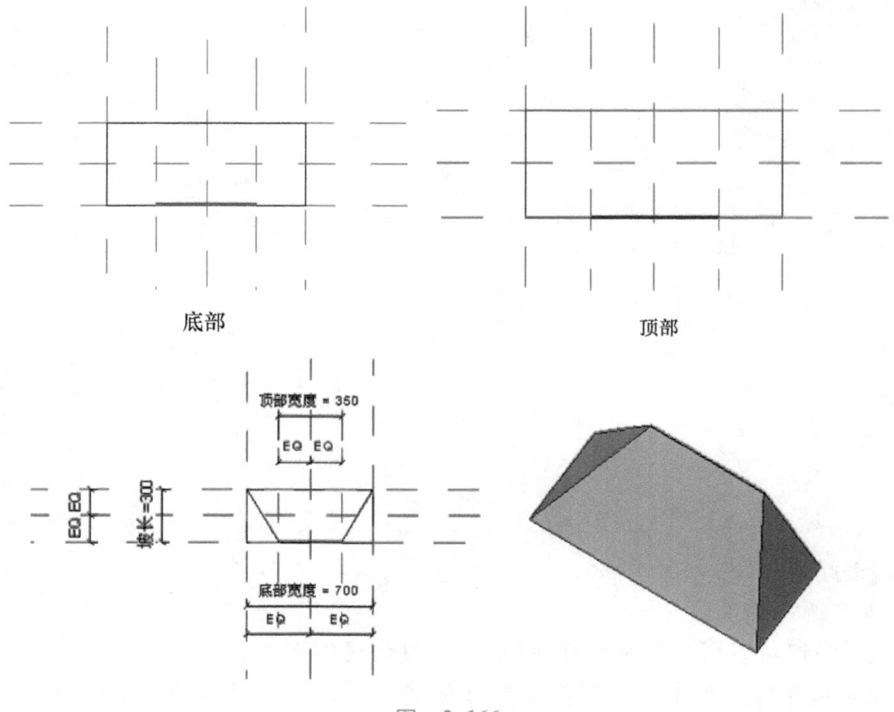

图 2-166

4. 中间带坡道楼梯

（1）绘制一个整体式楼梯，将扶手删掉，如图2-167所示。

（2）单击应用程序菜单下拉按钮，选择【新建-族】，打开【新族-选择样板文件】对话框，选择【公制轮廓扶手.rft】样板文件，打开。在【公制轮廓扶手.rft】中绘制坡道截面，如图2-168所示，载入项目中。

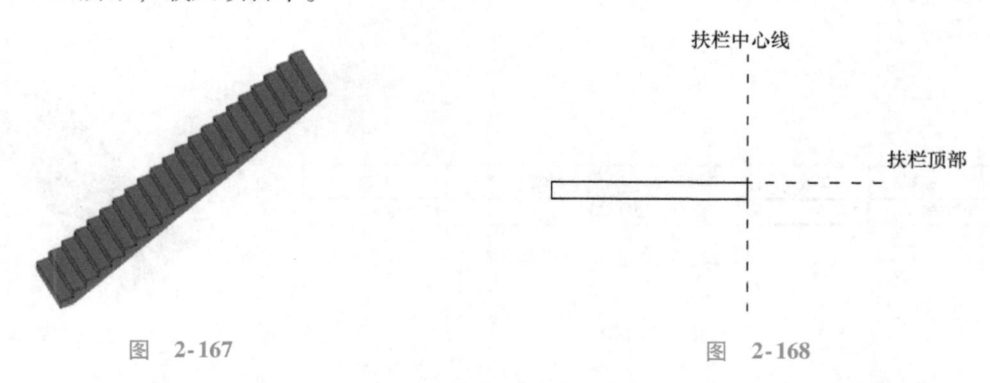

图　2-167　　　　图　2-168

（3）进入F1平面视图，单击【建筑】选项卡【楼梯坡道】面板下的【栏杆扶手】命令，进入扶手草图绘制模式。单击【扶手属性】，如图2-169所示，编辑【类型属性】中的【栏杆位置】和【扶栏结构】。设置楼梯为主体，并沿着楼梯边缘绘制扶手线，完成扶手。

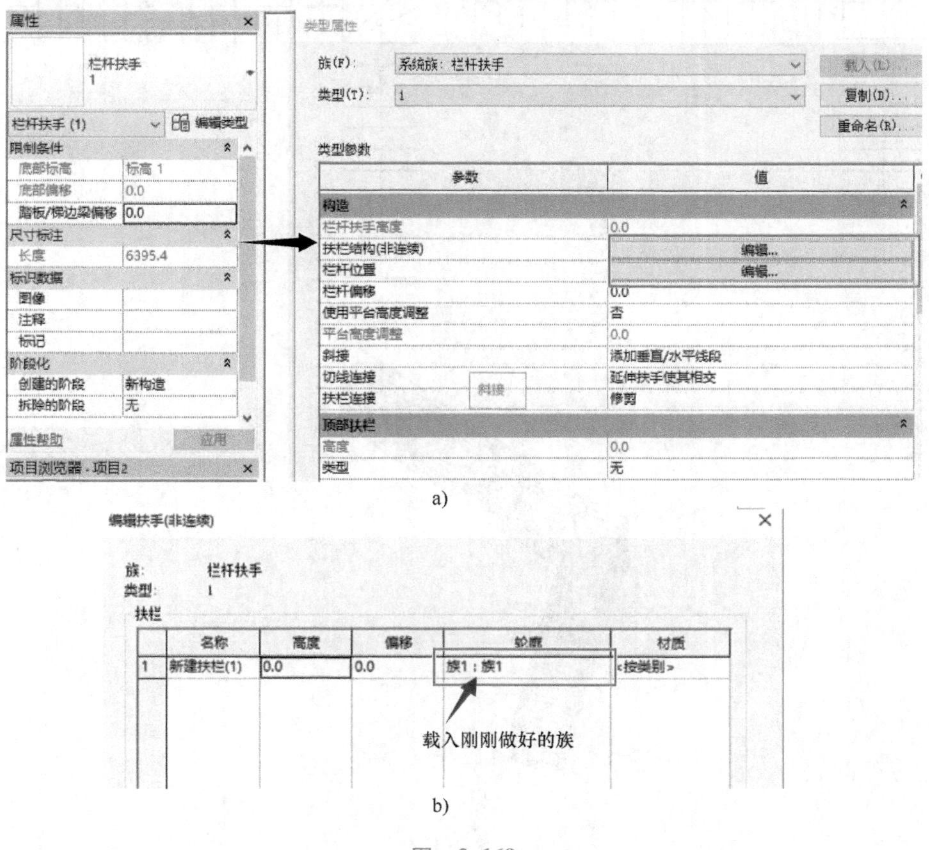

图　2-169

（4）进入东立面，利用参照平面量取坡道与楼梯间高度间距，选择坡道，单击【图元属性】下拉按钮，选择【类型属性】并单击，设置【扶手结构】的高度为【－174.0】，如图 2-170 所示。

（5）单击【修改】面板下的【复制】命令，复制整体式楼梯。此时中间带坡道的楼梯绘制完毕，如图 2-171 所示。

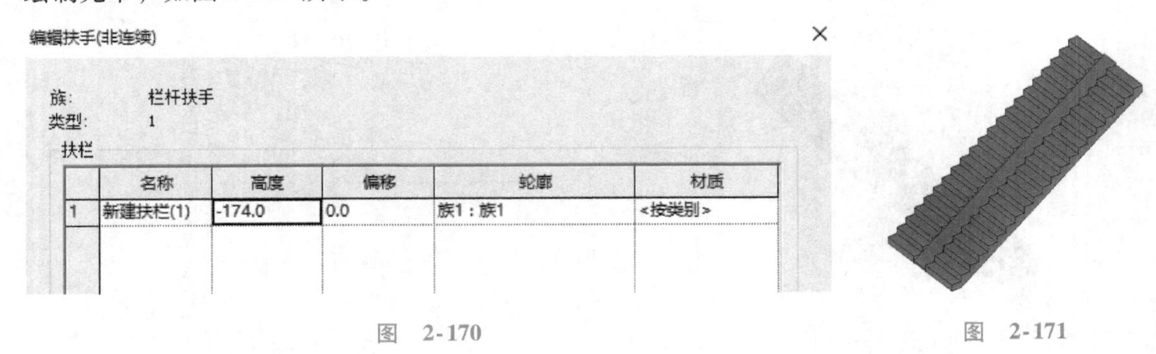

图 2-170　　图 2-171

5. 整体式楼梯转角踏步添加技巧

（1）绘制楼梯梯段，在转角处添加踢面，如图 2-172 所示。

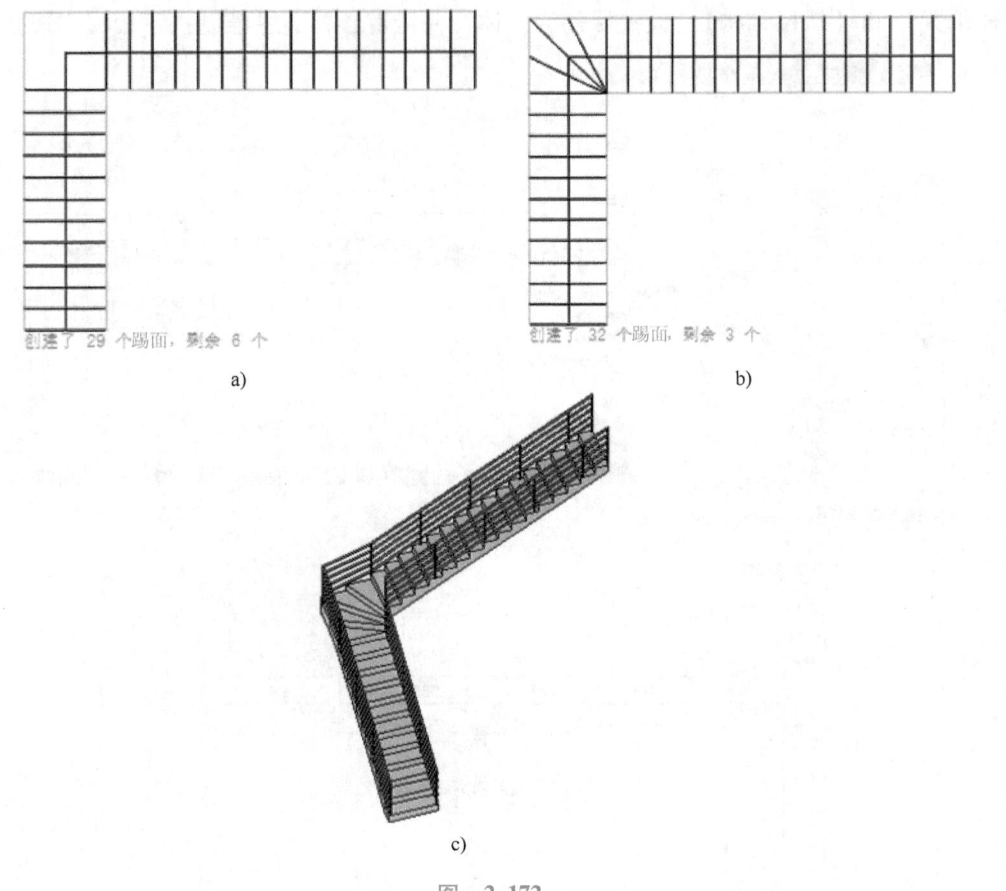

图 2-172

（2）选择【楼梯】，单击【属性】下拉按钮，选择【类型属性】并单击，打开【类型属性】对话框。勾选【构造】参数中的【整体浇筑楼梯】。

（3）【螺旋形楼梯底面】的设置提供了两种选择：阶梯式、平滑式。单击选择【阶梯式】，可控制踢面表面到底面上相应阶梯的垂直表面的距离。若单击选择【平滑式】，添加踢面的楼梯底面显示错误，如图 2-173 所示。

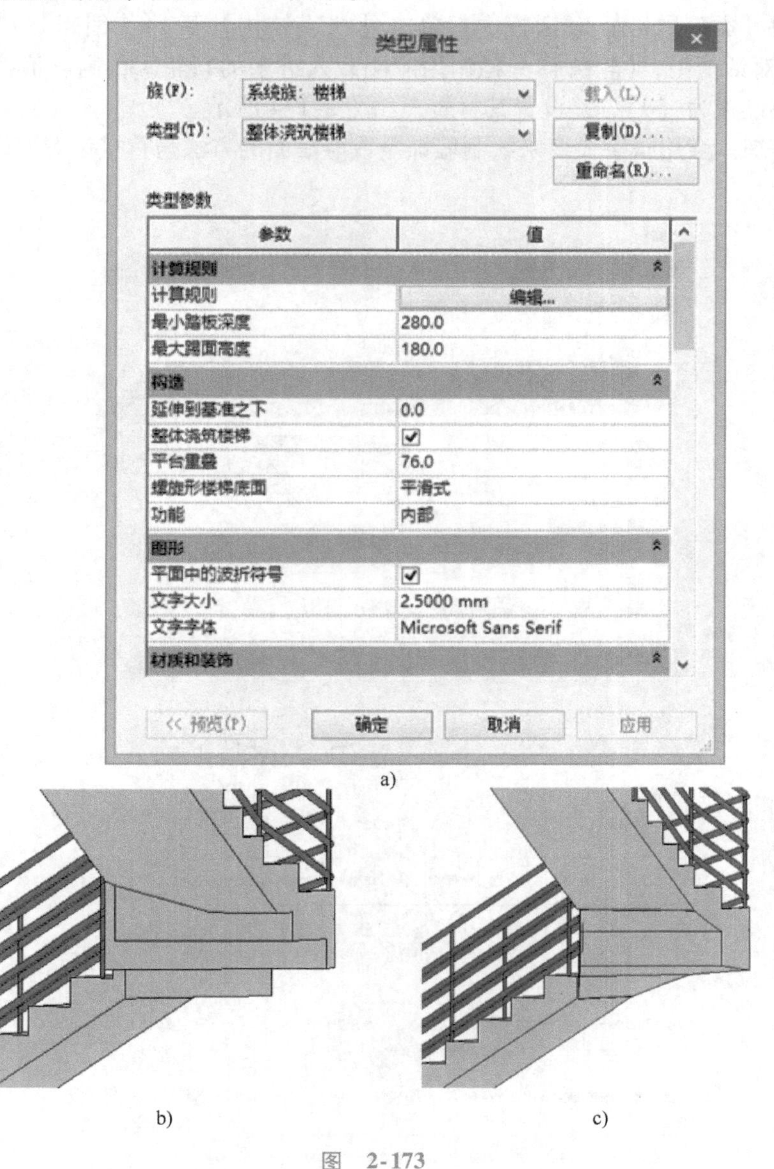

a)

b)　　　　c)

图 2-173

6. 扶手拓展应用

利用【扶手】的特性，运用【扶手】可绘制围篱、窗的装饰线条、墙贴面等。以绘制墙贴面为例。

首先绘制一道墙体作为放置扶手贴面的主体，执行【插入】选项卡|【从库中载入族】面板下【载入族】命令，载入所需的轮廓族，便于绘制扶手时应用轮廓。

执行【建筑】选项卡|【楼梯坡道】面板下【栏杆扶手】命令，使用绘制或拾取的方式沿墙体外边创建扶手轮廓线，单击【扶手属性】，在【类型属性】对话框中，复制一扶手类型并命名为【墙贴面】。

单击【栏杆位置】后的【编辑】按钮，在打开的【编辑栏杆位置】对话框中将【主样式】、【支柱】样式全部设为【无】，确定后退出，如图 2-174 所示。

在扶手的【类型属性】对话框中，单击【扶手结构】后的【编辑】按钮，在打开的【编辑扶手】对话框中，【轮廓】一栏调用刚刚载入进来的新轮廓，高度值按项目要求进行设置，偏移值设置为【0】，并设置其材质，如图 2-174 所示。

请读者仔细体会用扶手命令来绘制墙饰条或墙贴面的方法与直接设置墙体的墙饰条这两种方法的差异。

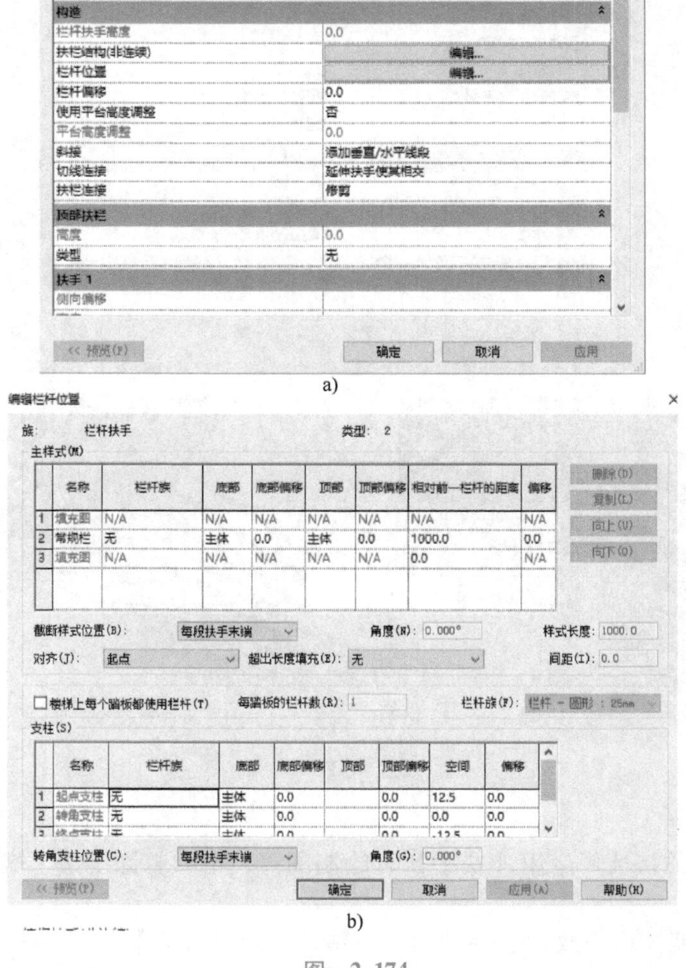

a)

b)

图 2-174

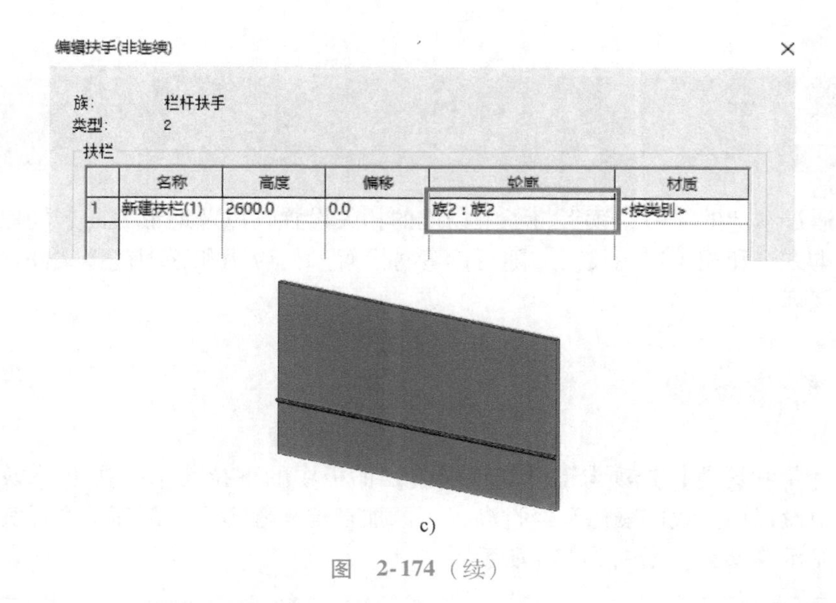

c)

图　2-174（续）

2.10　散水

（1）散水：为了保护墙基不受雨水侵蚀，常在外墙四周将地面做成向外倾斜的坡面，以便将屋面的雨水排至远处，称为散水，这是保护房屋基础的有效措施之一。

（2）房屋等建筑物周围用砖石或混凝土铺成的保护层，宽度多在一米上下。设置散水的目的是使建筑物外墙勒脚附近的地面积水能够迅速排走，并且防止屋檐的滴水冲刷外墙四周地面的土壤，减少墙身与基础受水浸泡的可能，保护墙身和基础，可以延长建筑物的寿命。

散水可以执行【楼板】命令进行绘制，调整楼板的【子图元】，进行标高调整，如图2-175所示。

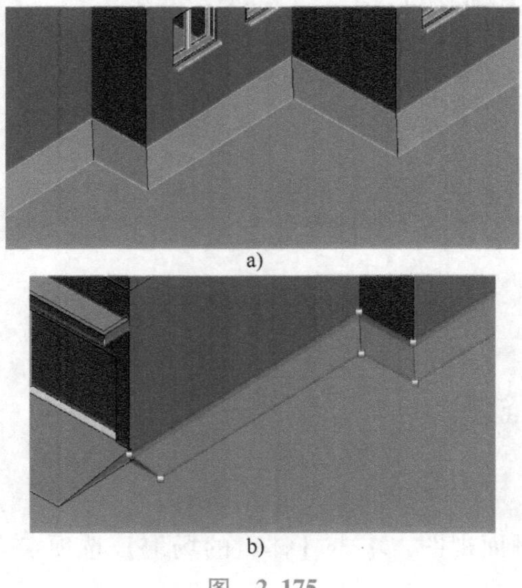

a)

b)

图　2-175

2.11 场地

概述：通过本节的学习，读者将了解场地的相关设置，以及地形表面、场地构件的创建与编辑的基本方法和相关应用技巧。随后读者将了解如何应用和管理链接文件，以及共享坐标的应用和管理。

2.11.1 场地的设置

单击【体量和场地】选项卡下【场地建模】面板中的下拉菜单，弹出【场地设置】对话框。在其中设置等高线间隔值、经过高程、添加自定义等高线、剖面填充样式、基础土层高程、角度显示等参数，如图 2-176 所示。

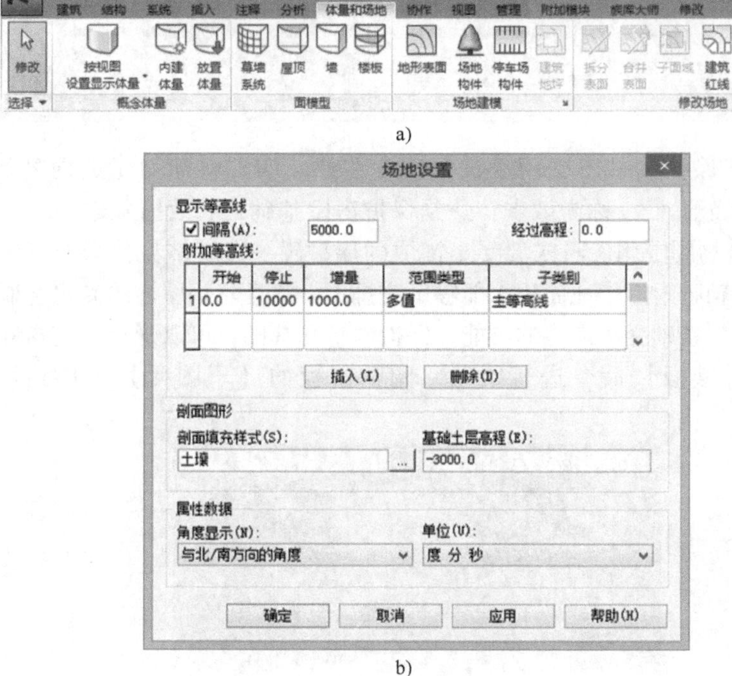

a)

b)

图 2-176

2.11.2 地形表面的创建

1. 拾取点创建

（1）打开【场地】平面视图，单击【体量的场地】选项卡下【场地建模】面板中的

【地形表面】按钮，进入绘制模式。

（2）单击【工具】面板中的【放置点】按钮，在选项栏中设置高程值，单击放置点，连续放置生成等高线。

（3）修改高程值，放置其他点。

（4）单击【表面属性】按钮，在弹出的【属性】对话框中设置材质，单击【完成表面】按钮，完成创建，如图2-177所示。

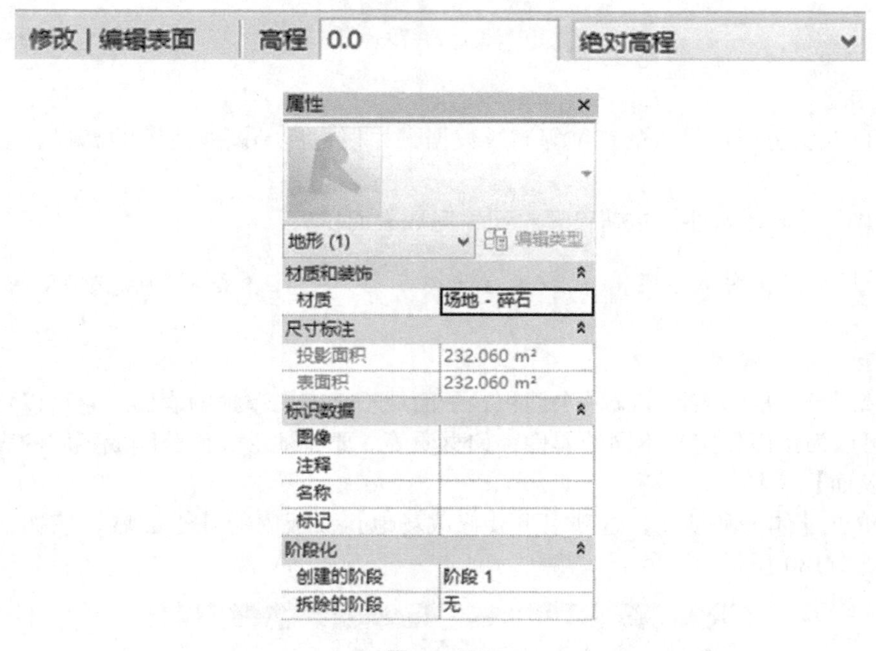

图 2-177

2. 导入地形表面

（1）打开【场地】平面视图，单击【插入】选项卡下【导入】面板中的【导入CAD】按钮，如果有CAD格式的三维等高数据，也可以导入三维等高线数据，如图2-178所示。

图 2-178

（2）单击【体量和场地】选项卡下【场地建模】面板中的【地形表面】按钮，进入绘制模式。

（3）单击【通过导入创建】下拉按钮，在弹出的下拉列表中选择【选择导入实例】选项，选择已导入的三维等高线数据，如图2-179所示。

（1）系统会自动生成选择绘图区域中已导入的三维等高线数据。

（2）此时弹出【从所选图层添加点】对话框，选择要将高程点应用到的图层，并单击

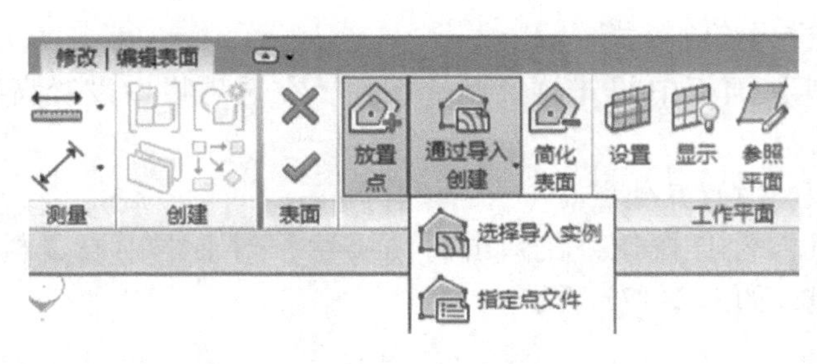

图 2-179

【确定】按钮。

(3) Revit 会分析已导入的三维等高线数据，并根据沿等高线放置的高程点来生成一个地形表面。

(4) 单击【地形属性】按钮设置材质，完成表面。

说明：指定点文件是指可以根据来自土木工程软件应用程序的点文件，来创建地形表面。

3. 地形表面子面域

子面域用于在地形表面定义一个面积。子面域不会定义单独的表面，它可以定义一个面积，用户可以为该面积定义不同的属性，如材质等。要将地形表面分隔成不同的表面，可使用【拆分表面】工具。

(1) 单击【体量和场地】选项卡下【修改场地】面板中的【子面域】按钮，进入绘制模式，如图 2-180 所示。

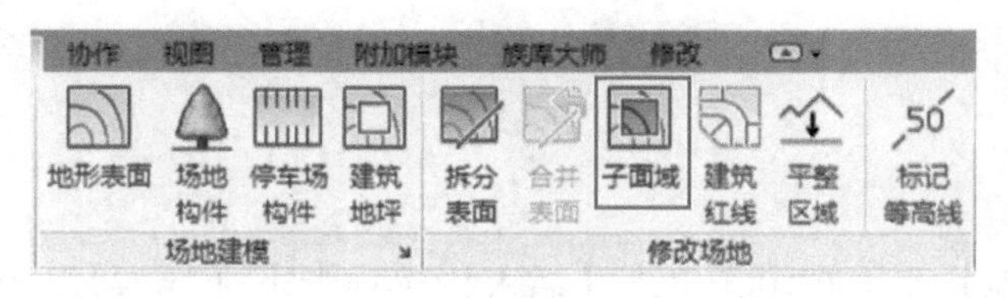

图 2-180

(2) 单击【线】绘制按钮，绘制子面域边界轮廓线并修剪。

(3) 在【属性】栏中设置子面域材质，完成绘制，如图 2-181 所示。

注意：场地不支持表面填充图案。

2.11.3 地形的编辑

1. 拆分表面

将地形表面拆分成两个不同的表面，以便可以独立编辑每个表面。拆分之后，可以将不同的表面分配给这些表面，以便表示道路、湖泊，也可以删除地形表面的一部分。如果要在地形表面框出一个面积，则无须拆分表面，用子面域即可。

(1) 打开【场地】平面视图或三维视图，单击【体量和场地】选项卡下【修改场地】

面板中的【拆分表面】按钮，选择要拆分的地形表面进入绘制模式，如图2-182所示。

图　2-181

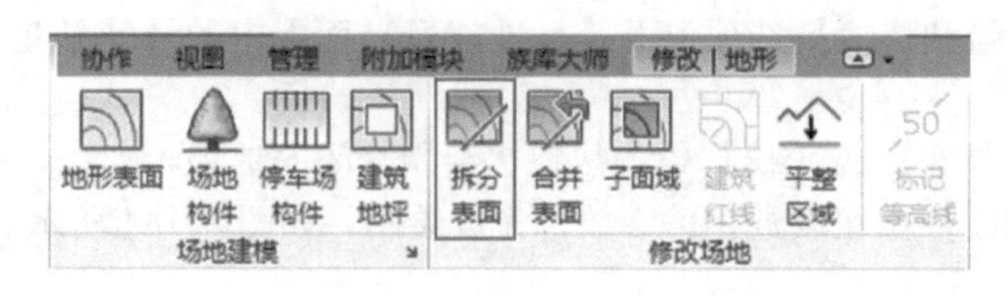

图　2-182

（2）单击【线】绘制按钮，绘制表面边界轮廓线。

（3）在【属性】栏中设置新表面材质，完成绘制。

2. 合并表面

（1）单击【体量和场地】选项卡下【修改场地】面板中的【合并表面】按钮，勾选选项栏中的☑删除公共边上的点复选框。

（2）选择要合并的主表面，再选择次表面，两个表面合二为一。

提示：合并后的表面材质，同先前选择的主表面相同。

3. 平整区域

打开【场地】平面视图，单击【体量和场地】选项卡下【修改场地】面板中的【平整区域】按钮，在【编辑平整区域】对话框中选择下列选项之一。

（1）创建与现有地形表面完全相同的新地形表面。

（2）仅基于周界点创建新地形表面，如图2-183所示。

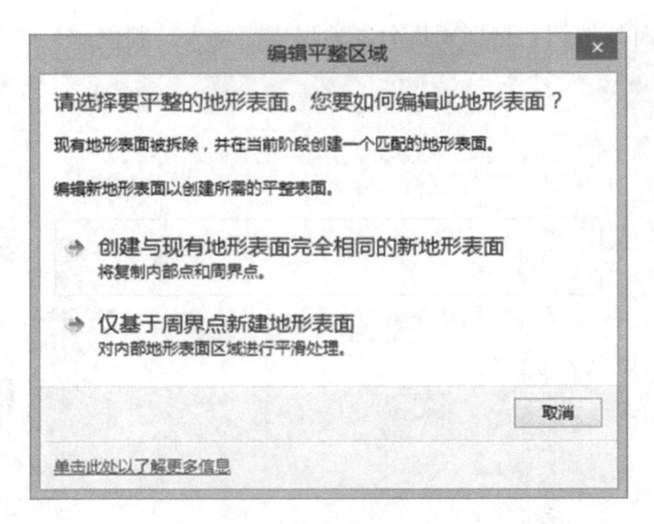

图 2-183

选择地形表面进入绘制模式，进行添加或删除点、修改点的高程或简化表面等编辑，完成绘制。

注意：场地平整区域后将自动创建新的阶段，所以需要将视图属性中的阶段修改为新构造。

4. 建筑地坪

（1）单击【体量和场地】选项卡下【场地建模】面板中的【建筑地坪】按钮，进入绘制模式。

（2）单击【拾取墙】或【线】绘制按钮，绘制封闭的地坪轮廓线。

（3）单击【属性】按钮设置相关参数，完成绘制，如图 2-184 所示。

2.11.4 场地构件

1. 添加场地构件

打开【场地】平面视图，单击【体量和场地】选项卡下【场地建模】面板中的【场地构件】选项，在弹出的下拉列表中选择所需的构件，如树木、RPC 人物等，单击放置构件。

如列表中没有需要的构件，可从库中载入，也可定义自己的场地构件族文件，如图 2-185 所示。

2. 停车场构件

（1）打开【场地】平面，单击【体量和场地】选项卡下【场地建模】面板中的【停车场构件】按钮。

（2）在弹出的下拉列表中选择所需不同类型的停车场构件，单击放置构件。可以用复制、阵列命令放置多个停车场构件。

选择所有停车场构件，然后单击【主体】面板中的【设置主体】按钮，选择地形表面，停车场构件将附着到表面上。

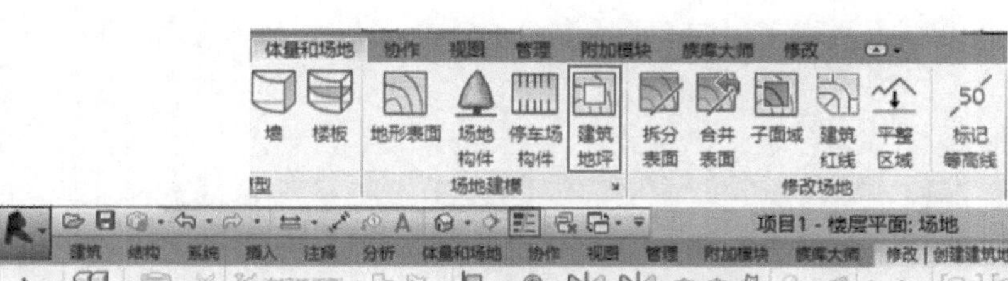

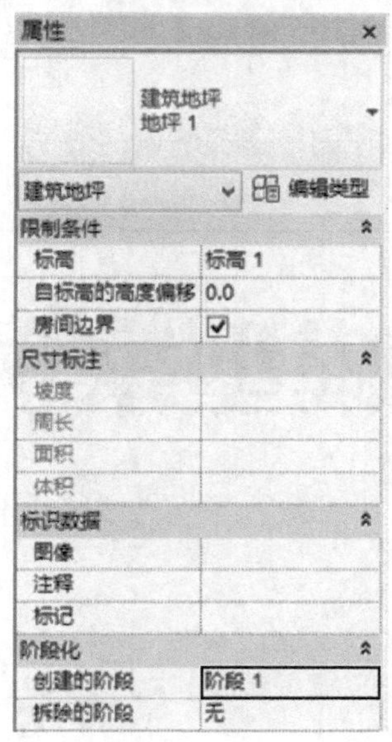

图　2-184

3. 标记等高线

（1）打开【场地】平面，单击【体量和场地】选项卡下【修改场地】面板中的【标记等高线】按钮，绘制一条和等高线相交的线条，自动生成等高线标签。

（2）选择等高线标签，出现一条亮显的虚线，用鼠标拖曳虚线的端点控制柄调整虚线位置，等高线标签自动更新。

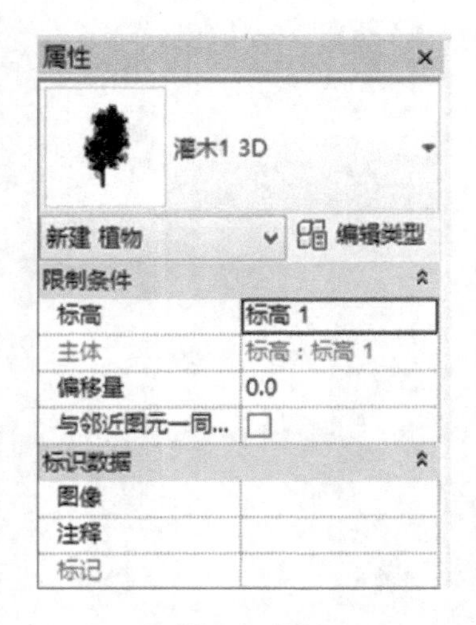

图　2-185

第3章

3

建筑模型案例

3.1 绘制标高轴网

标高用来定义楼层层高及生成平面视图；轴网用于为构件定位，在 Revit 中轴网确定了一个不可见的工作平面。轴网编号以及标高符号样式均可定制修改。在本章中，需重点掌握轴网和标高的绘制以及如何生成对应标高的平面视图等功能应用。

3.1.1 新建项目

启动 Revit，默认将打开【最近使用的文件】界面，如图 3-1 所示。

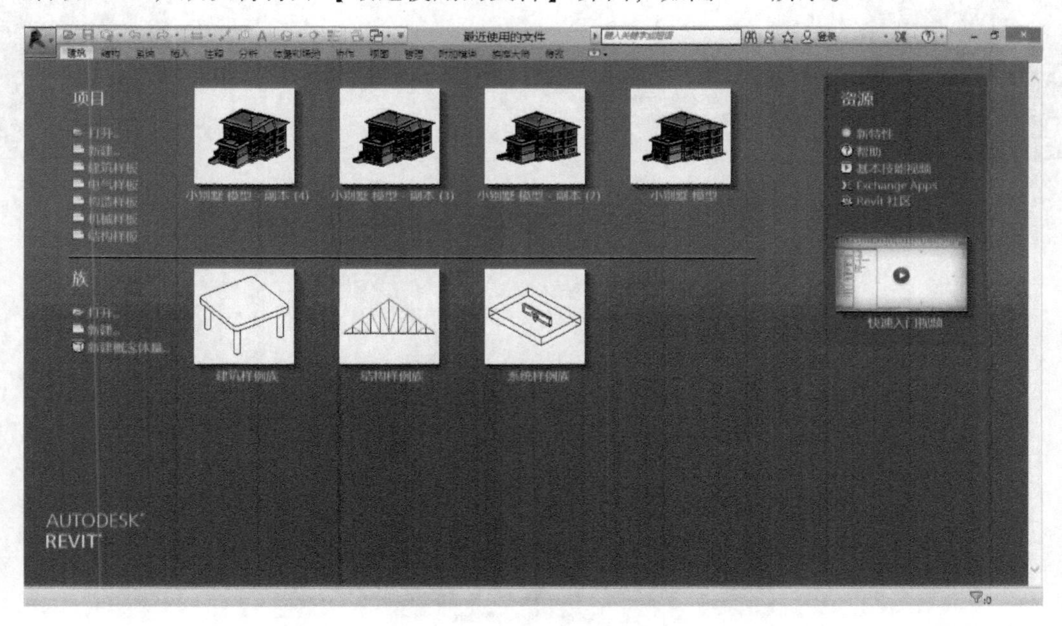

图 3-1

单击【新建】弹出【新建项目】对话框，单击【浏览】选择样板文件【BIM 基础教程样板文件】，单击【打开】按钮并单击【确定】按钮新建项目，进入 Revit 绘图操作界面，如图 3-2 所示。

单击应用程序菜单按钮，将该项目另存为项目文件【BIM 基础建模—小别墅】，如图 3-3所示。

3.1.2 绘制标高

在 Revit 中，【标高】命令在立面和剖面视图中才能使用，因此在正式开始项目设计前，必须先打开一个立面视图。

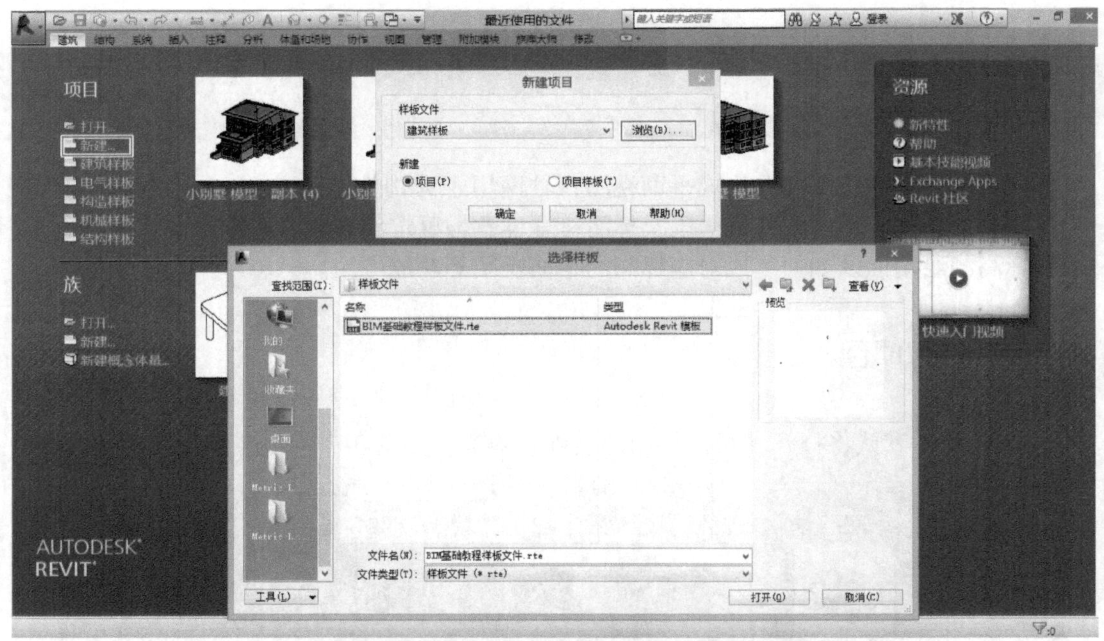

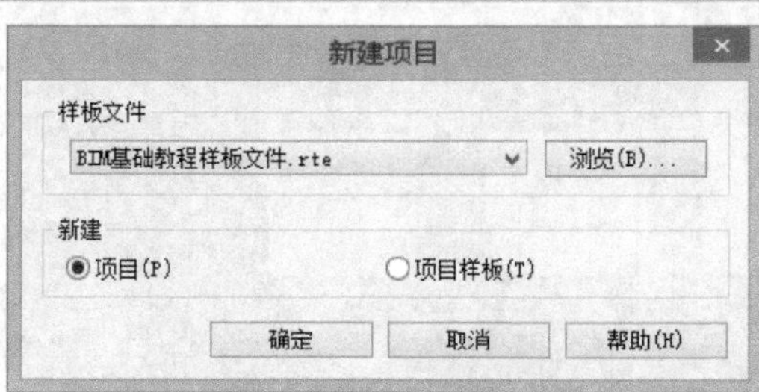

图 3-2

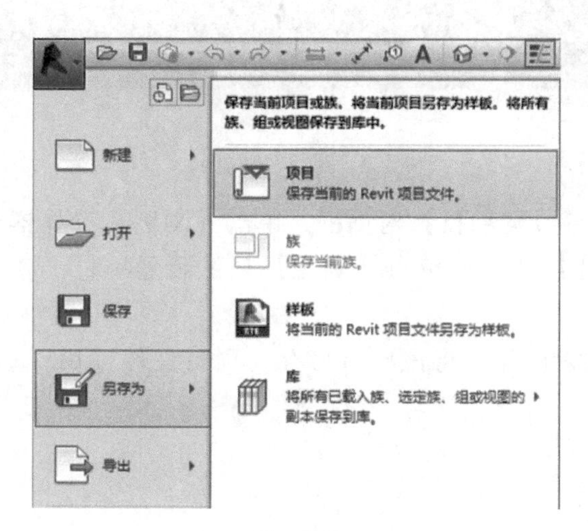

图 3-3

1. 创建标高

在项目浏览器中展开【立面】项，双击视图名称【南】进入南立面视图。选择【F2】

标高，将标高【F1】与【F2】之间的临时尺寸标注修改为【3300.0】，并按 <Enter> 键完成，如图 3-4 所示。

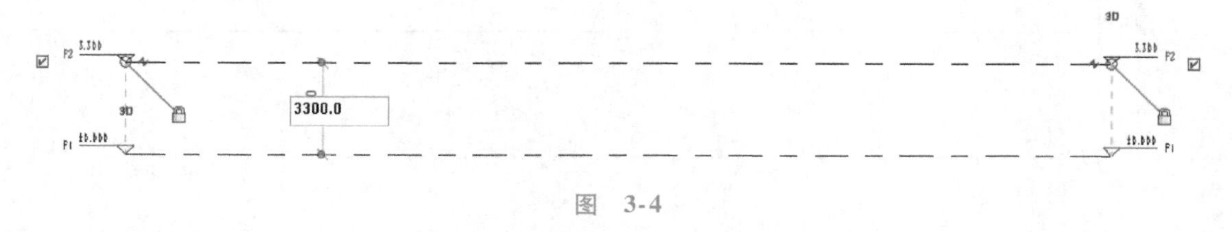

图　3-4

执行【复制】命令，绘制标高【F3】，调整其临时尺寸标注为【3300.0】，如图 3-5 所示。

图　3-5

执行【复制】命令，创建【F4】和【F5】。选择标高【F3】，单击【修改标高】选项卡下【修改】面板中的【复制】命令，选项栏勾选【约束】和【多个】复选框，如图 3-6 所示。

图　3-6

移动光标在标高【F3】上任意一点单击捕捉该点作为复制参考点，然后垂直向上移动光标，输入间距值【3300】后按 <Enter> 确认复制完成新的标高，如图 3-7 所示。

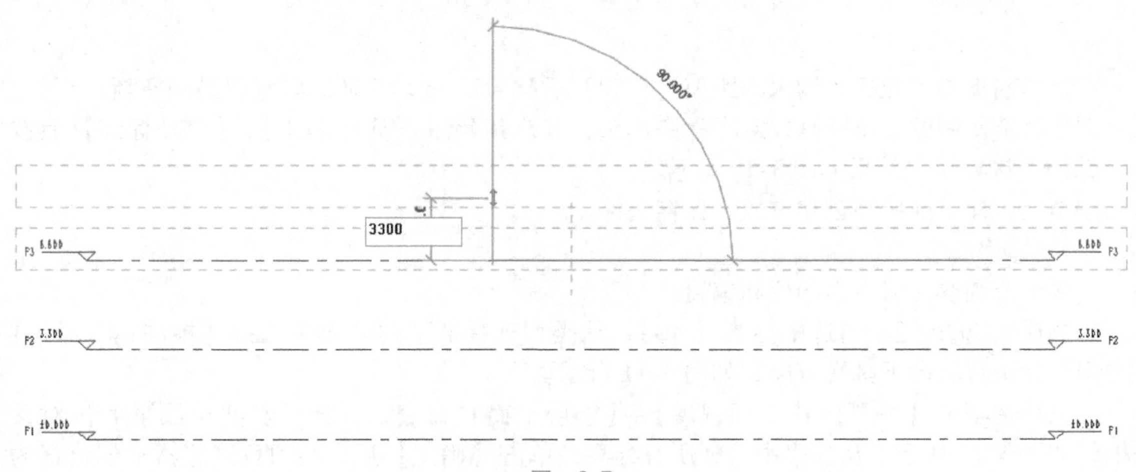

图　3-7

继续向上移动光标，输入间距值【4880】后按 <Enter> 键确认后复制另一条新的标高，如图 3-8 所示。

图 3-8

再执行【复制】命令，创建【CD】和【室外标高】。选择标高【F2】，执行【修改标高】选项卡下【修改】面板中的【复制】命令，选项栏勾选【约束】和【多个】复选框，移动光标在标高【F2】上任意一点单击捕捉该点作为复制参考点，然后垂直向下移动光标，输入间距值【4050】后按 <Enter> 确认复制完成新的标高，如图 3-9 所示。

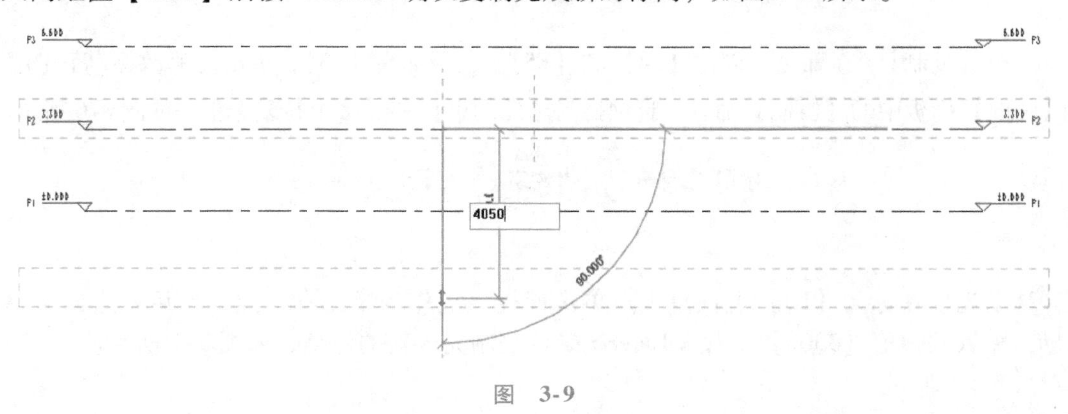

图 3-9

继续向下移动光标，输入间距值【1750】后按 <Enter> 键确认后复制另一条新的标高。分别选择新复制的 2 条标高，双击标高标头，修改其名称分别为【CD】、【室外标高】后按 <Enter> 键确认。结果如图 3-10 所示。

至此，建筑的标高创建完成，保存文件。

2. 编辑标高

接上节内容完成下面的标高编辑。

按住 <Ctrl> 键单击选中标高【CD】，从类型选择器下拉列表中选择【标高：下标头】类型，标头自动向下翻转方向，如图 3-11 所示。

执行选项卡【视图】→【平面视图】→【楼层平面】命令，打开【新建楼层平面】对话框，如图 3-12 所示。从列表中选择所有标高，单击【确定】后，在项目浏览器中创建新的楼层平面。

图　3-10

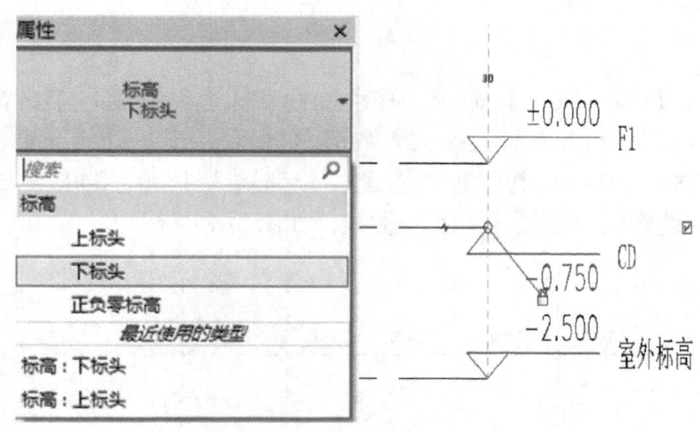

图　3-11

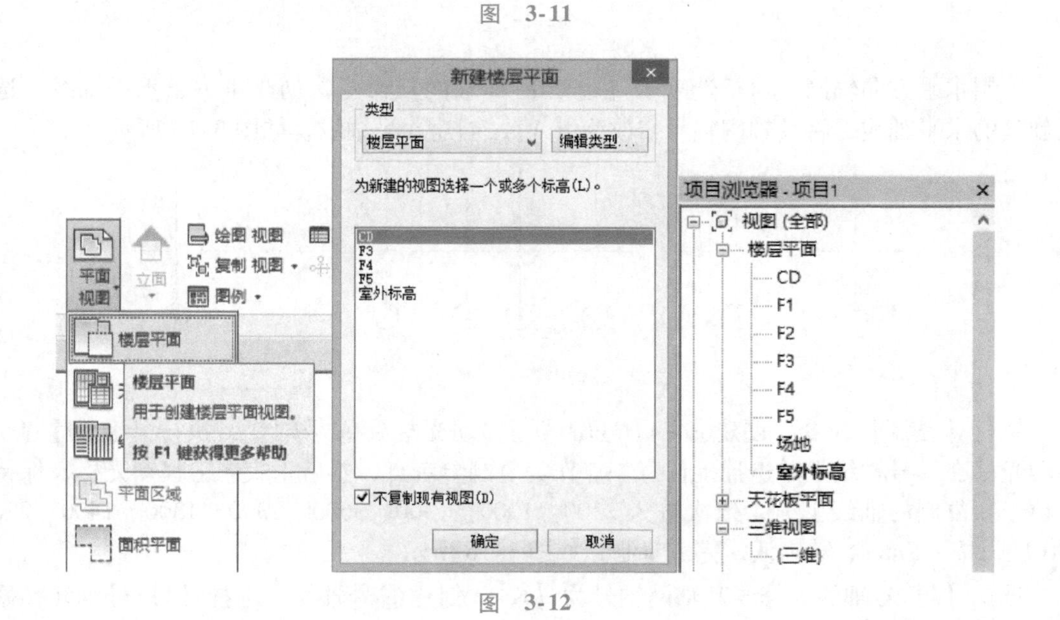

图　3-12

3.1.3 绘制轴网

下面在平面图中创建轴网。在 Revit 中轴网只需要在任意一个平面视图中绘制一次，在其他平面和立面、剖面视图中都将自动显示。

在项目浏览器中双击【楼层平面】下的【F1】视图，打开首层平面视图。执行选项卡【建筑】→【轴网】命令，绘制第一条垂直轴线，如图 3-13 所示，并双击轴网轴号，修改其值为【1】。

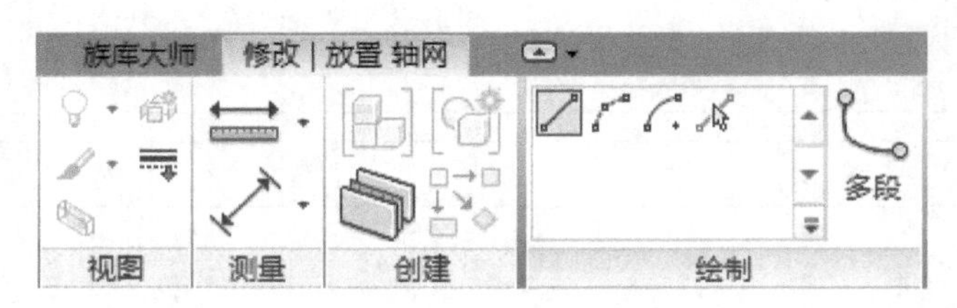

图 3-13

选择①号轴线，执行【复制】命令，移动光标在①号轴线上，单击捕捉一点作为复制参考点，然后水平向右移动光标，直接输入数值 3600 后，按 <Enter> 键，确认后完成复制②号轴线。保持光标位于新复制的轴线右侧，分别输入 1800、2400、2300、1600、2400、6300 后按 <Enter> 键确认，绘制③ ~ ⑧号轴线，如图 3-14 所示。

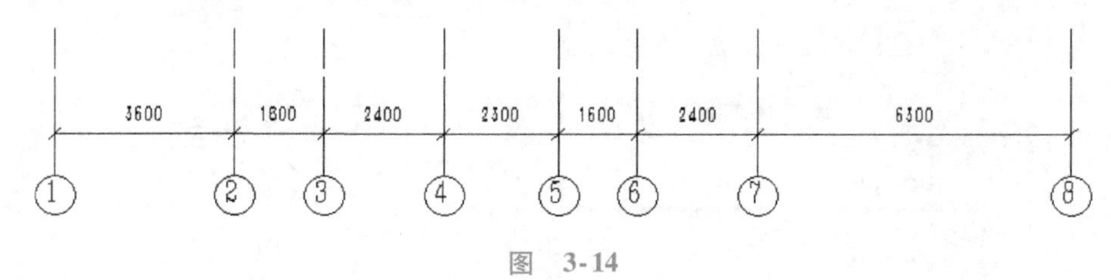

图 3-14

绘制水平方向轴网。执行选项卡【建筑】→【轴网】命令，创建第一条水平轴线。选择刚创建的水平轴线，将其轴网轴号修改为【A】，创建Ⓐ号轴线，如图 3-15 所示。

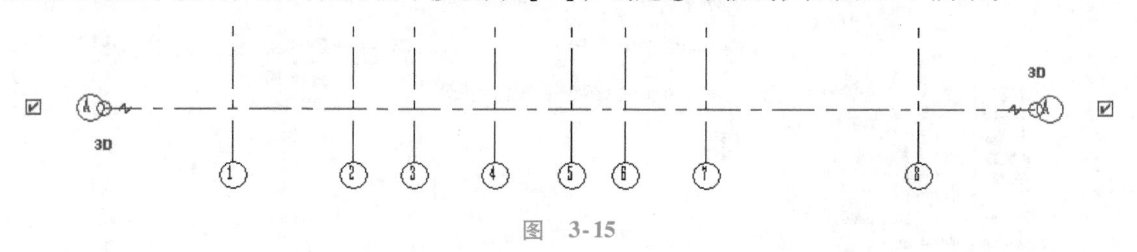

图 3-15

执行【复制】命令，创建Ⓑ ~ Ⓙ号轴线。移动光标在Ⓐ号轴线，执行【复制】命令，移动光标在Ⓐ号轴线上单击捕捉任意一点作为复制参考点，然后垂直向上移动光标，保持光标位于新复制的轴线上方，依次输入 2300、1200、1300、3600、2300、1300、1400、2700、900 后，按 <Enter> 键确认，完成复制，如图 3-16 所示。

选择【J】号轴线，修改其轴网轴号为【K】，创建Ⓚ号轴线，选择【I】号轴线，修改其轴网轴号为【J】，创建Ⓙ号轴线。完成后保存文件，如图3-17所示。

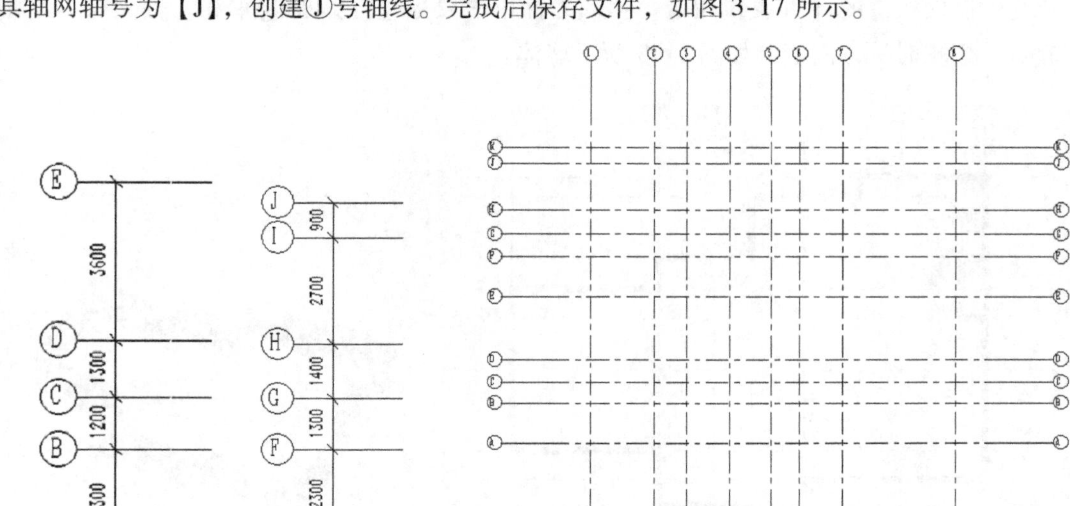

图　3-16　　　　图　3-17

3.2　绘制首层墙体

3.2.1　绘制首层外墙

在项目浏览器中双击【楼层平面】展开项中的【F1】，打开首层平面视图。执行选项卡【建筑】→【墙】命令。在类型选择器中选择【基本墙：WQ1_200_混凝土砌块】，在【属性】栏设置实例参数【底部限制条件】为【CD】，其【底部偏移】为【－150.0】；【顶部约束】为【直到标高：F2】，其【顶部偏移】为【0.0】，并设置其【定位线】为【墙中心线】，单击【应用】，如图3-18所示。

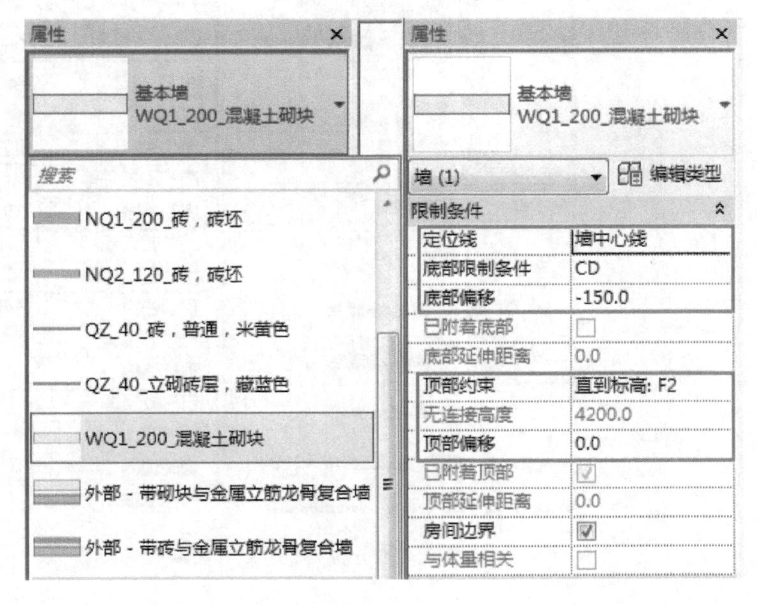

图　3-18

执行绘制面板中的【直线】命令，移动光标单击鼠标左键捕捉Ⓚ轴和①轴交点为绘制墙体起点，按顺时针方向绘制如图 3-19 所示墙体。

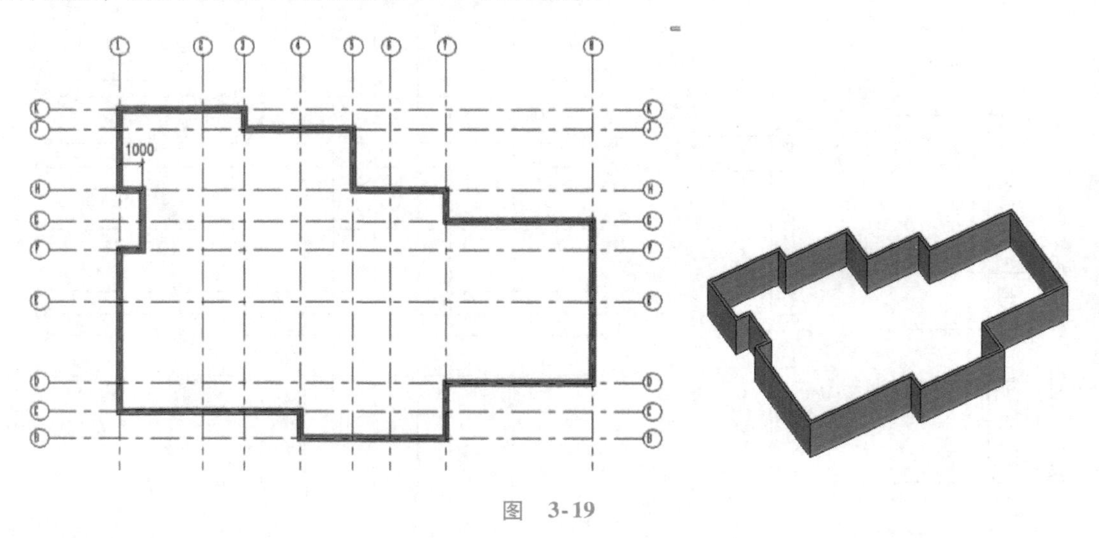

图　3-19

绘制外墙装饰墙，打开首层平面视图。执行选项卡【建筑】→【墙】命令。在类型选择器中选择【基本墙：QZ_40_立砌砖层，藏蓝色】，在【属性】栏设置实例参数【底部限制条件】为【CD】，其【底部偏移】为【－150.0】；【顶部约束】为【直到标高：F2】，单击【应用】，其【顶部偏移】为【0.0】，并设置其【定位线】为【面层面：内部】，如图 3-20 所示。

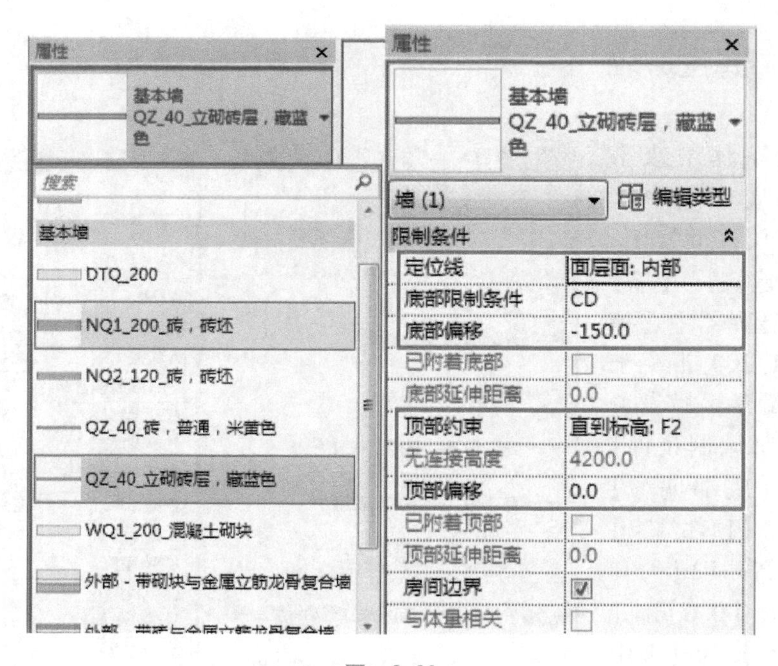

图　3-20

执行绘制面板中的【直线】命令，移动光标单击鼠标左键捕捉Ⓚ轴和①轴交点处外墙外边线绘制墙体起点，按顺时针方向绘制如图3-21所示墙体。

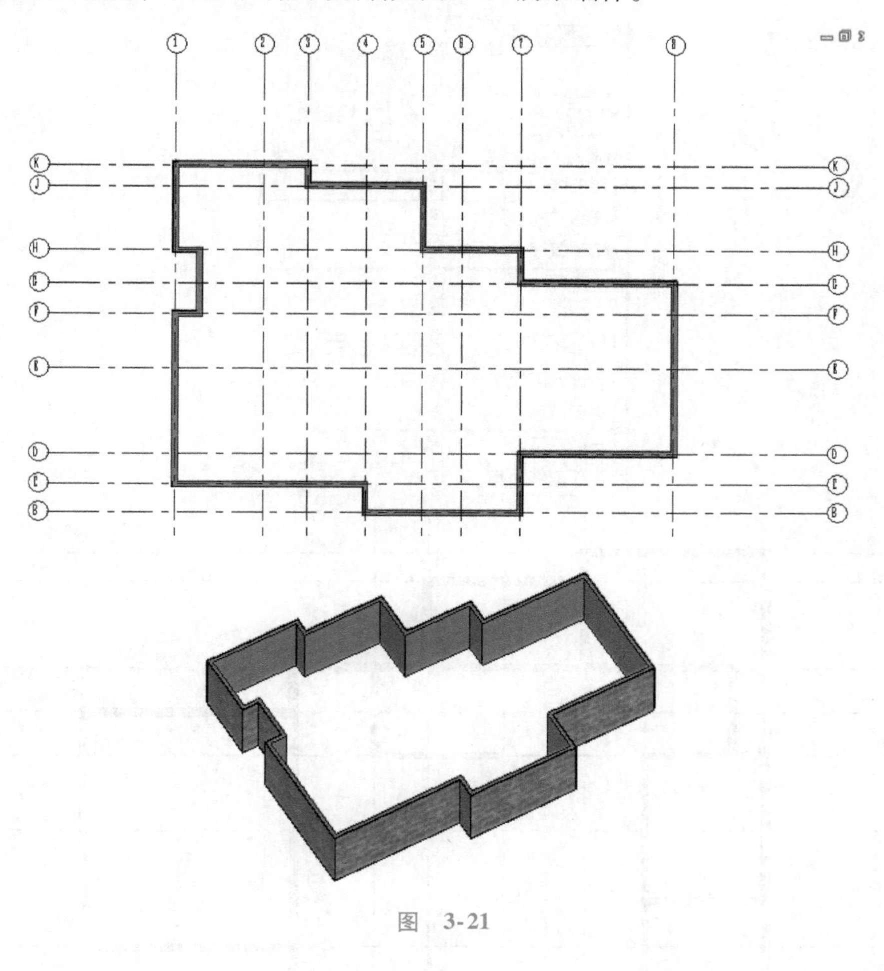

图 3-21

3.2.2 绘制首层内墙

执行选项卡【建筑】→【墙】命令，在类型选择器中选择【基本墙：NQ1_200_砖，砖坯】类型。单击【属性】栏，设置实例参数【底部限制条件】为【F1】，【底部偏移】为【0.0】；【顶部约束】为【直到标高：F2】，【顶部偏移】为【0.0】，【定位线】为【墙中心线】，单击【应用】，如图3-22所示。然后按图3-22所示内墙位置捕捉轴线交点，绘制首层内墙。

调整内墙位置：单击如图3-23所示的墙体，调整其临时尺寸为【2520.0】，按<Enter>键完成。

调整内墙标高：选择如图3-24所示墙体，在【属性】面板中修改其实例参数【底部限制条件】为【CD】，【底部偏移】为【－150.0】，单击【应用】。

执行选项卡【建筑】→【墙】命令，在类型选择器中选择【基本墙：NQ2_120_砖，砖坯】类型。单击【属性】栏，设置实例参数【底部限制条件】为【F1】，【底部偏移】为

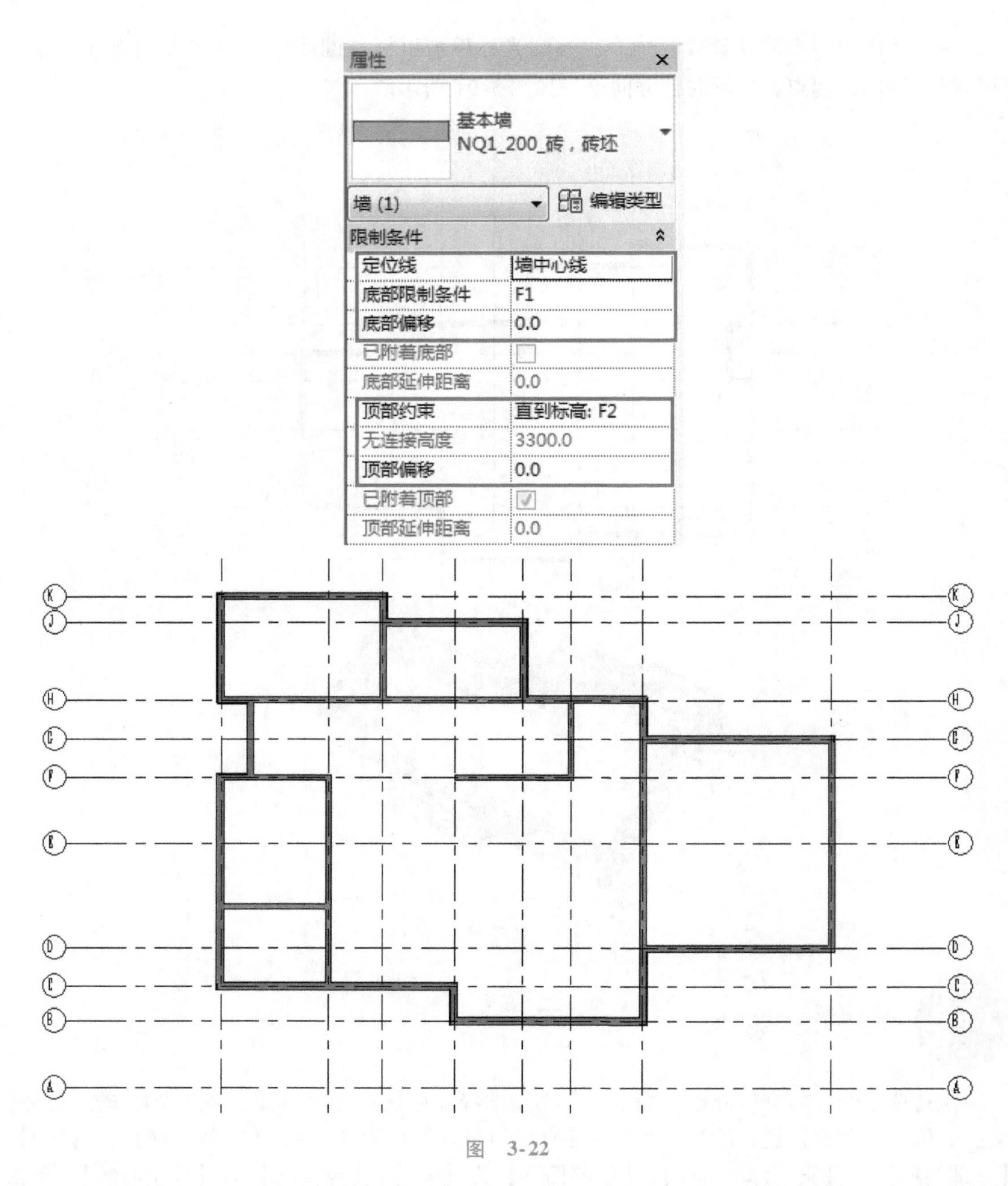

图 3-22

【0.0】;【顶部约束】为【直到标高：F2】,【顶部偏移】为【0.0】,【定位线】为【墙中心线】，单击【应用】。然后按图 3-25 所示绘制首层内墙。

执行【修改】选项卡中的【对齐】命令，调整如图 3-26 所示的墙体，使此内墙的右边线与②号轴线上墙体的右边线对齐。

调整内墙标高：单击④号轴线上的墙体，在【属性】栏中，修改其实例参数【底部偏移】为【-100.0】,【顶部偏移】为【-250.0】，单击【应用】，如图 3-27 所示。

完成后的内墙如图 3-28 示。

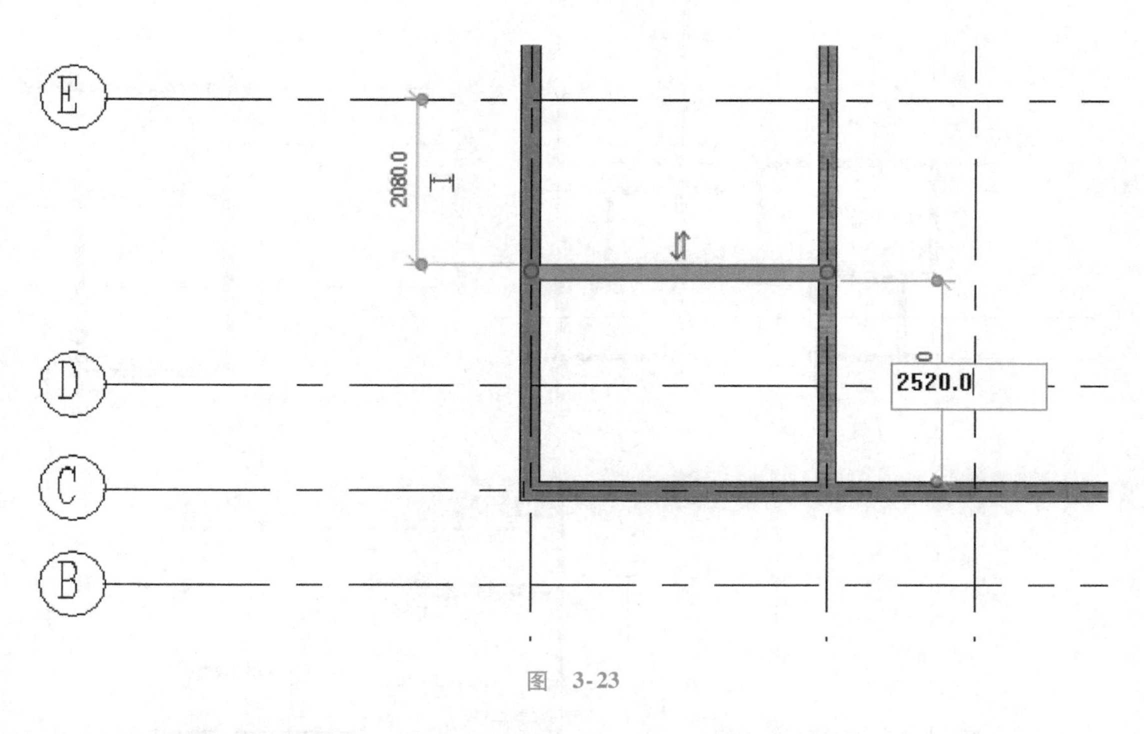
E
D
C
B
2080.0
2520.0

图 3-23

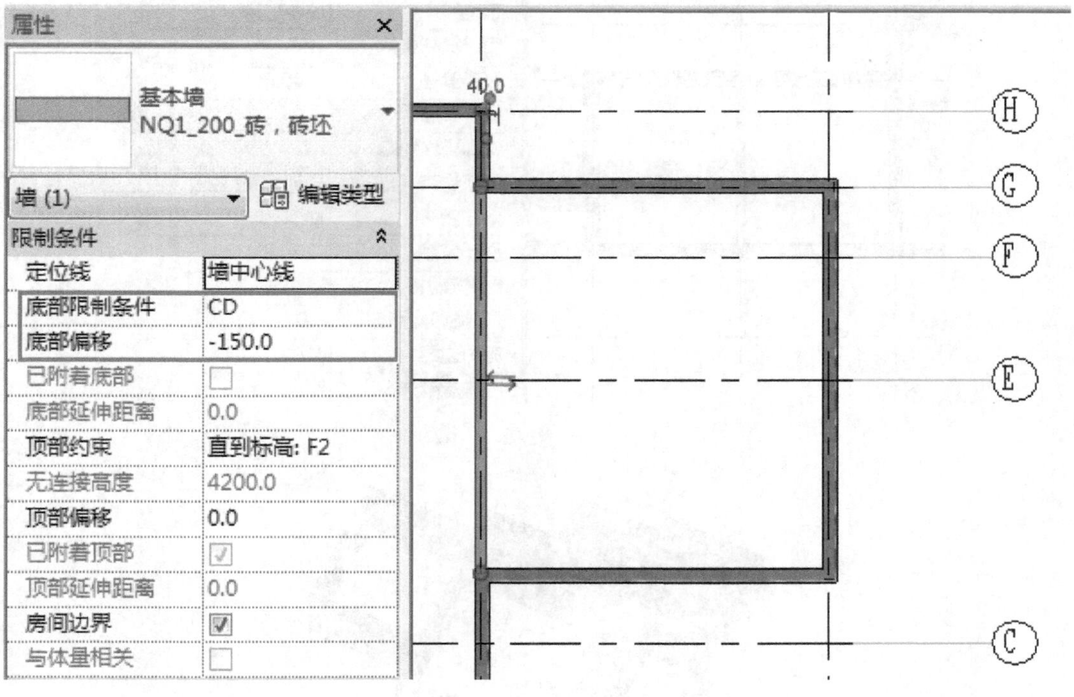
属性
基本墙
NQ1_200_砖，砖坯
墙 (1)
编辑类型
限制条件
定位线
墙中心线
底部限制条件
CD
底部偏移
-150.0
已附着底部
底部延伸距离
0.0
顶部约束
直到标高: F2
无连接高度
4200.0
顶部偏移
0.0
已附着顶部
顶部延伸距离
0.0
房间边界
与体量相关
40.0
H
G
F
E
C

图 3-24

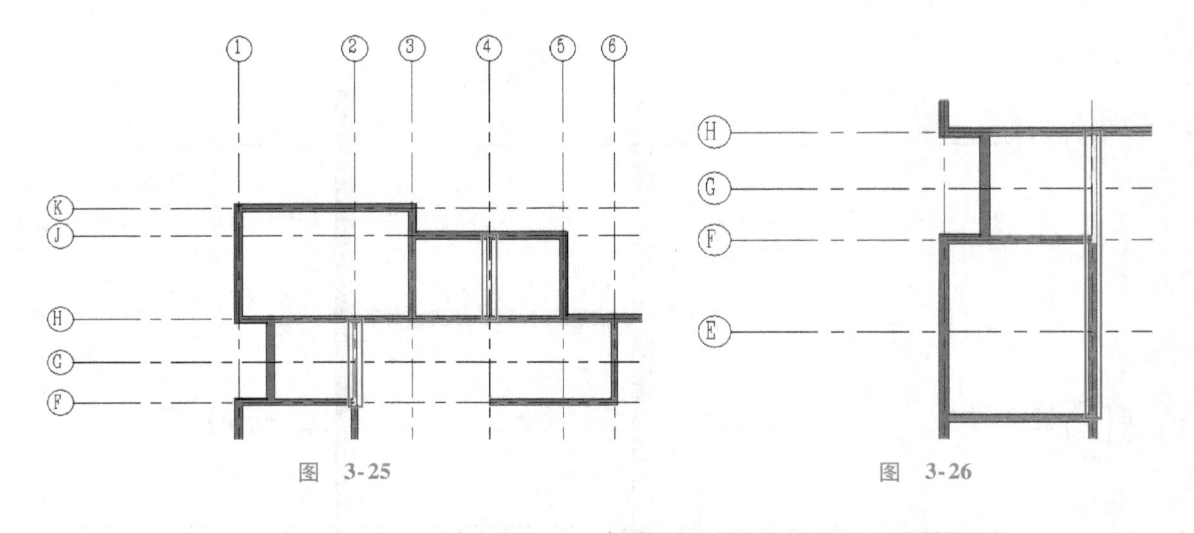

图 3-25　　　　图 3-26

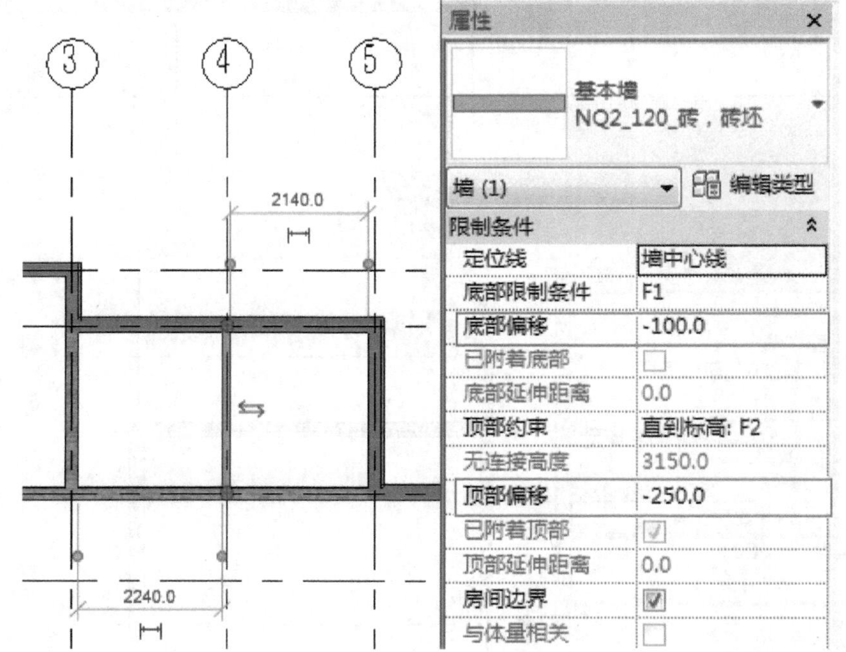

图 3-27

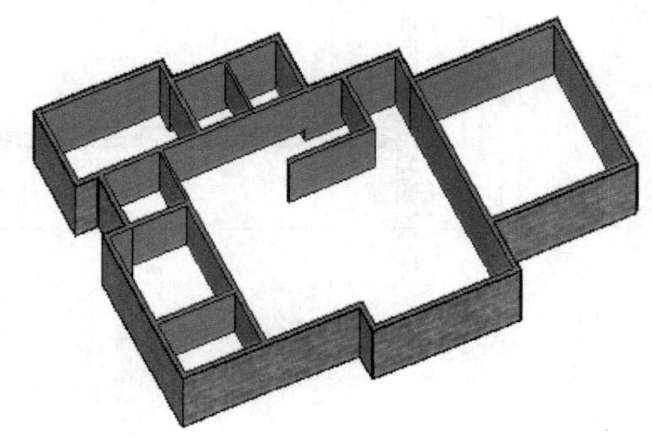

图 3-28

3.3　绘制首层门窗

3.3.1　放置首层门

打开【F1】平面视图，执行选项卡【建筑】→【门】命令，在类型选择器中选择【单扇-与墙齐：M0921】类型，设置实例参数【底高度】为【60.0】，如图3-29所示。

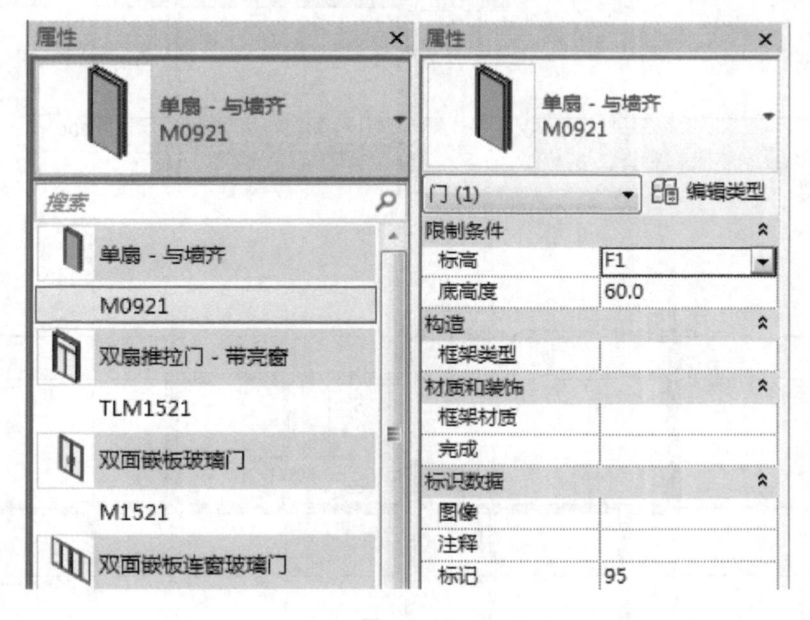

图　3-29

在选项栏上选择【在放置时进行标记】，以便对门进行自动标记，如图3-30所示。将光标移动到如图3-31所示墙的合适位置，单击鼠标左键以放置门，修改临时尺寸值为【100】。

图　3-30

同理，在类型选择器中选择【单扇-与墙齐：M0921】门类型，设置实例参数【底高度】为【60.0】，按图3-32所示位置插入到首层墙上。

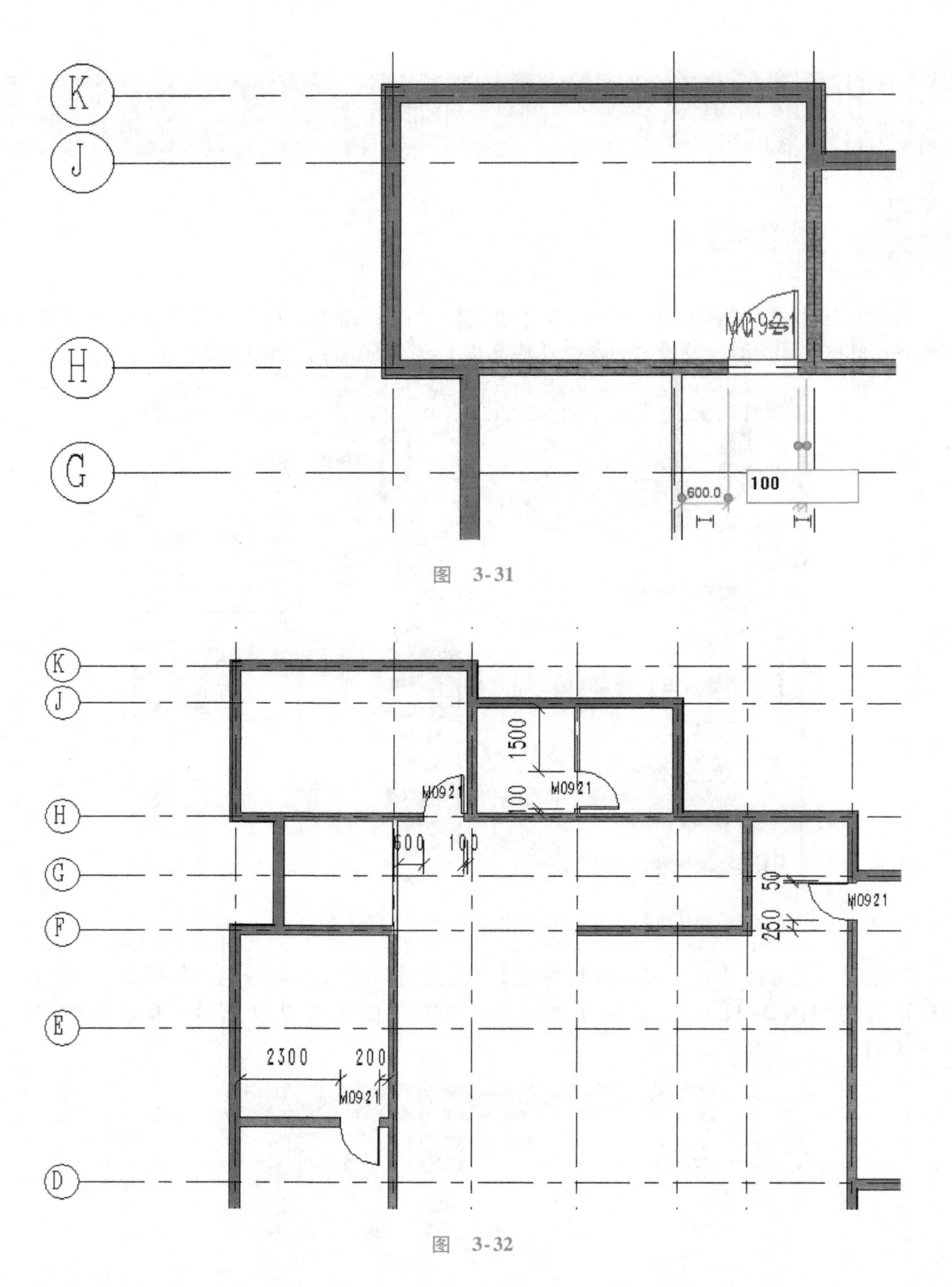

图 3-31

图 3-32

执行选项卡【建筑】→【门】命令，在类型选择器中分别选择【双扇推拉门-带亮窗：TLM1521】、【四扇推拉门：TLM4221】、【门洞-椭圆拱：MD1323】、【双面嵌板连窗玻璃门：M2821】（分别设置实例参数【底高度】为【60.0】）、【滑升门：JLM3021】（设置实例参数【标高】为【CD】，【底高度】为【150.0】），按图 3-33 所示位置插入到墙中。

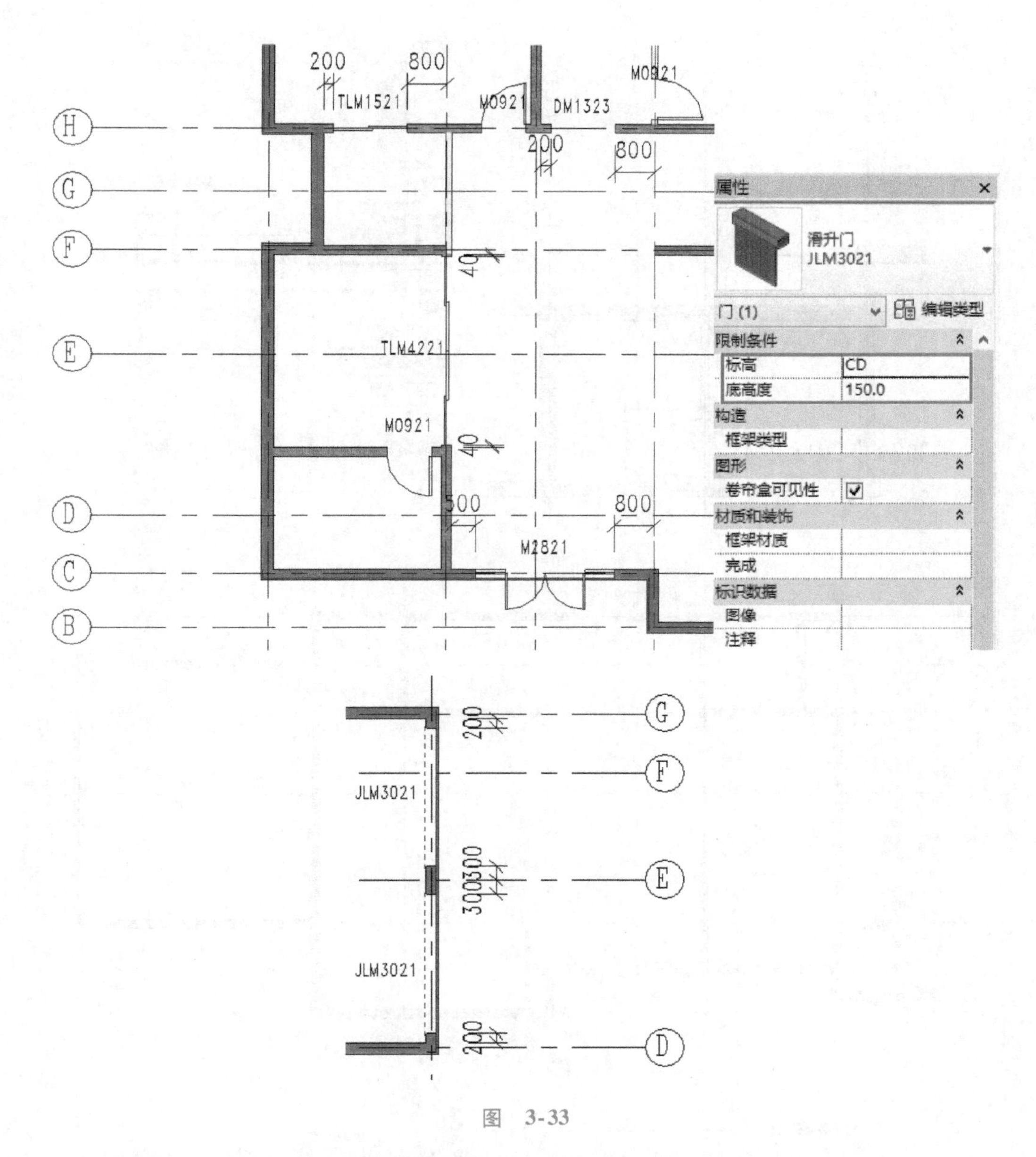

图　3-33

选中如图3-34所示位置【M0921】，调整其实例参数【底高度】为【-40.0】，单击【确定】完成。

执行【修改】选项卡中的【连接】命令 连接，连接如图3-35所示的四道外墙与装饰墙体，结果如图3-36所示。

完成后的首层门如图3-37所示，保存文件。

3.3.2 放置首层窗

打开【F1】平面视图，执行选项卡【建筑】→【窗】命令，在类型选择器中分别选择

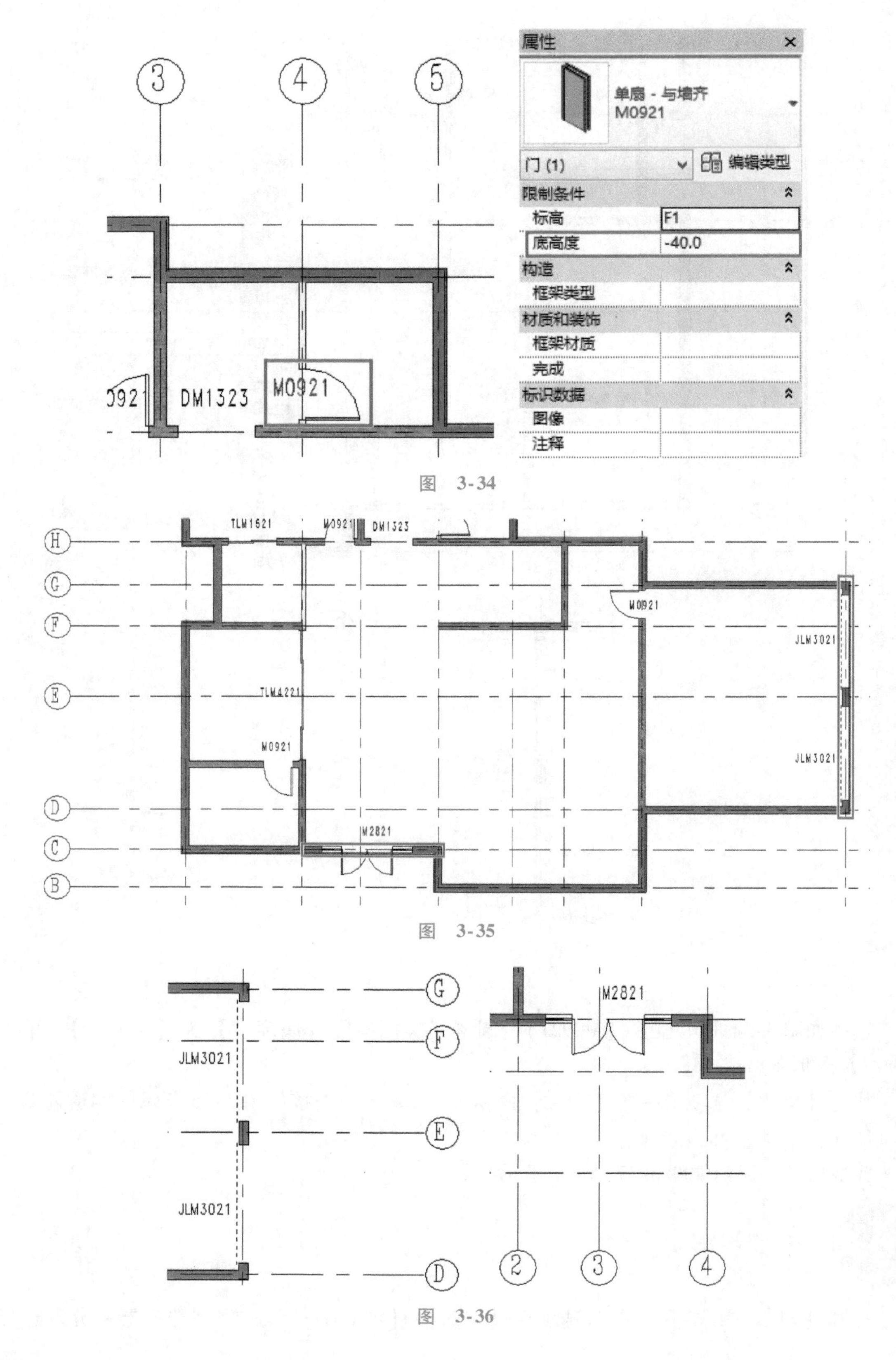

图 3-34

图 3-35

图 3-36

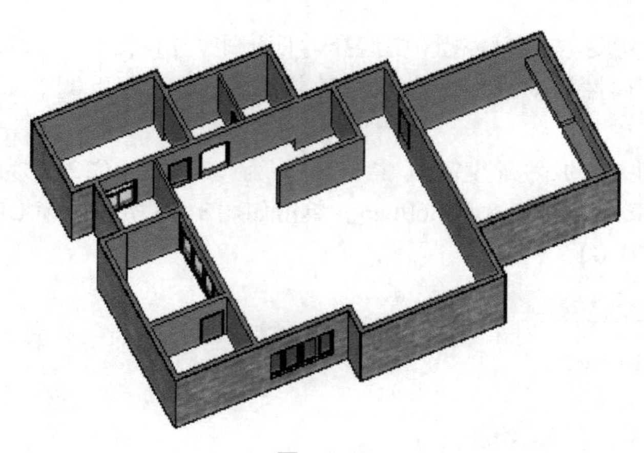

图　3-37

【四扇平开窗-无亮：C2415】、【四扇平开窗-无亮：C2418】、【四扇平开窗-无亮：C1518】、【四扇平开窗-无亮：C2712】、【双扇平开-带贴面：C1212】、【双扇平开-带贴面：C0912】，按图3-38所示位置，在墙上单击将窗放置在合适位置。

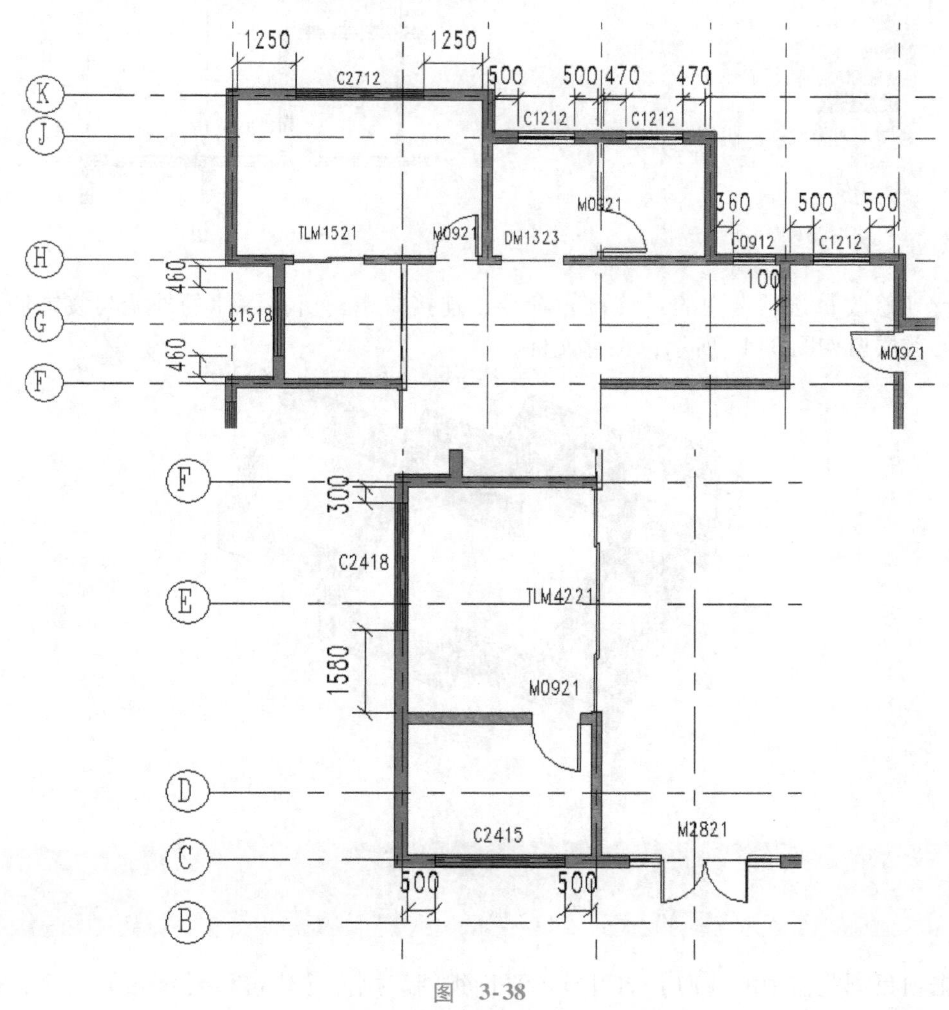

图　3-38

接下来编辑窗台高度。在任意视图中选择【四扇平开窗-无亮：C2712】，单击【图元属性】按钮打开【实例属性】对话框，修改【底高度】值为【860.0】，如图3-39 所示。单击【应用】完成设置。

同理，编辑其他窗的底高度。其中 C2415 为 960mm、C1212 为 960mm、C0912 为 800mm、C2418 为860mm、C1518 为860mm。单击如图3-40 所示的窗 C1212，调整其实例参数【底高度】为【800.0】。

属性	
四扇平开窗-无亮 C2712	
窗 (1)	编辑类型
限制条件	
标高	F1
底高度	860.0
标识数据	
图像	
注释	
标记	112
阶段化	
创建的阶段	新构造
拆除的阶段	无
其他	
顶高度	2060.0
防火等级	

图 3-39

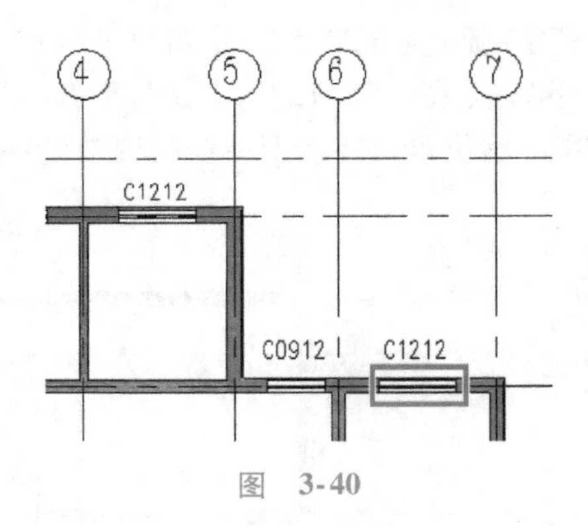

图 3-40

执行【修改】选项卡中的【连接】命令，连接每扇窗所在墙体的外墙与装饰墙，编辑完成后的首层窗如图3-41 所示，保存文件。

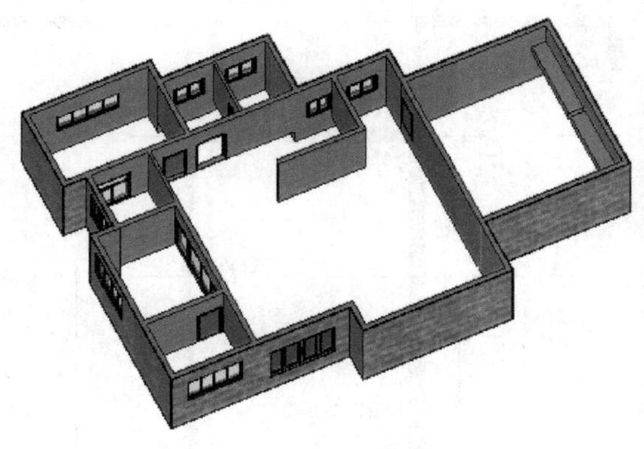

图 3-41

3.4 绘制首层楼板

双击项目浏览器中的【F1】打开首层平面视图。执行【建筑】→【楼板】命令，进入绘图模式，如图 3-42 所示。

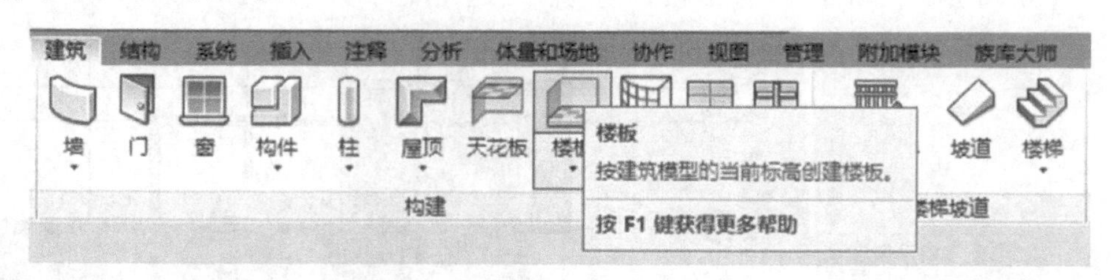

图 3-42

选择【绘制】面板，单击【直线】命令，移动光标到任意一条外墙内边线上，沿着外墙内边线创建楼板轮廓线，完成如图 3-43 所示。

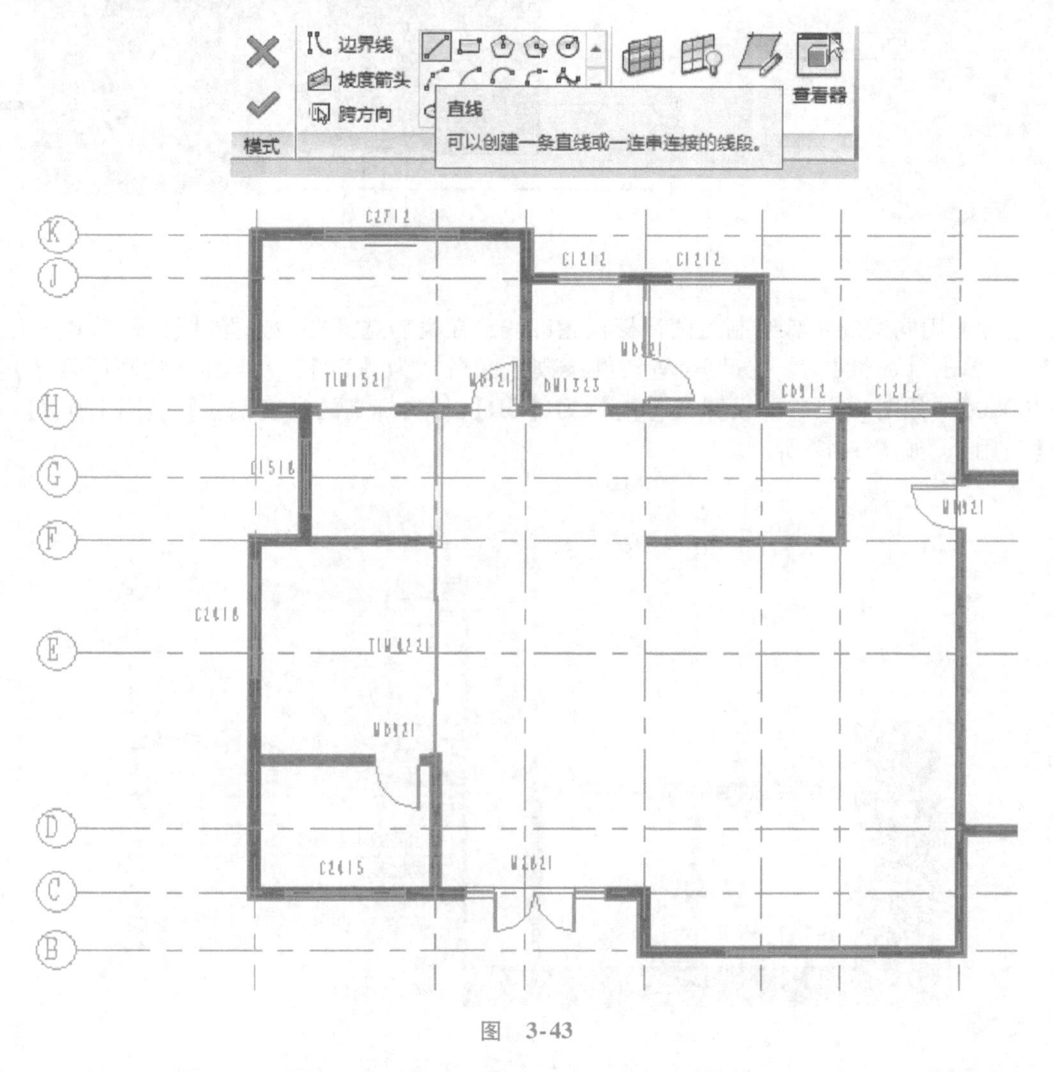

图 3-43

在类型选择器中选择【楼板：LB_150_混凝土】，单击【属性】栏，设置实例参数【标高】为【F1】，单击【应用】，如图 3-44 所示。

执行【完成绘制】命令 ✔ 完成楼板创建。创建完成的楼板如图 3-45 所示。

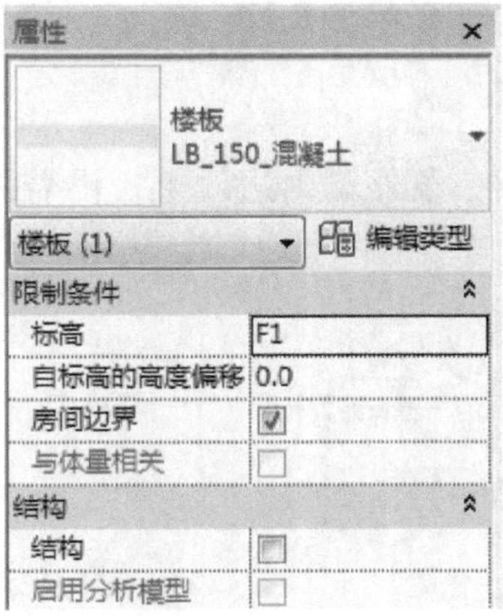

图 3-44 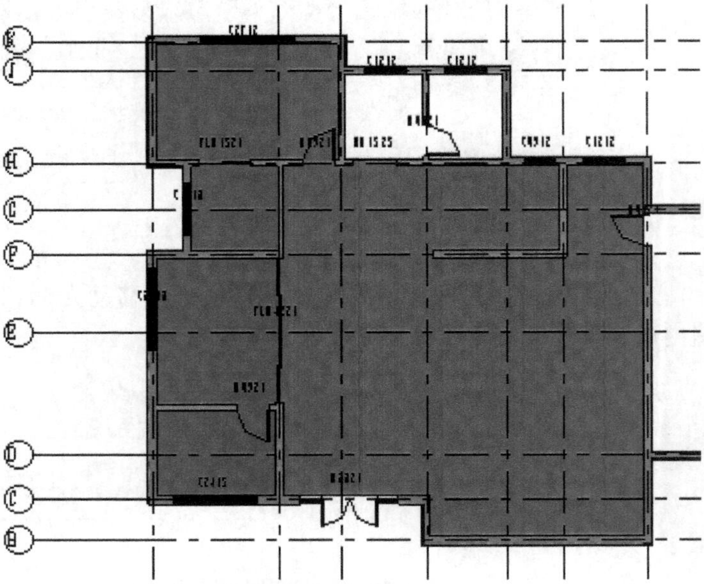　　　　图 3-45

同理，用同样的步骤绘制另两块楼板轮廓线，在类型选择器中选择【楼板：LB_150_混凝土】，单击【属性】栏，分别设置实例参数【标高】为【F1】，【自标高的高度偏移】为【-100.0】，如图 3-46，并设置【标高】为【CD】，【自标高的高度偏移】为【150.0】，单击【应用】，如图 3-47 所示。

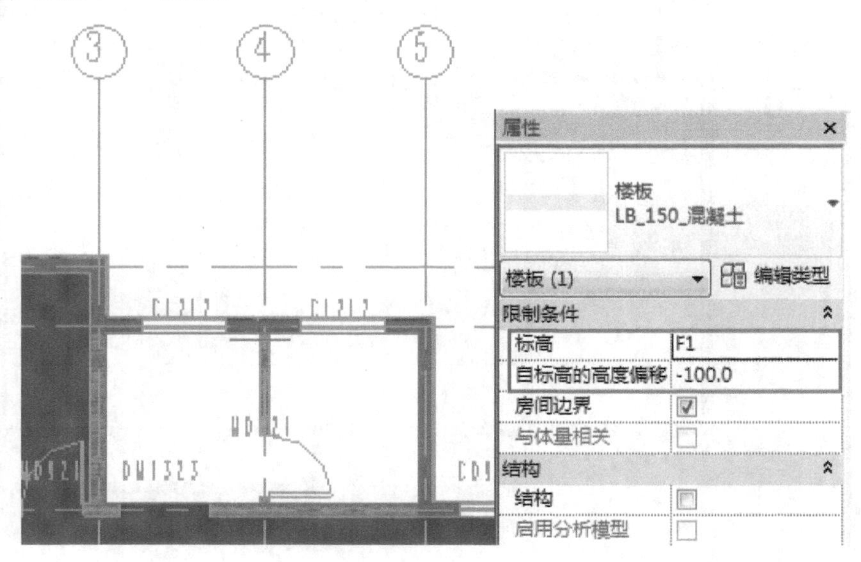

图 3-46

完成后的首层楼板模型如图 3-48 所示，保存文件。

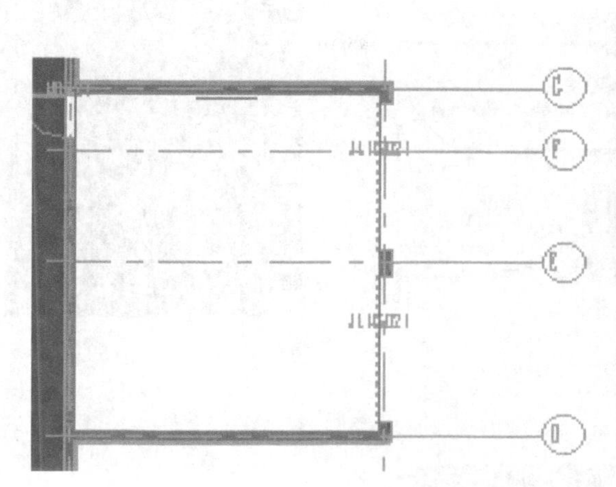
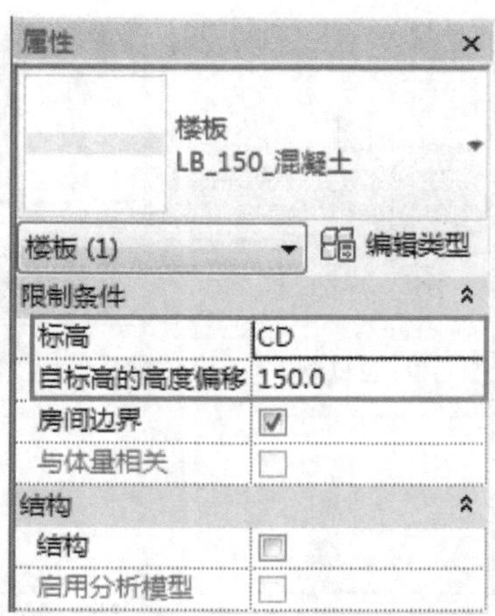

图　3-47

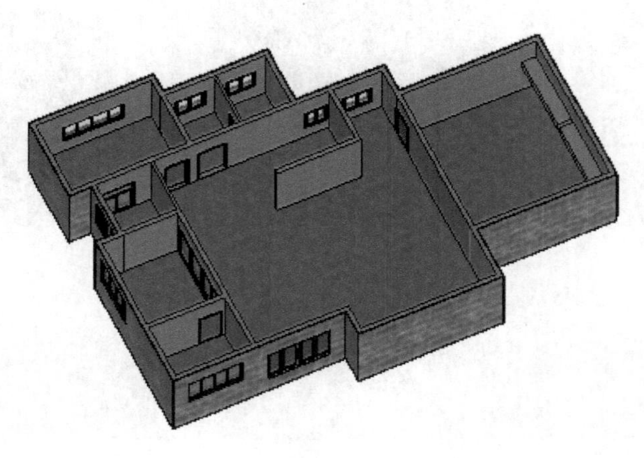

图　3-48

3.5　放置首层建筑柱

在项目浏览器中双击【楼层平面】项目下的【F1】，打开【F1】平面视图。单击【建筑】→【柱】→【建筑柱】，在类型选择器中选择柱类型【矩形柱：KZ_400×400_混凝土】，如图3-49所示。单击把柱分别放置在④轴与Ⓕ轴的交点，④轴与Ⓒ轴的交点，⑦轴与Ⓓ轴的交点，⑦轴与Ⓕ轴的交点，如图3-50所示。

按住键盘<Ctrl>键，选中所有建筑柱，修改其实例属性【底部标高】为【F1】，【顶部标高】为【F2】，如图3-51所示。

执行【修改】→【对齐】命令，使④轴与Ⓒ轴交点的建筑柱的下边缘与Ⓒ轴墙体装饰墙的上边缘对齐，右边缘④轴墙体的右边缘对齐，其他建筑柱的位置调整如图3-52所示。

完成后的建筑柱如图3-53所示，保存文件。

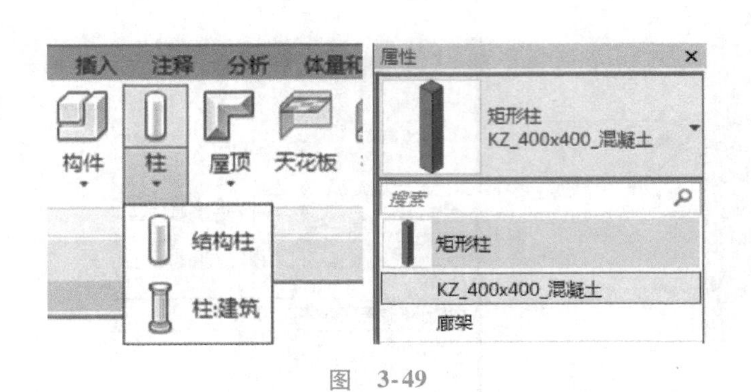

图 3-49

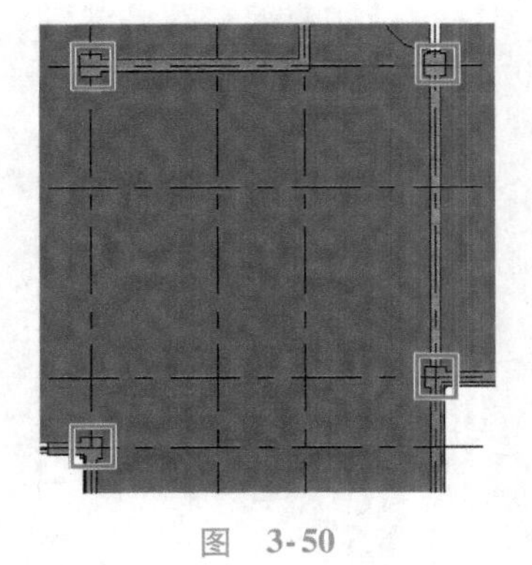

图 3-50

图 3-51

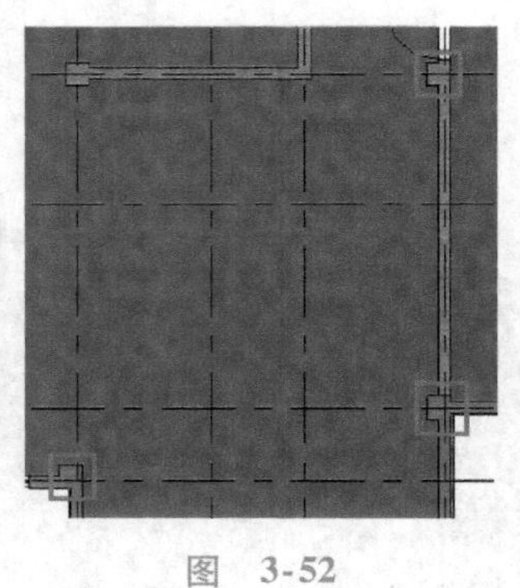

图 3-52

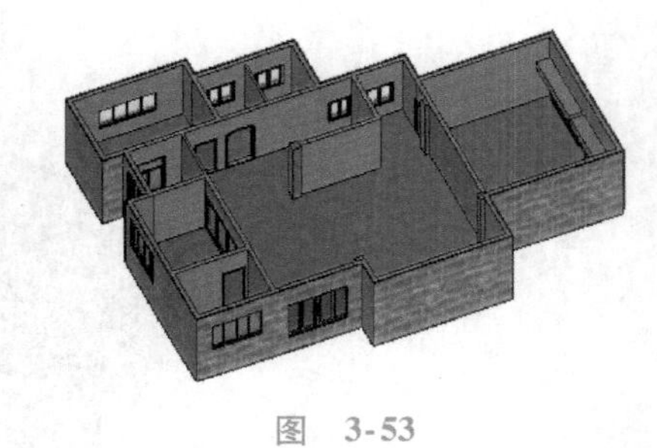

图 3-53

3.6 绘制二层墙体

3.6.1 编辑二层外墙

接上节练习，单击【项目浏览器】下【立面】→【南立面】进入视图。框选首层所有构件，如图 3-54 所示。

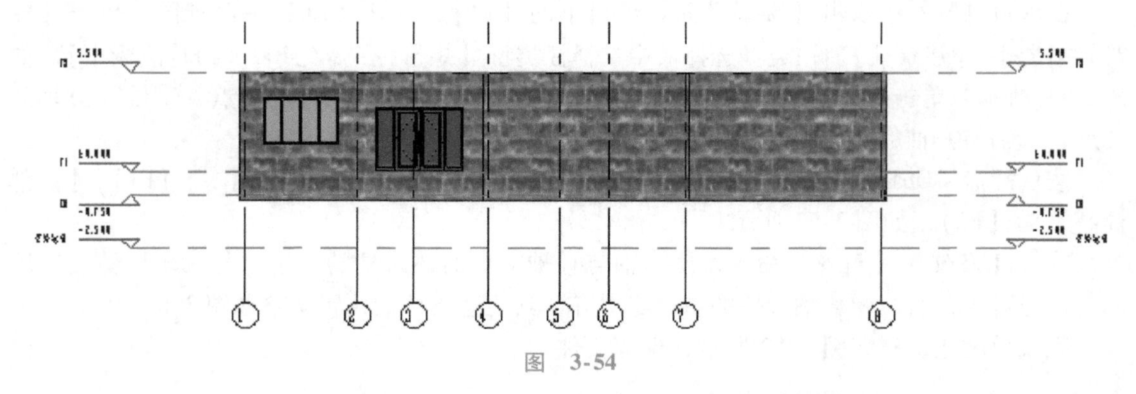

图 3-54

在构件选择状态下，选项栏单击【过滤器】工具，确保只勾选【墙】、【柱】、【楼板】、【窗】、【门】类别，单击【确定】关闭对话框，如图3-55所示。

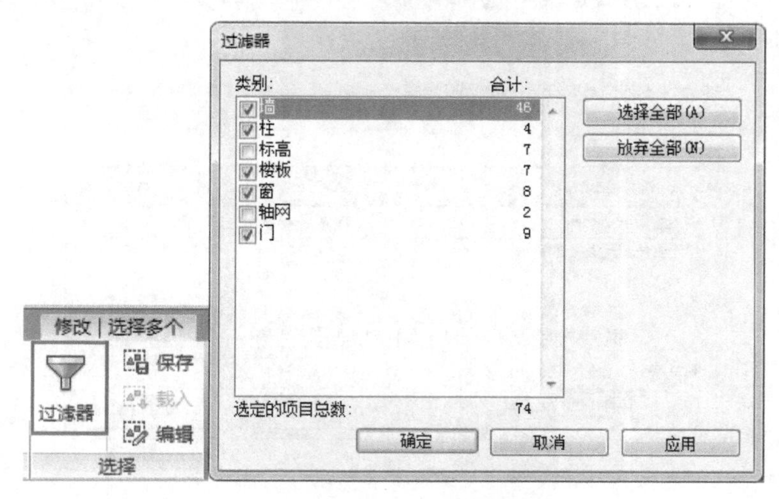

图 3-55

单击【修改】选项卡，执行【剪贴板】面板【复制到剪贴板】命令，选择【粘贴】→【与选定的标高对齐】命令，打开【选择标高】对话框，选择【F2】，单击【确定】，如图3-56所示。

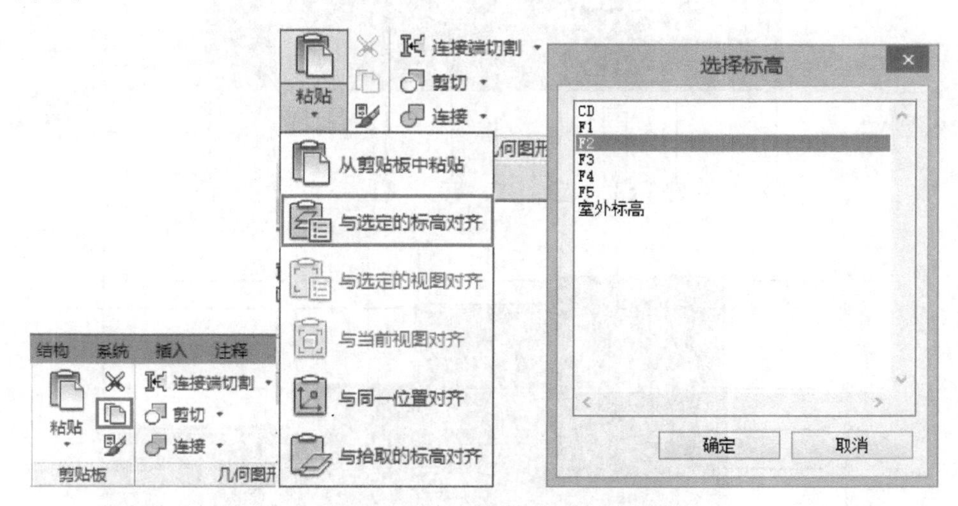

图 3-56

如出现如图3-57所示警告对话框，单击关闭按钮，在后面的操作中警告会消除；如出现如图3-58所示的对话框，单击【取消连接图元】，完成复制。

首层平面所有的构件都被复制到二层平面，如图3-59所示。

打开【F2】平面视图，执行选项卡【注释】里的【全部标记】命令，弹出【标记所有未标记的对象】对话框，选择【窗标记】，单击【应用】按钮；同理选择【门标记】，单击【应用】按钮，然后单击【确定】按钮，如图3-60所示。

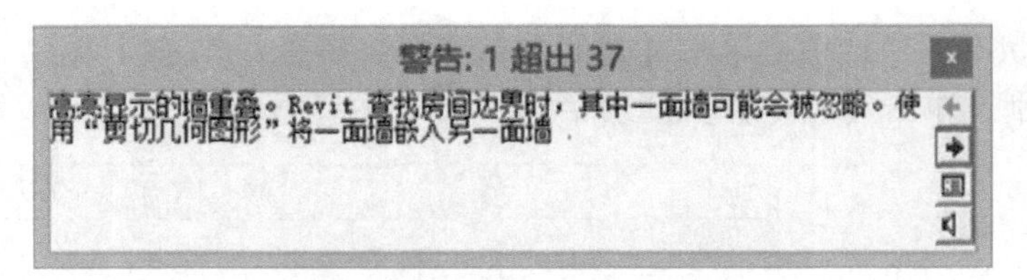

图 3-57

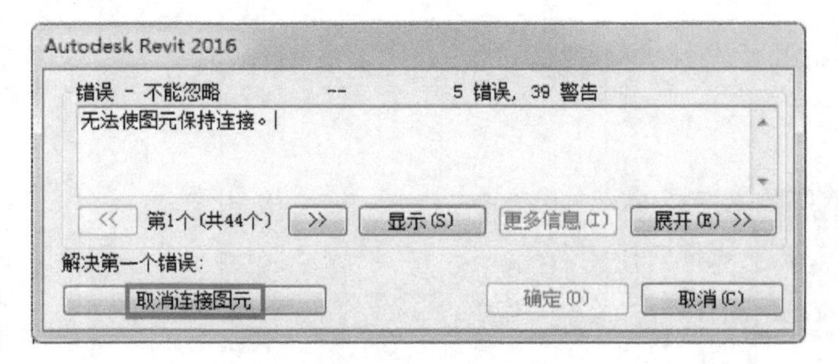

图 3-58

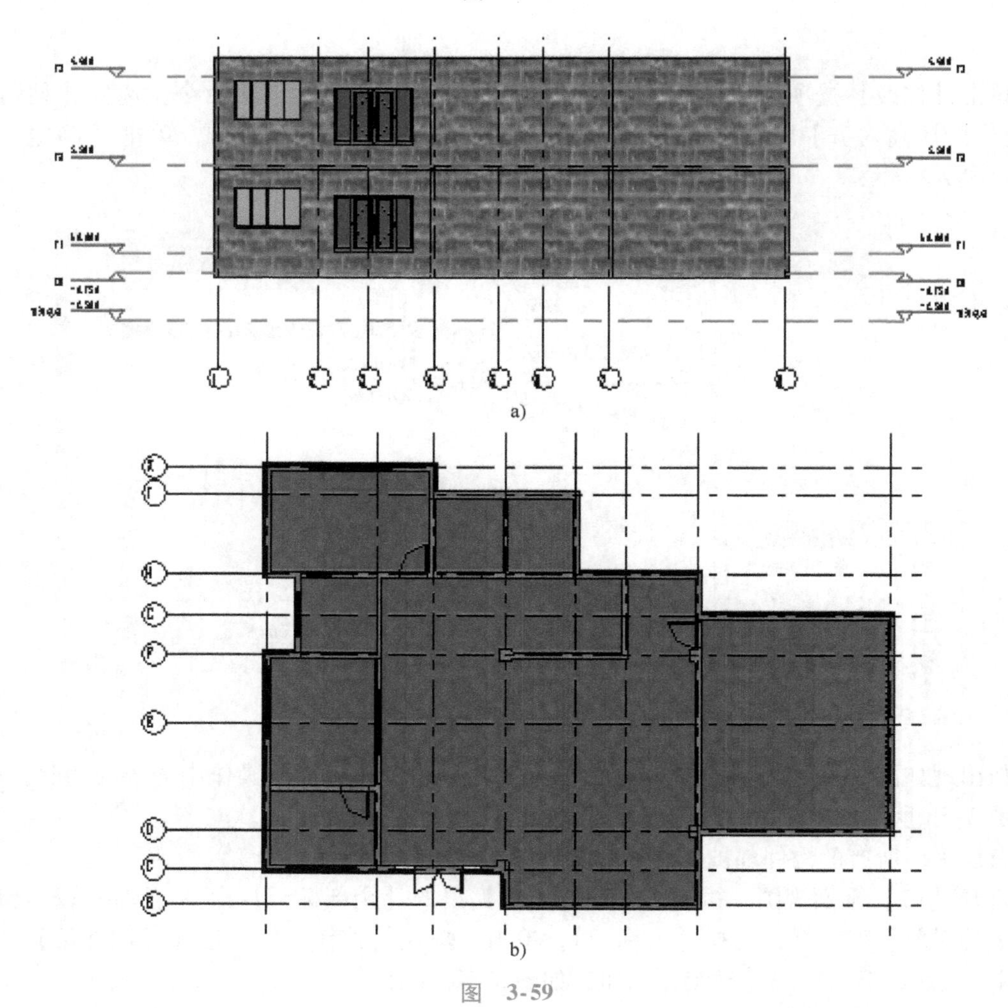

a)

b)

图 3-59

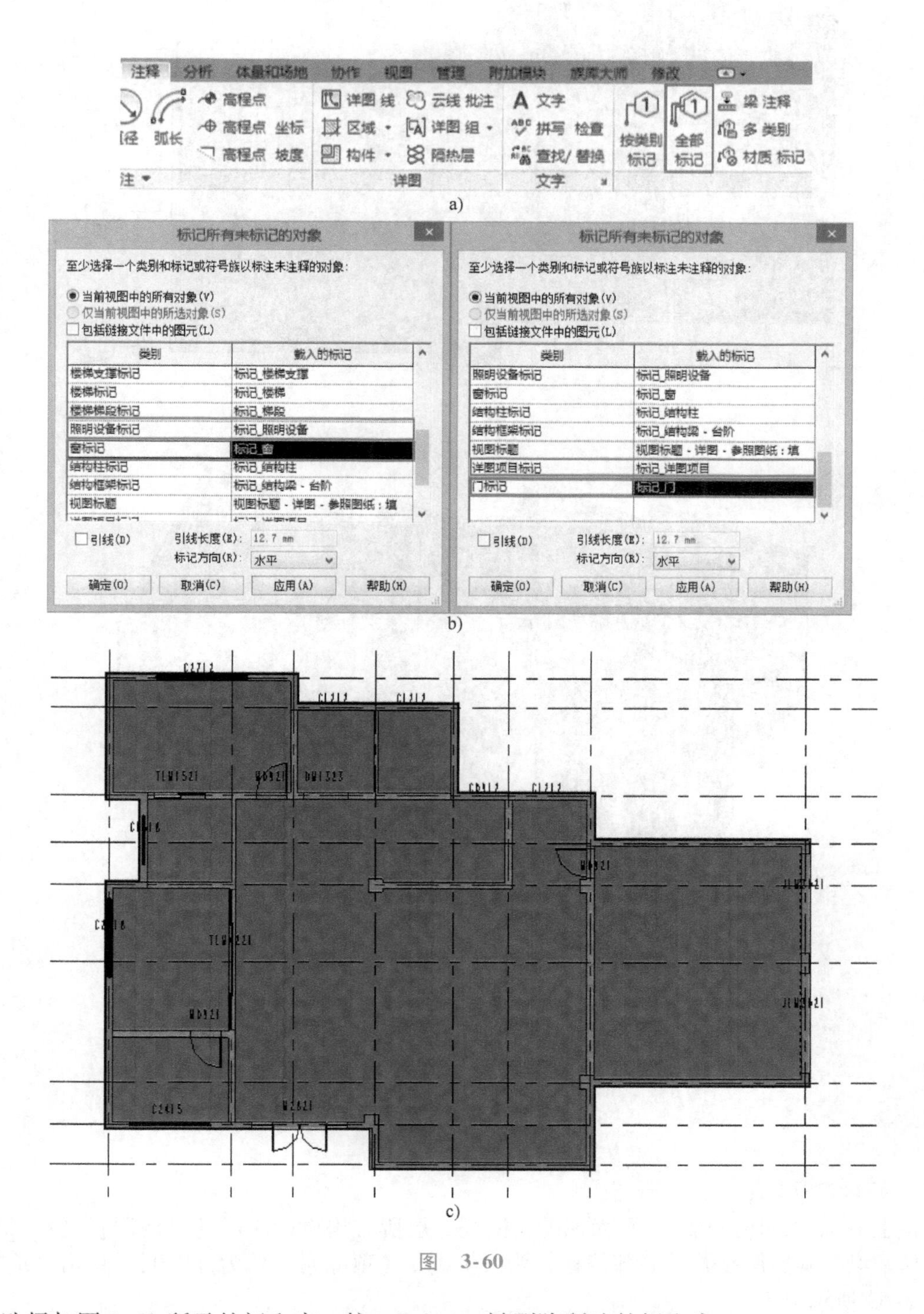

图 3-60

选择如图 3-61 所示的门和窗，按 < Delete > 键删除所选的门和窗。

三维模型如图 3-62 所示，保存文件。

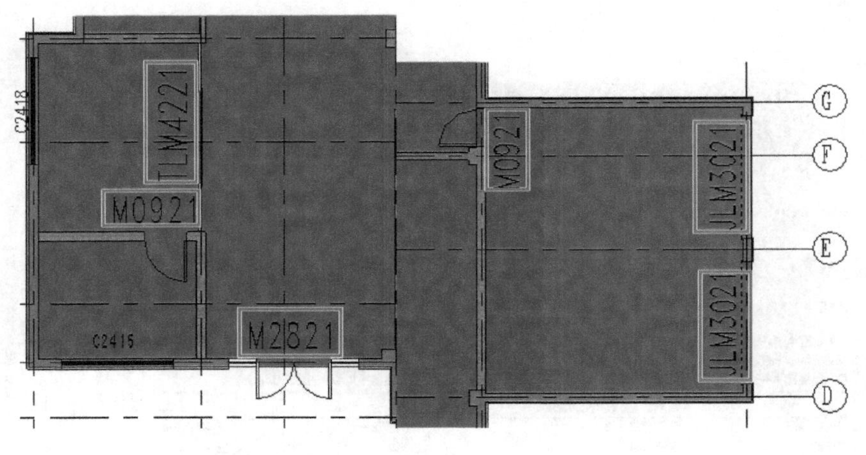

图 3-61

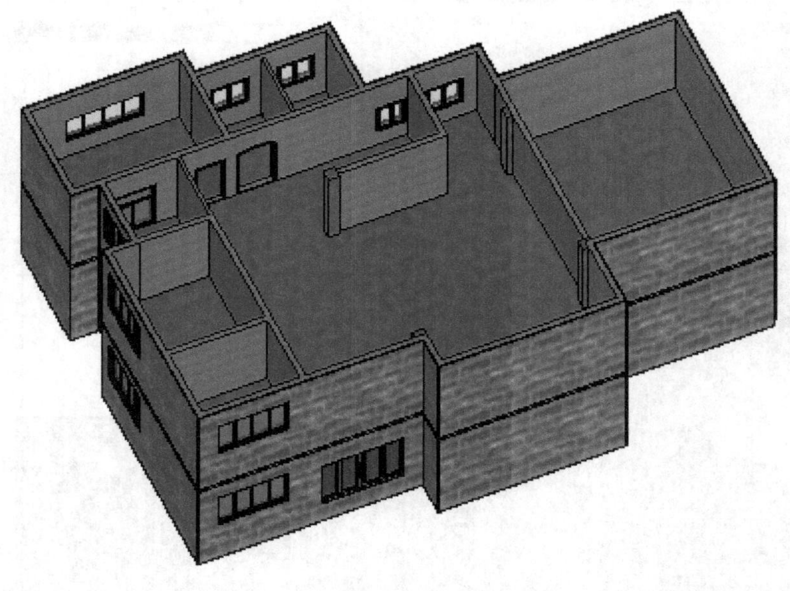

图 3-62

3.6.2 编辑二层墙体

1. 编辑二层外墙

接上节练习，切换到二层平面视图，框选二层所有构件，使用【过滤器】选择二层所有墙体，设置其实例参数【底部偏移】为【0.0】，【顶部偏移】为【0.0】，单击【应用】，如图 3-63 所示。

选择二层外墙所有的装饰墙，在类型选择器中将墙替换为【基本墙：QZ_40_砖，普通，米黄色】更新所有装饰墙类型，如图 3-64 所示。

执行【建筑】→【墙】命令，在类型选择器中选择【基本墙：WQ1_200_混凝土砌块】

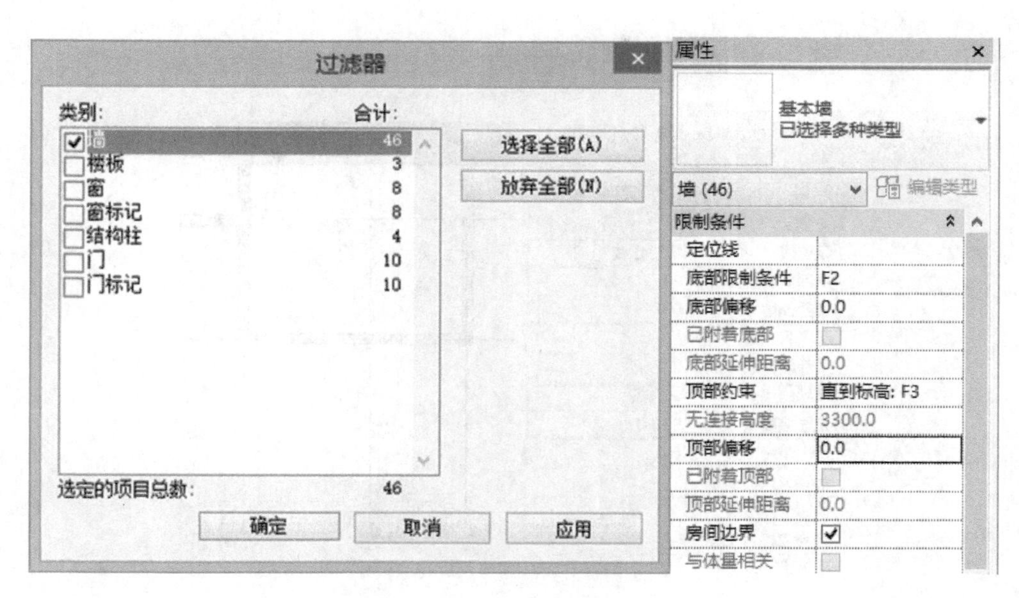

图 3-63

图 3-64

类型，在【属性】面板下设置实例参数【底部限制条件】为【F2】，【底部偏移】为【0.0】，【顶部约束】为【未连接】，【无连接高度】为【830.0】，单击【应用】，绘制如图3-65所示墙体。

执行【对齐】命令，调整所绘墙体位置，如图3-66所示。

2. 编辑二层内墙

选择如图3-67所示的墙体，修改实例参数【底部偏移】为【-100.0】，单击【应用】。

执行【建筑】→【墙】命令，在类型选择器中选择【基本墙：NQ1_200_砖，砖坯】类

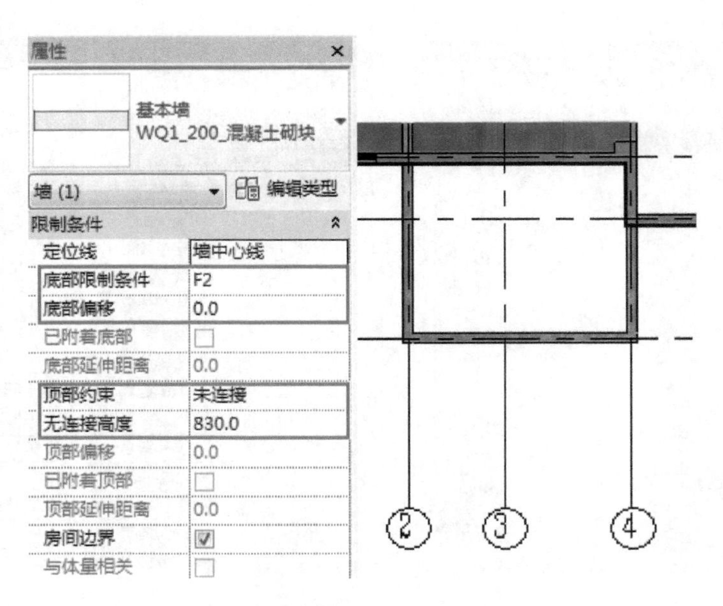

图 3-65

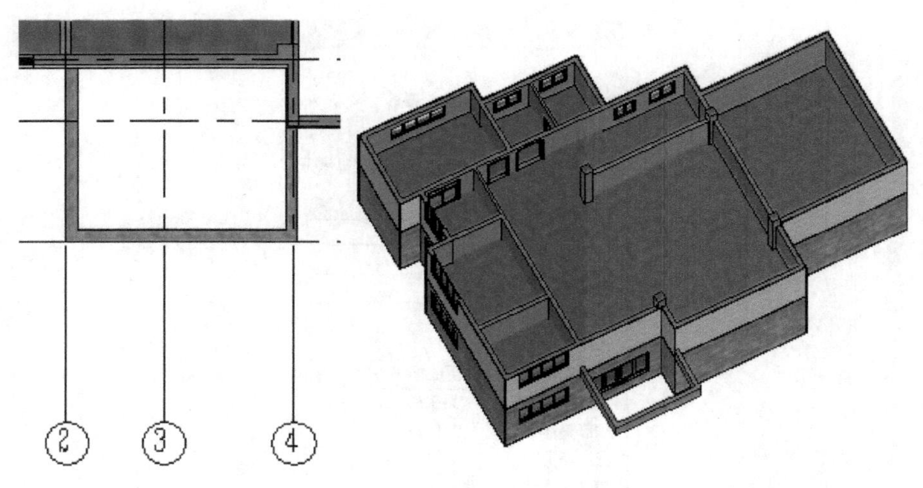

图 3-66

型，在【属性】面板下设置实例参数【底部限制条件】为【F2】，【底部偏移】为【0.0】，【顶部约束】为【直到标高：F3】，【顶部偏移】为【0.0】，单击【应用】，绘制墙体，如图3-68所示。

执行【建筑】→【墙】命令，在类型选择器中选择【基本墙：NQ2_120_砖，砖坯】类型，在【属性】面板下设置实例参数【底部限制条件】为【F2】，【底部偏移】为【0.0】，【顶部约束】为【直到标高：F3】，【顶部偏移】为【0.0】，单击【应用】，绘制墙体，绘制过程中可以利用【对齐】、【调整临时尺寸】等方式调整墙体的精确位置，如图3-69所示。

完成后的二层墙体如图3-70所示，保存文件。

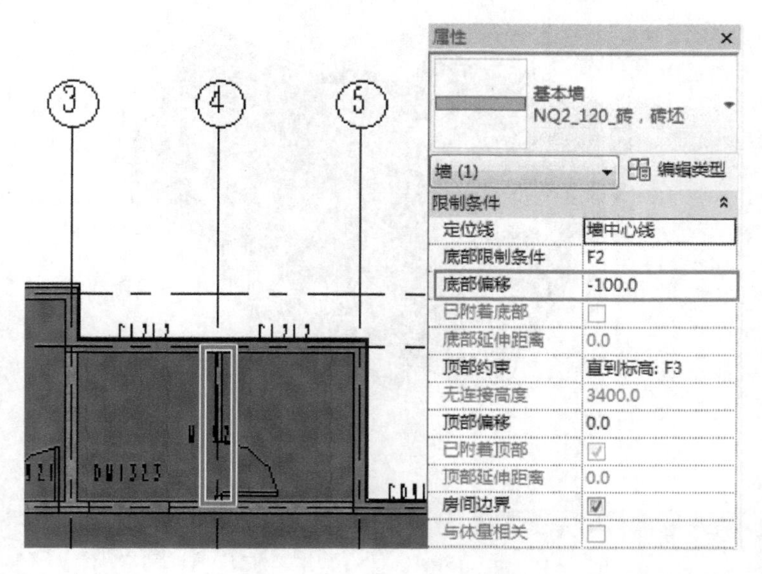

图 3-67

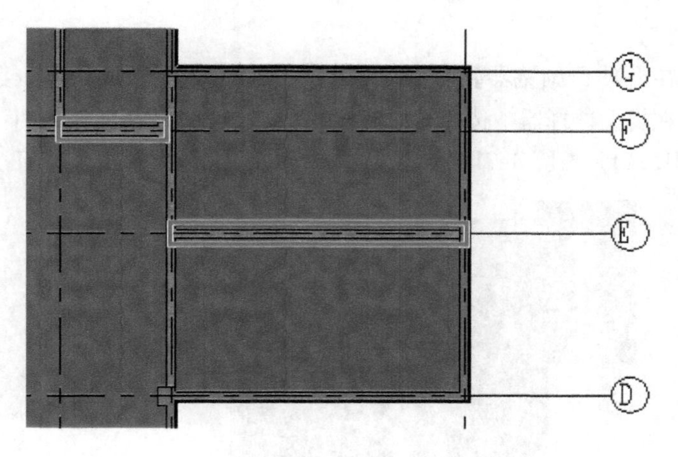

图 3-68

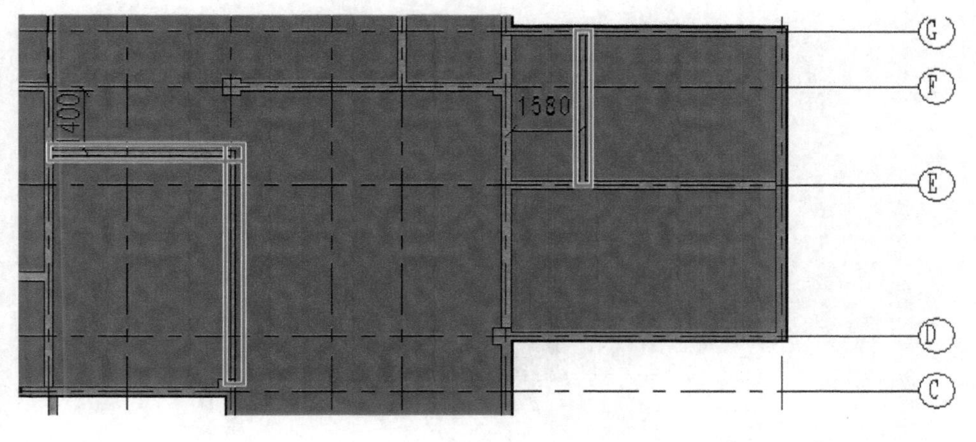

图 3-69

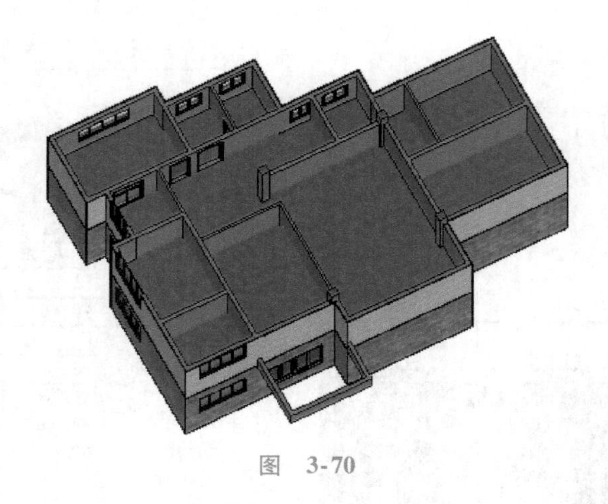

图 3-70

3.7 插入和编辑门窗

1. 插入和编辑门

接前面练习，在【项目浏览器】→【楼层平面】→鼠标双击【2F】进入楼层平面。执行【建筑】→【门】命令，在类型选择器中选择【单扇：M0921】、【双扇嵌板玻璃门：M1521】、【双扇推拉门-带亮窗：TLM1521】，按图 3-71 所示位置移动光标到墙体上单击放置门，并精确定位。

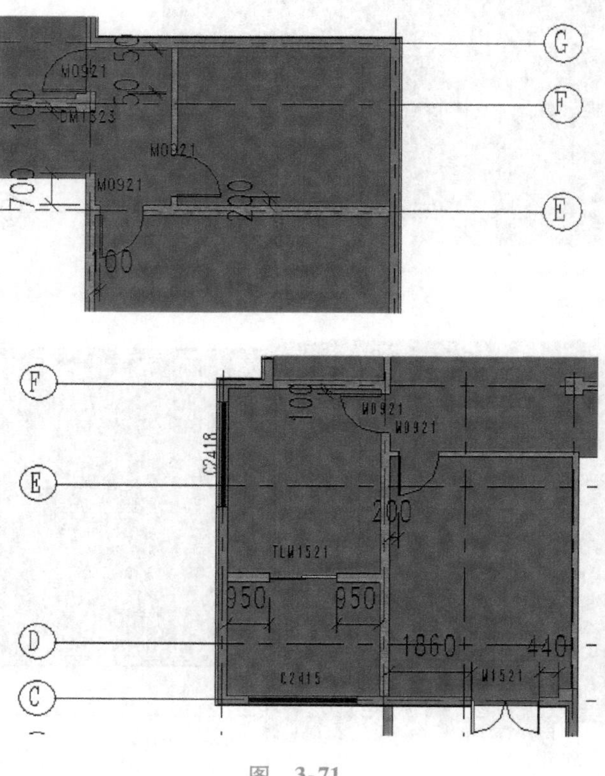

图 3-71

选择如图 3-72 所示的门 M0921，调整其实例参数【底部偏移】为【－40.0】，单击【应用】。二层其余门的【底部偏移】统一修改为【60.0】。

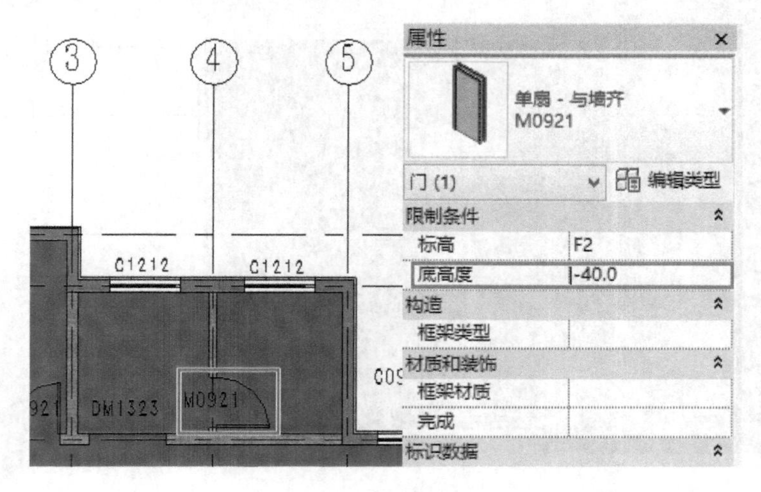

图　3-72

2. 插入和编辑窗

执行【建筑】→【窗】命令。在类型选择器中选择【四扇平开窗-无亮：C2415】、【三扇平开窗-无亮：C2415】、【四扇平开窗-无亮：C1515】，按图 3-73 所示位置移动光标到墙体上单击放置窗，并精确定位。

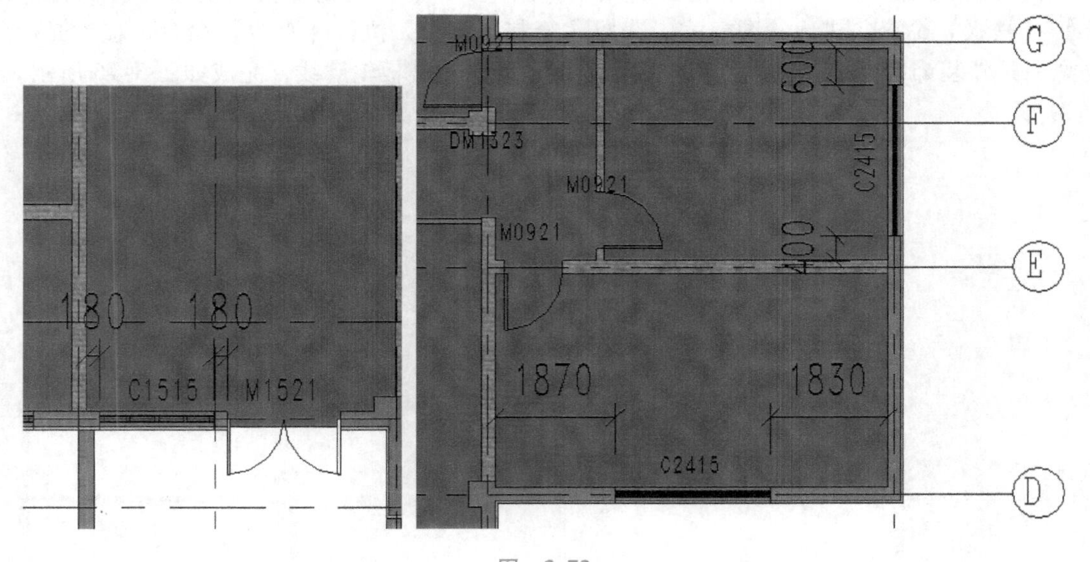

图　3-73

编辑窗台高：单击如图 3-74 所示的窗【C0912】、【C1212】，在【属性】栏中，设置实例参数【底高度】值为【750.0】；单击如图 3-74 所示的窗【C2415】，设置实例参数【底高度】值为【860.0】，调整窗户的窗台高。其余位置窗的【底高度】值调整为【960.0】，保存文件。

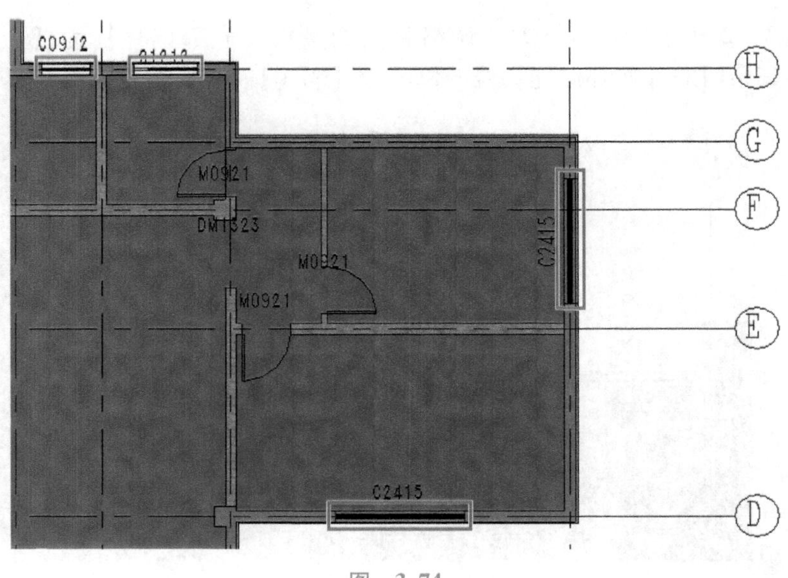

图 3-74

3.8 绘制二层楼板

利用鼠标配合 < Ctrl > 选中所有的楼板，按 < Delete > 键删除所有的楼板。执行【建筑】→【楼板】命令，进入绘图模式，选择【绘制】面板，执行【直线】命令，移动光标到任意一条外装饰墙内边线上，沿着外装饰墙内边线创建楼板轮廓线，完成如图 3-75 所示。

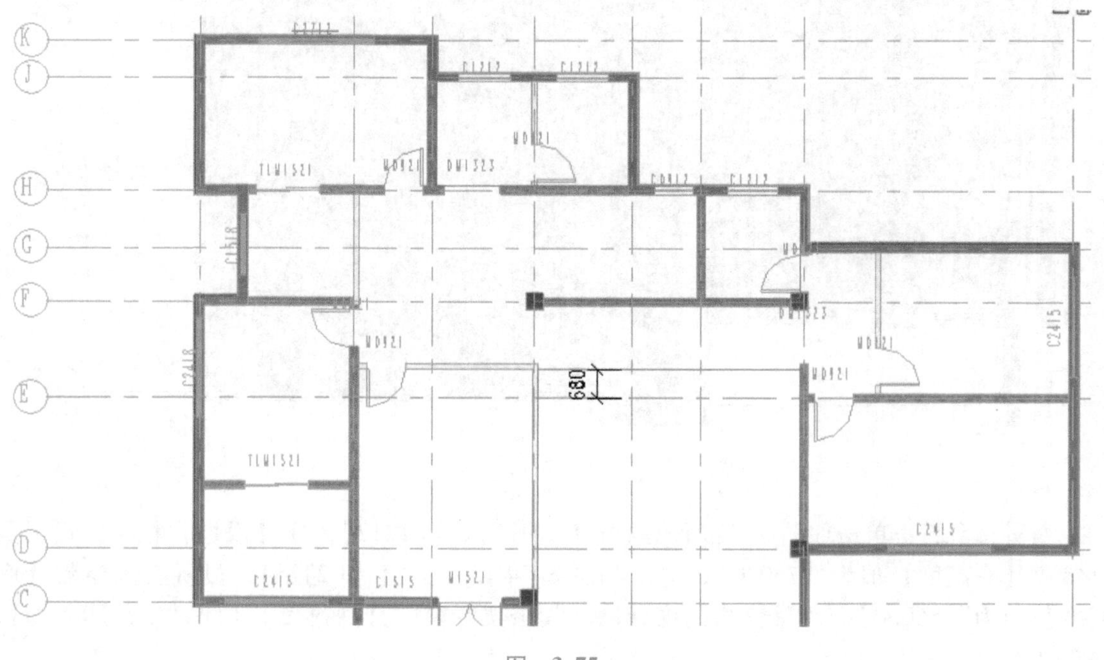

图 3-75

在类型选择器中选择【楼板：LB_150_混凝土】，单击【属性】栏，设置实例参数【标高】为【F2】，【自标高的高度偏移】为【0.0】，单击【应用】，如图3-76所示。

执行【完成绘制】命令完成楼板创建，弹出如图3-77所示的对话框，单击【是】，弹出如图3-78所示的对话框，同时所绘制的楼板高亮显示，选择【分离目标】选项，完成楼板绘制。

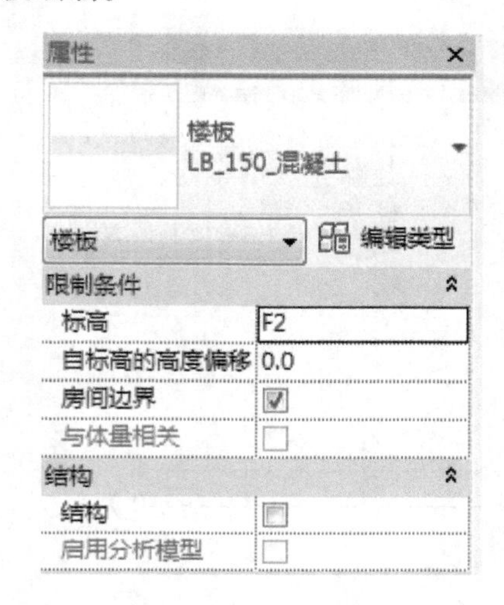

图　3-76

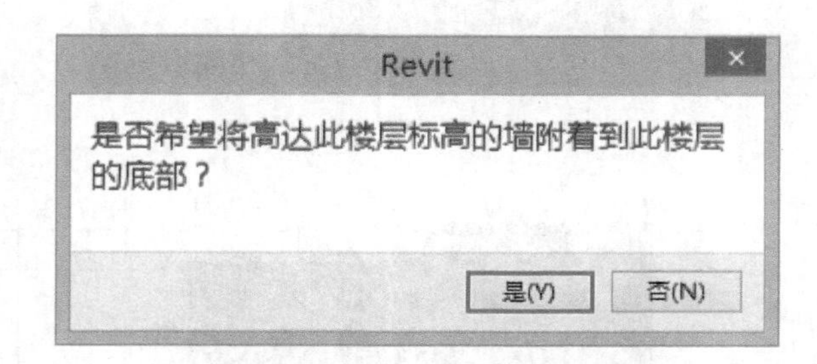

图　3-77

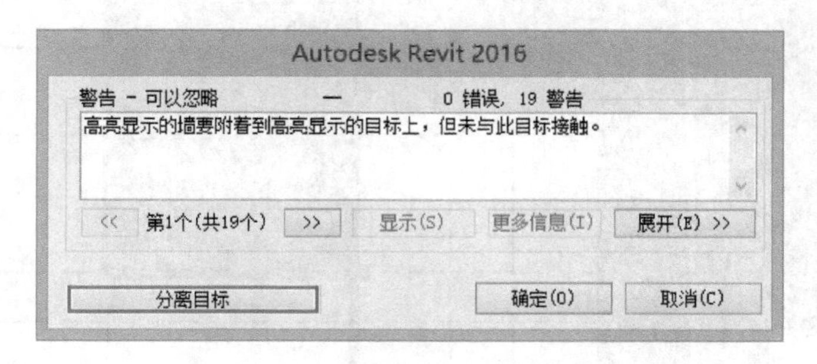

图　3-78

接上面练习，在【建筑】选项卡中执行【楼板】→【矩形】命令，在类型选择器中选择【楼板：LB_150_混凝土】楼板类型，修改其实例参数【自标高的高度】改为【-100.0】，绘制如图3-79所示两块楼板轮廓。

单击完成轮廓绘制，弹出如图3-77、图3-78所示的对话框，分别选择【是】和【分离目标】，完成楼板绘制。用同样的方法绘制如图3-80所示的楼板轮廓，调整其实例参数【自标高的高度】改为【0.0】，单击完成命令，弹出如图3-77所示的对话框，单击【否】，完成楼板绘制。

完成后的楼板如图3-81所示，保存文件。

选择【修改】选项卡，单击【拆分图元】命令，对墙体进行拆分，如图3-82所示。

选择如图3-83所示的墙体基墙，修改其实例参数【底部偏移】为【-100.0】，保存文件。

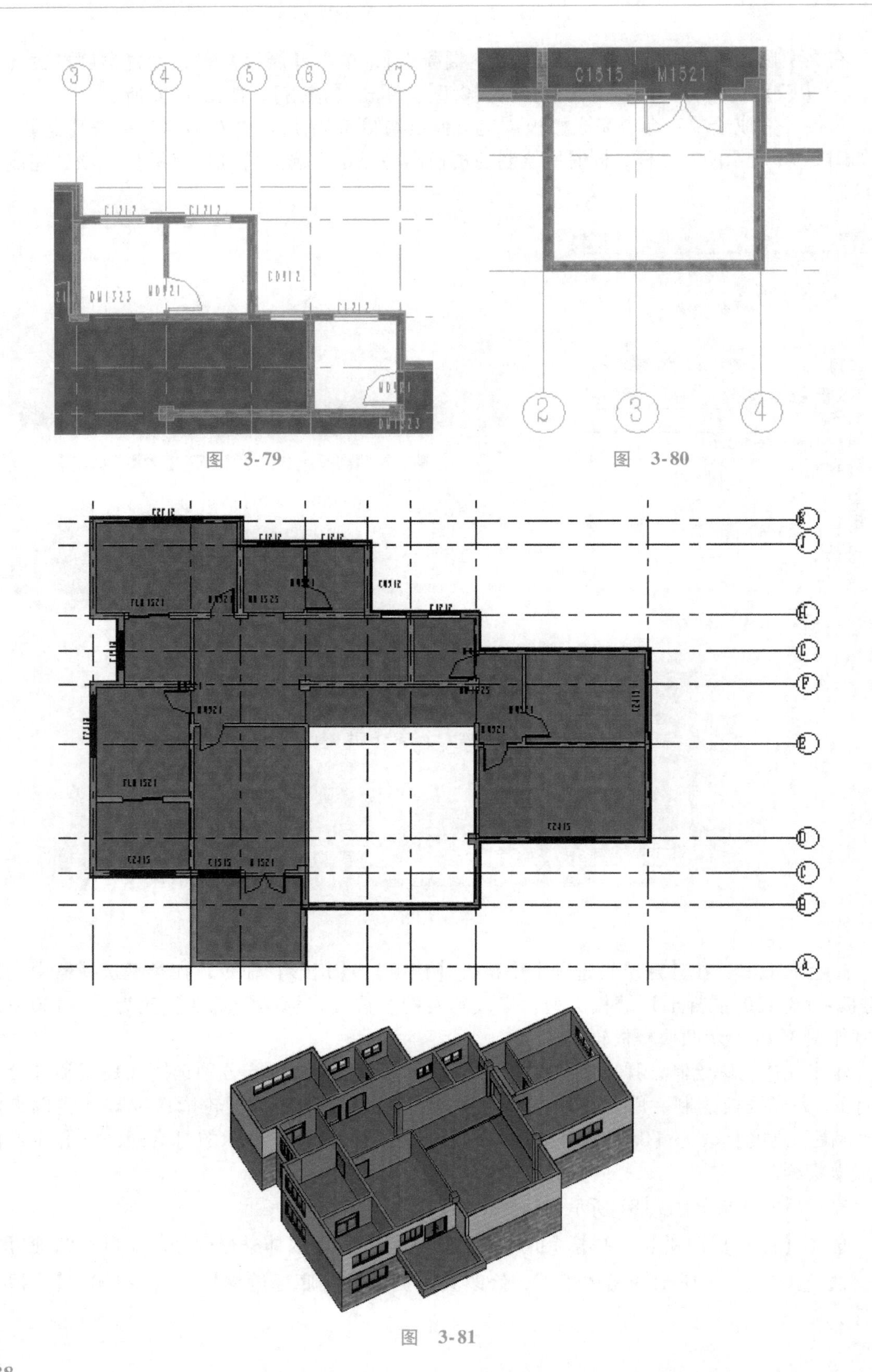

图 3-79

图 3-80

图 3-81

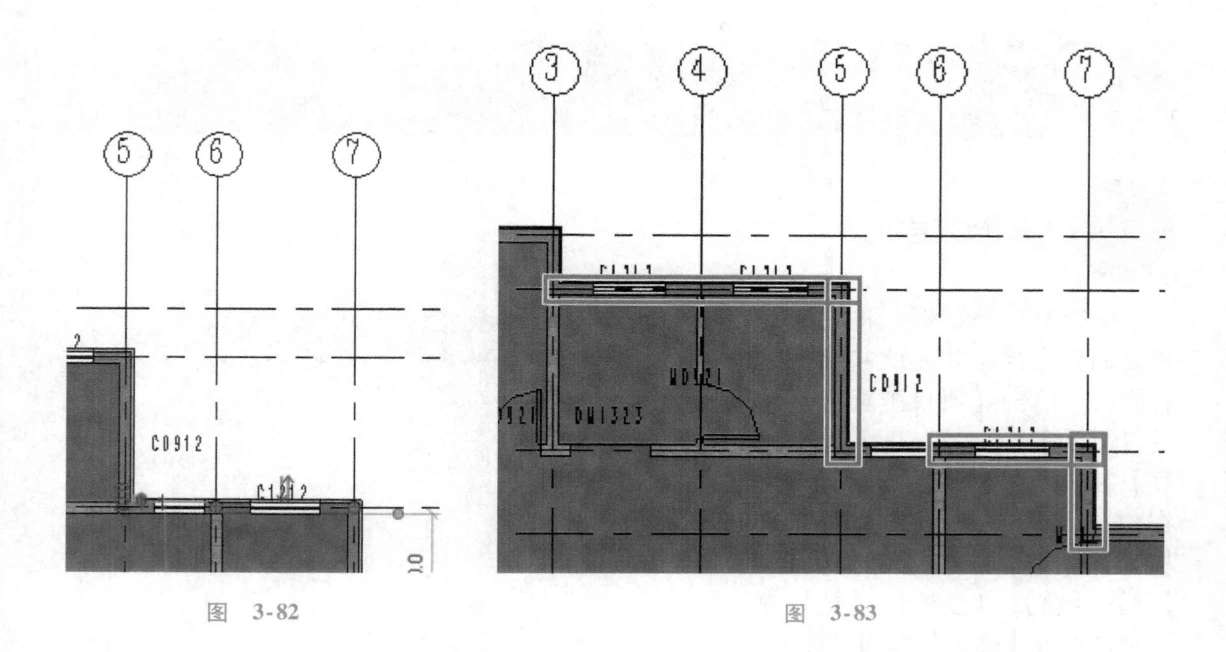

图 3-82

图 3-83

3.9 编辑二层建筑柱

打开【F2】平面视图，按住键盘<Ctrl>键，选中所有建筑柱，修改其实例属性【底部标高】为【F2】，【顶部标高】为【F3】，如图3-84所示。

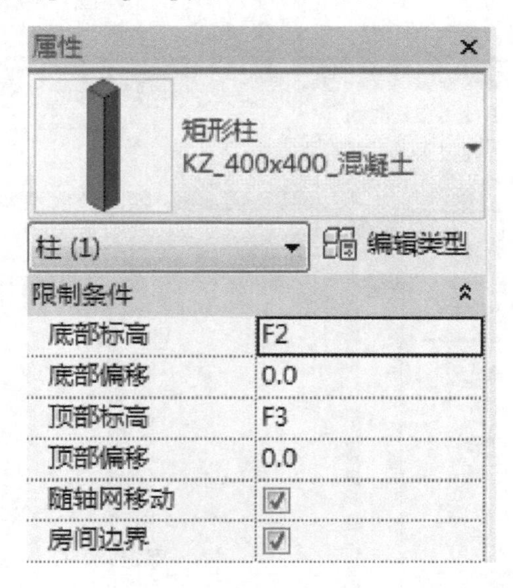

图 3-84

3.10 绘制三层墙体

3.10.1 复制二层墙体

绘制三层墙体时，将二层构件复制到三层，并在此基础上进行修改。单击【项目浏览器】中的【立面】→【南】，进入【南立面】视图。框选二层所有构件，在构件状态下，选项栏中单击【过滤器】工具，确保勾选【墙】、【门】、【窗】、【楼板】、【柱】等类别，单击【确定】关闭对话框，如图 3-85 所示。

执行【复制到粘贴板】命令，然后执行【粘贴】→【与选定的标高对齐】命令，打开【选择标高】对话框，单击选择【F3】，单击【确定】，如图 3-86 所示。

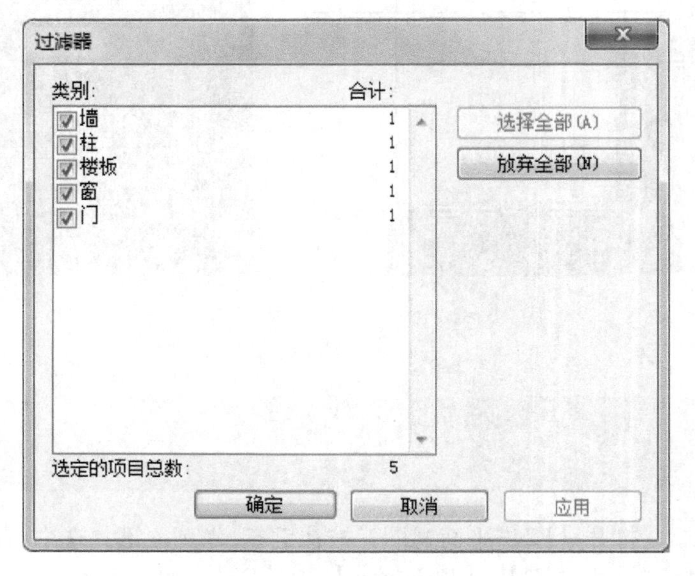

图 3-85

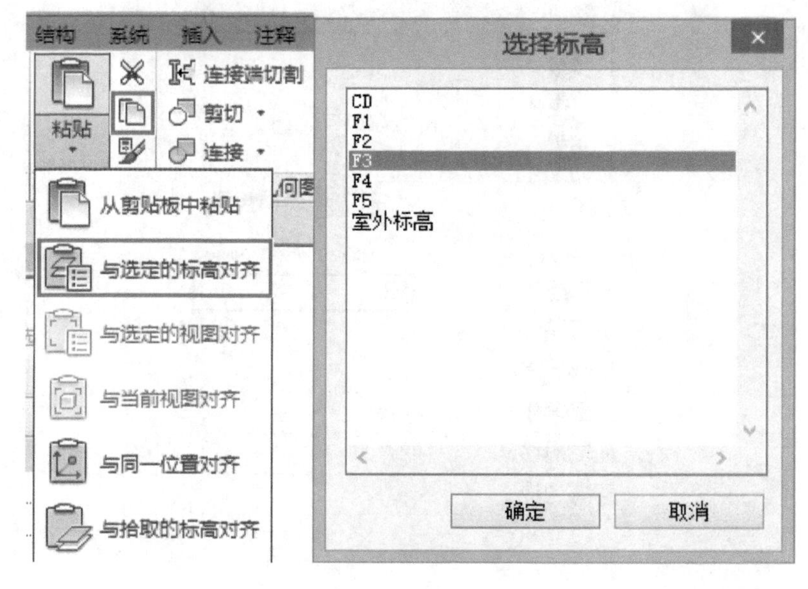

图 3-86

弹出如图 3-87 所示的对话框，单击【关闭】按钮。

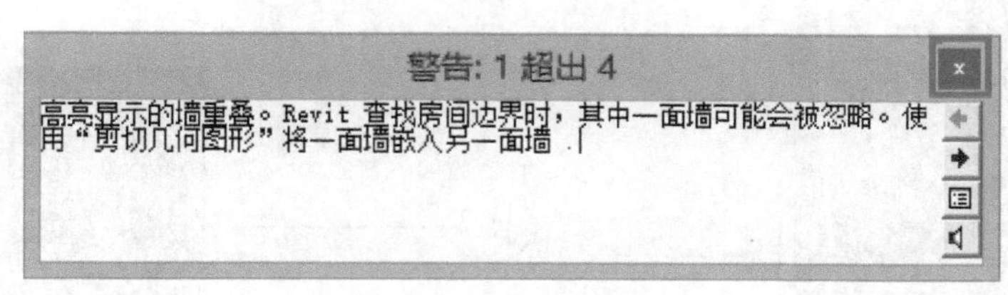

图 3-87

二层平面所有构件都被复制到三层平面，如图 3-88 所示。

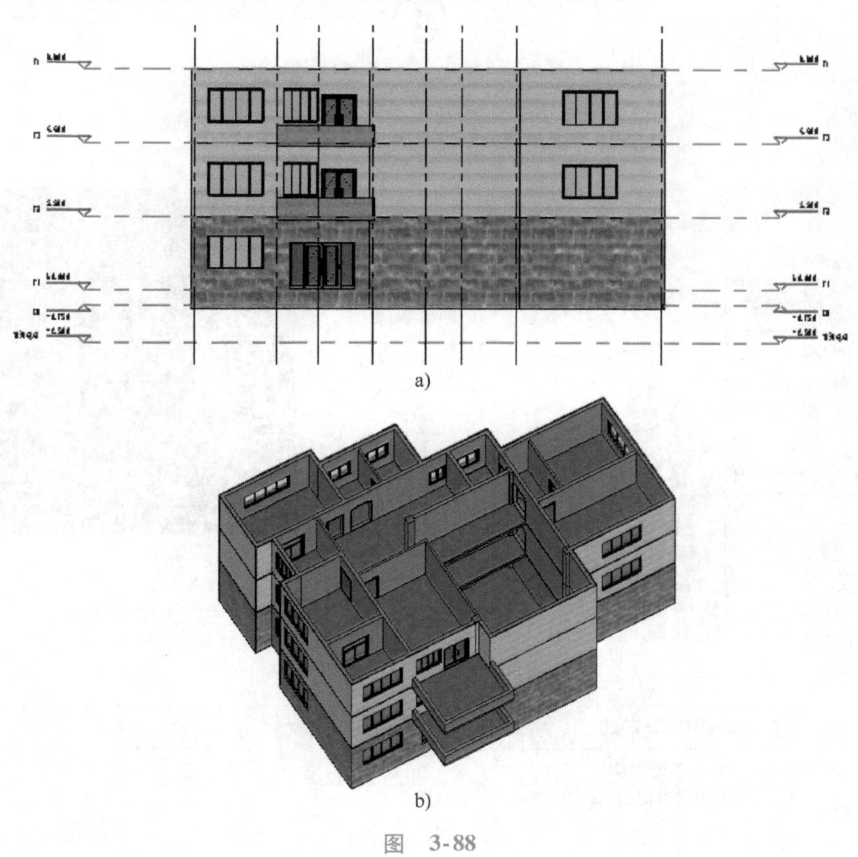

a)

b)

图 3-88

3.10.2 编辑三层外墙

将视图切换到三层平面视图，按住 <Ctrl> 键连续单击如图 3-89 所示的三道墙体和楼板，按 <Delete> 键删除。

执行【修改】→【拆分图元】命令，拆分装饰墙和基墙，然后按 <Delete> 键删除如图 3-90所示的两段装饰墙，同时调整如图 3-91 所示的两段基墙的实例参数【顶部约束】为【未连接】，【无连接高度】为【900.0】，单击【应用】，弹出如图 3-92 所示对话框，单击【删除实例】按钮。

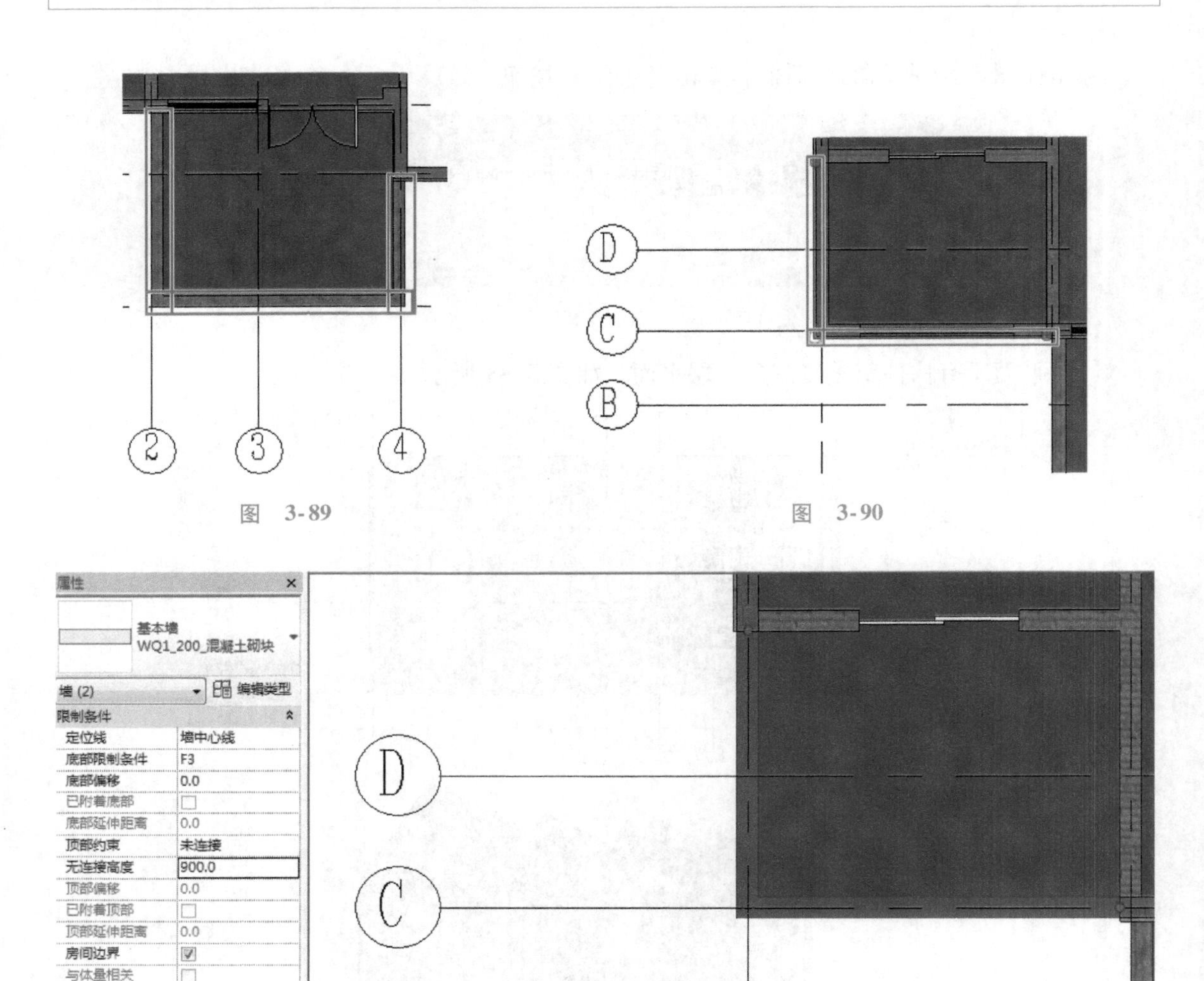

图 3-89

图 3-90

图 3-91

Autodesk Revit 2016

错误 - 不能忽略

不能从墙外剪切 C2415 的实例。

显示(S)　更多信息(I)　展开(E) >>

删除实例　确定(O)　取消(C)

图 3-92

执行【建筑】→【墙】命令，在类型选择器中选择【基本墙：QZ_40_砖，普通，米黄色】类型，在【属性】栏设置实例参数【底部限制条件】为【F3】，【顶部约束】为【F4】，【定位线】为【面层面：内部】，单击【应用】。执行【绘制】→【直线】命令，按如图 3-93 所示的位置绘制墙体。

配合 < Ctrl > 键选择如图 3-94 所示的墙体，按 < Delete > 键删除。

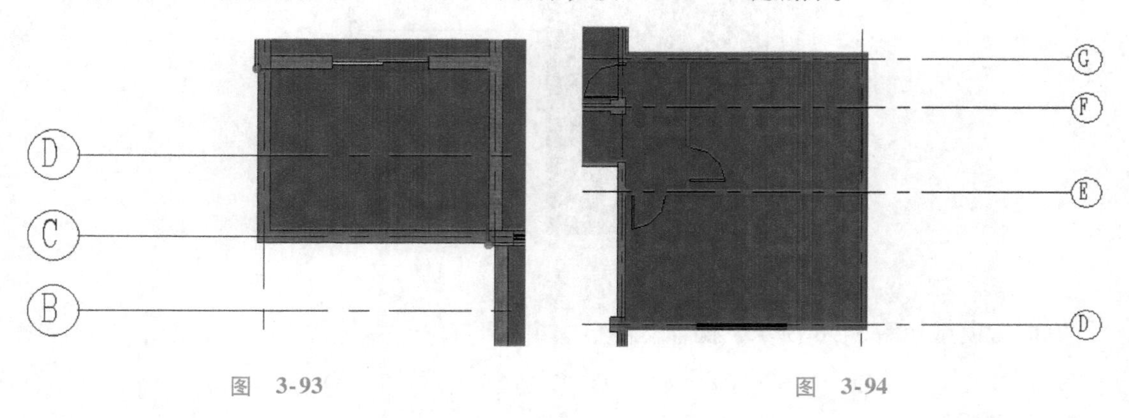

图　3-93　　　　图　3-94

执行【建筑】→【墙】命令，在类型选择器中选择【基本墙：WQ1-200_混凝土砌块】类型，在【属性】栏设置实例参数【底部限制条件】为【F3】，【底部偏移】为【－90.0】；【顶部约束】为【未连接】，【无连接高度】为【1000.0】，单击【应用】。执行【绘制】→【直线】命令，按如图 3-95 所示的位置绘制墙体。绘制过程中会弹出如图 3-96 所示的【警告】对话框，不需管，继续绘制。

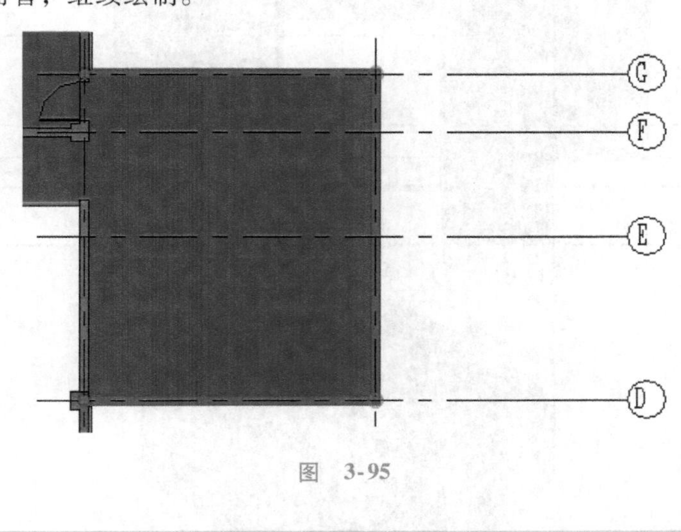

图　3-95

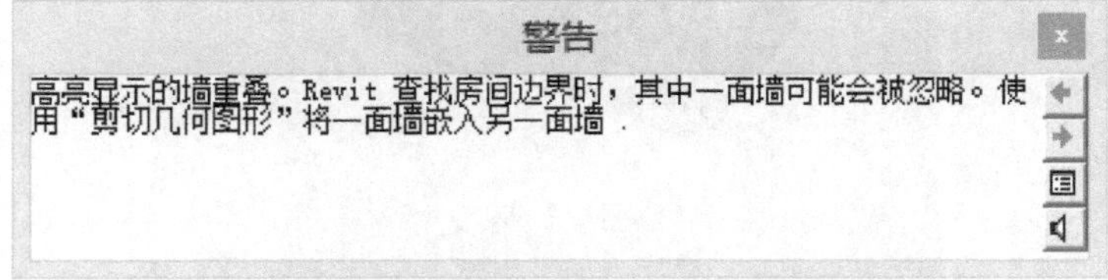

图　3-96

用同样的方法绘制如图 3-97 所示的装饰墙，在【属性】栏设置实例参数【底部限制条件】为【F3】，【底部偏移】为【0.0】；【顶部约束】为【直到标高：F4】，【顶部偏移】为【0.0】，单击【应用】。

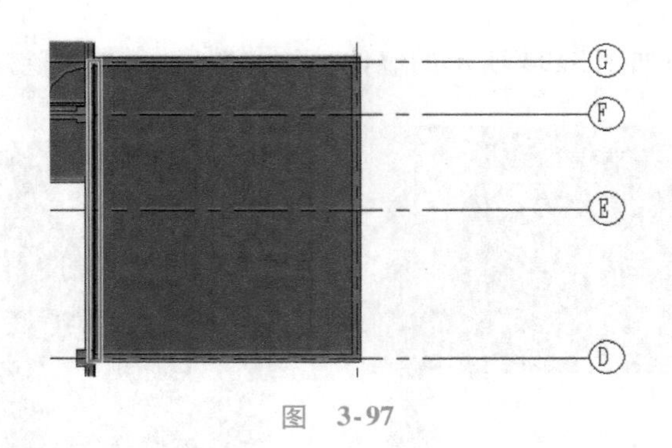

图 3-97

完成后模型如图 3-98 所示，保存文件。

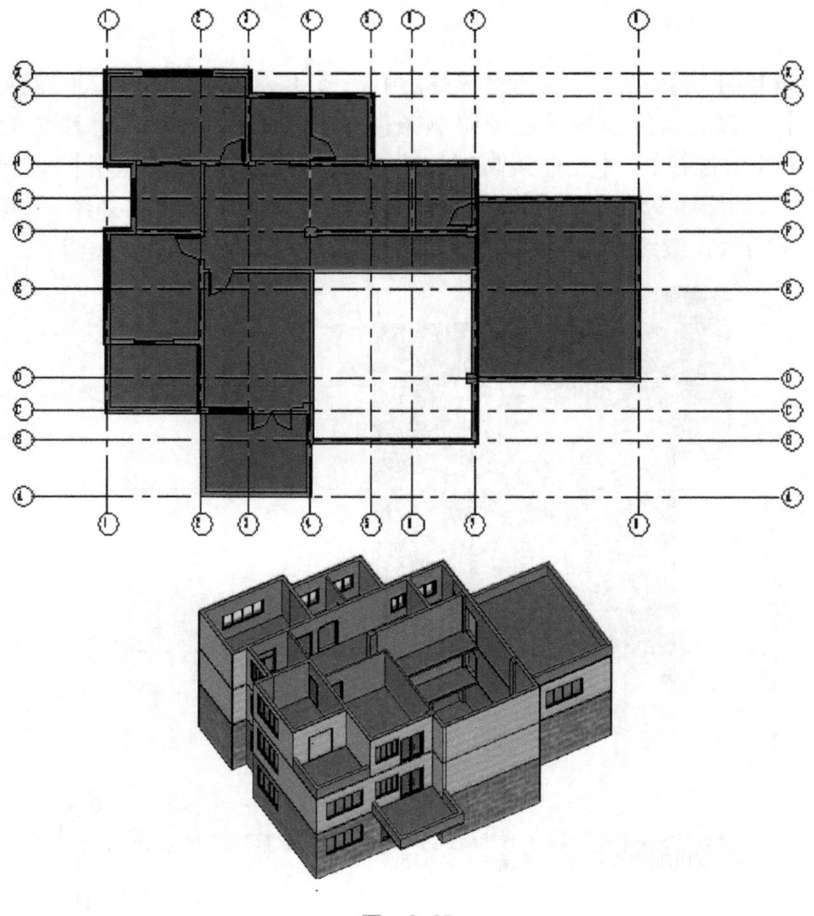

图 3-98

3.11 插入和编辑门窗

在项目浏览器中【楼层平面】项下双击【3F】，进入三层平面视图。删除如图 3-99 所示的门和窗。

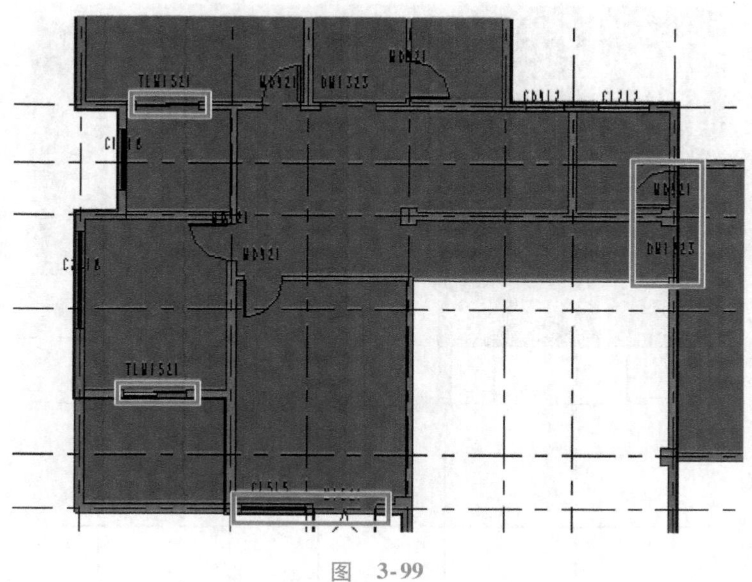

图 3-99

执行【建筑】→【门】命令，在类型选择器中选择【单扇-与墙齐：M0921】、【双扇嵌板玻璃门：M1521】、【双扇推拉门-带亮窗】类型，门的实例参数【低高度】统一为【60.0】，按图3-100所示位置在墙体上单击放置门，并精确定位。执行【修改】→【连接几何图形】命令，连接门类型【双扇嵌板玻璃门：M1521】、【单扇-与墙齐：M0921】所在墙体的基墙和装饰墙。

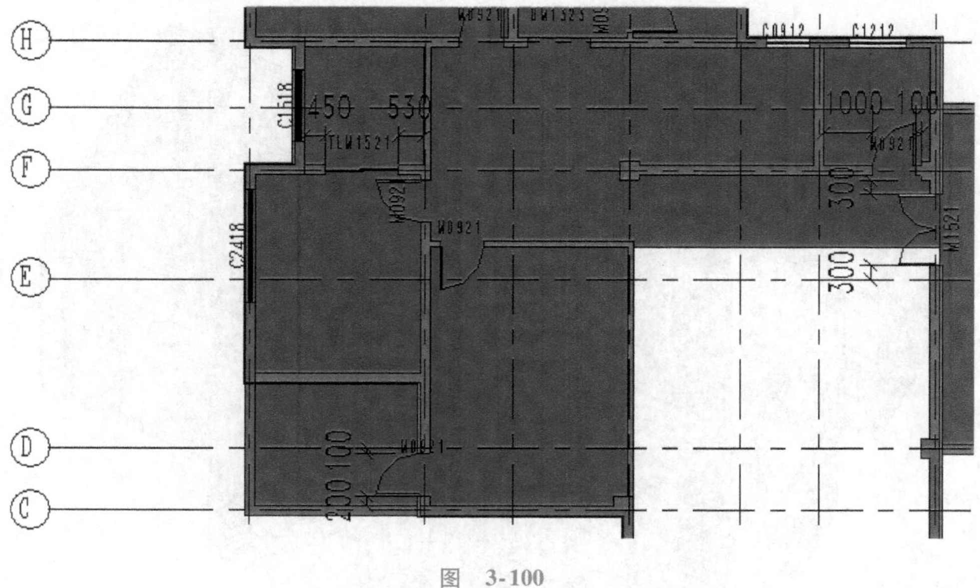

图 3-100

执行【建筑】→【窗】命令，在类型选择器中选择【四扇平开窗-无亮：C2415】类型，调整其实例参数【底高度】为【960.0】，按图3-101所示位置在墙体上单击放置窗，并精确定位。

完成后三维图如图3-102所示，保存文件。

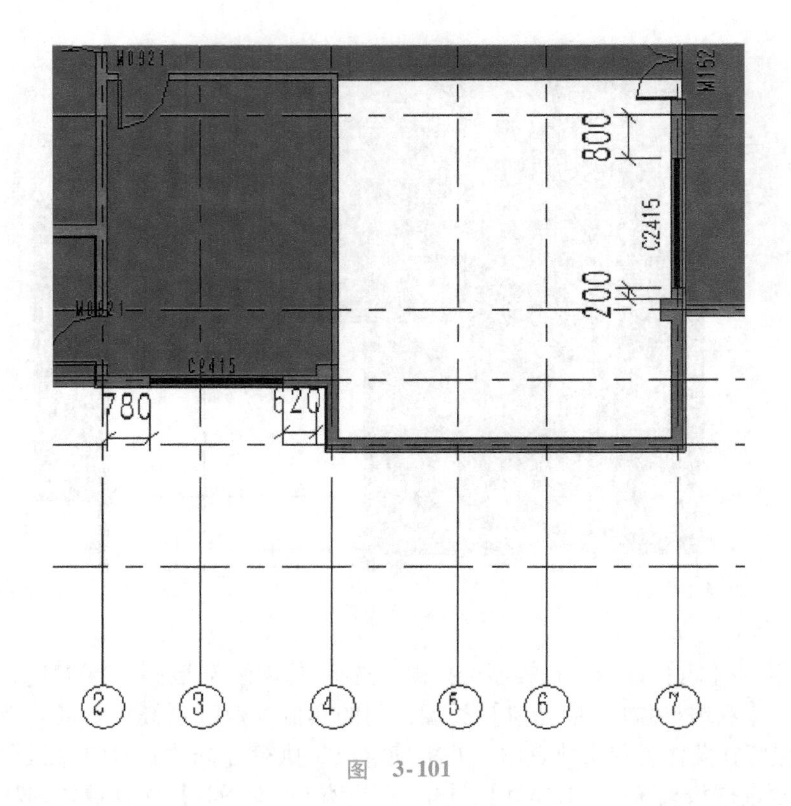

图 3-101

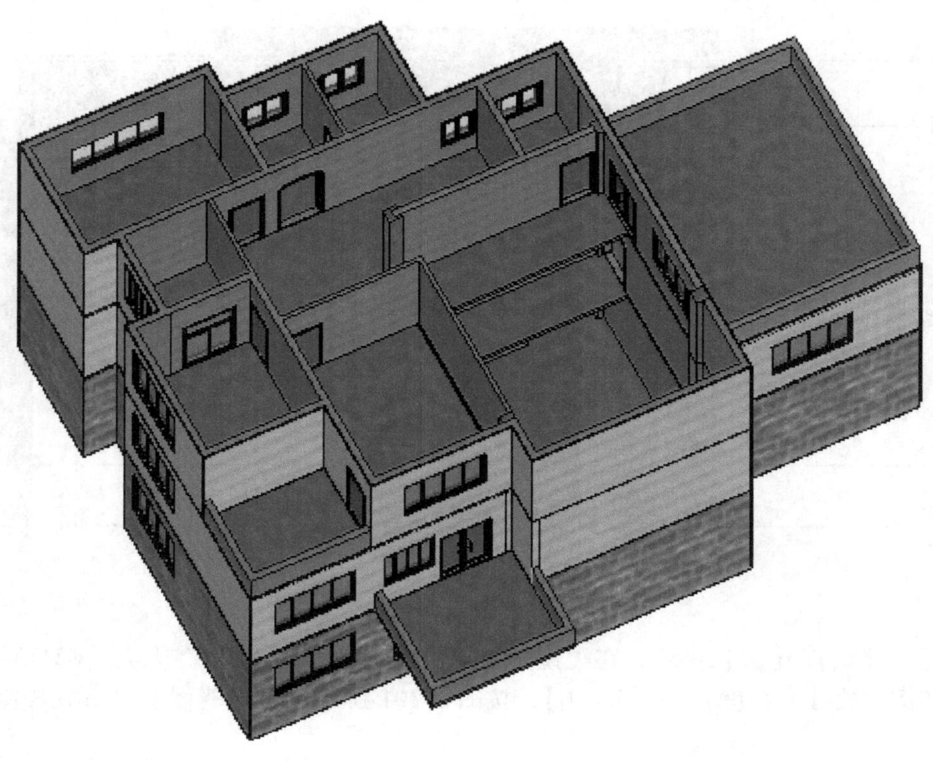

图 3-102

3.12 绘制三层楼板

接下来绘制三层楼板。双击项目浏览器中的【F3】打开三层平面视图。选择如图 3-103 所示的两块楼板，按 < Delete > 键进行删除。

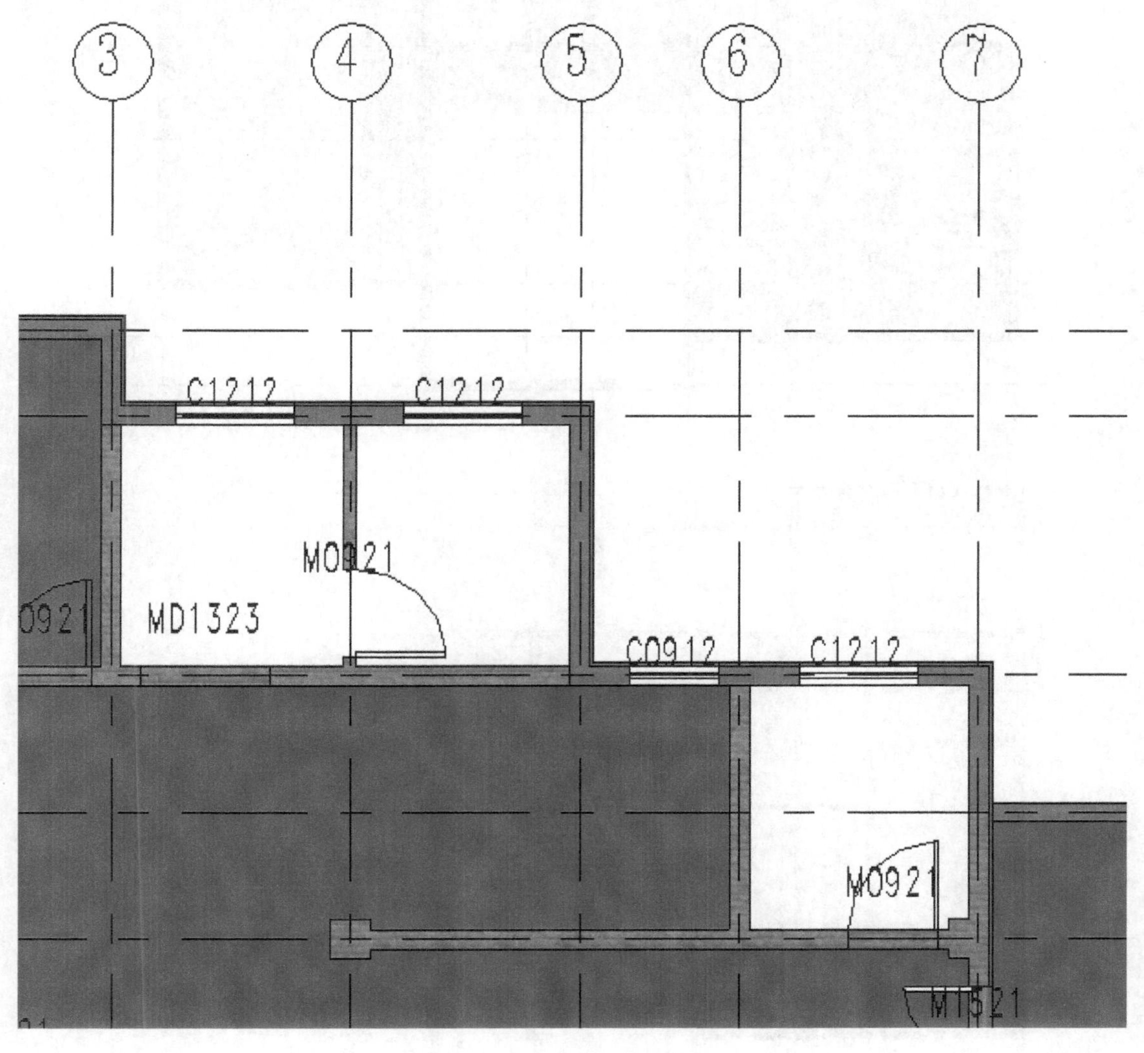

图 3-103

在视图中选择三层如图所示楼板，单击选项栏中【编辑边界】按钮或者双击楼板，打开楼板轮廓草图，如图 3-104 所示。

删除④轴右侧的楼板轮廓线，重新执行楼板编辑命令，执行【直线】命令，绘制如图 3-105 所示楼板轮廓。

完成轮廓绘制后，在类型属性中确定楼板类型为【LB_150_混凝土】，【自标高的高度偏

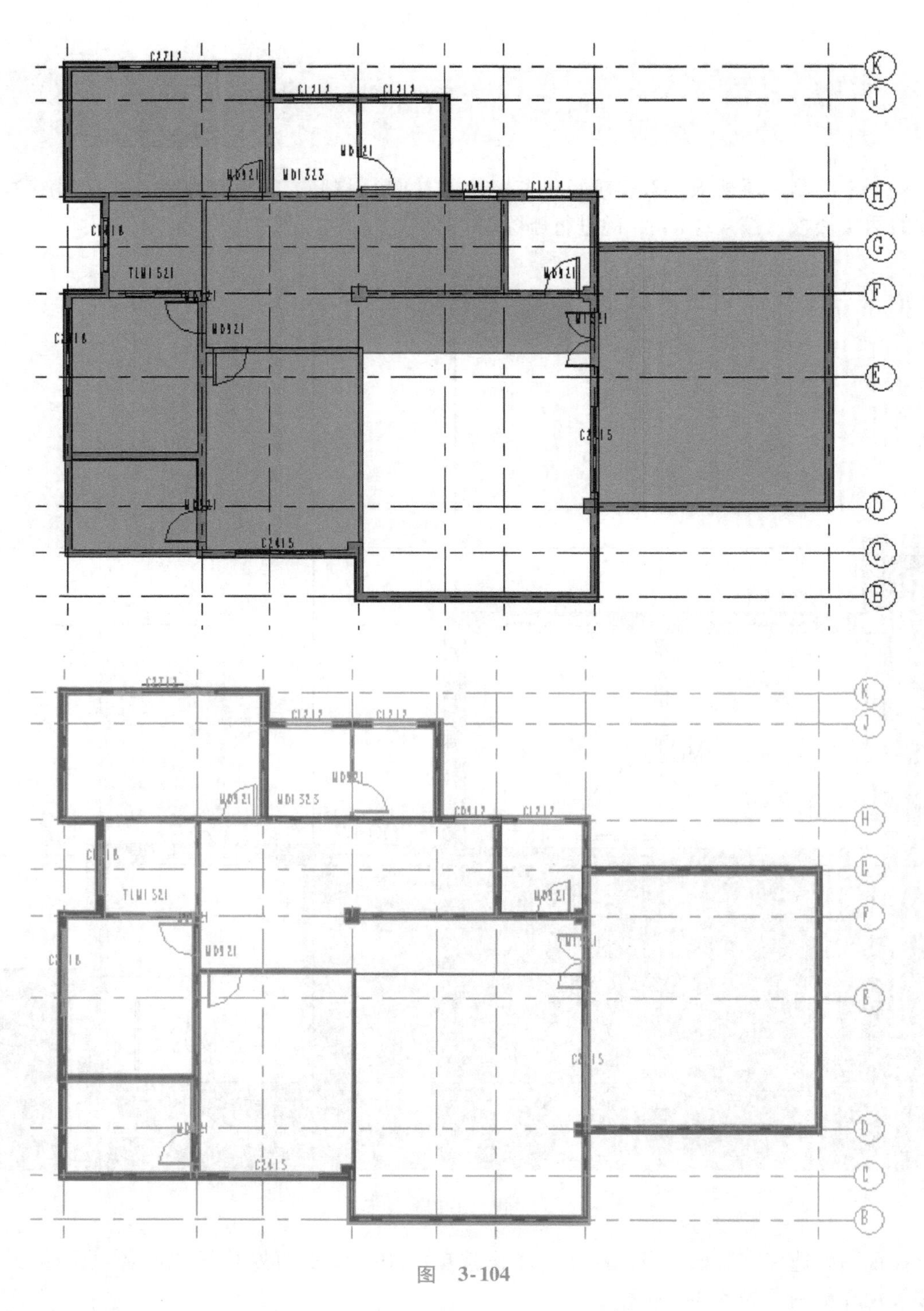

图 3-104

移】为【0.0】，执行【完成绘制】命令创建楼板，弹出如图 3-106 所示的对话框，单击【是】按钮。弹出如图 3-107 所示的对话框，单击【分离目标】按钮。弹出如图 3-108 所示的对话框，单击【确定】按钮。

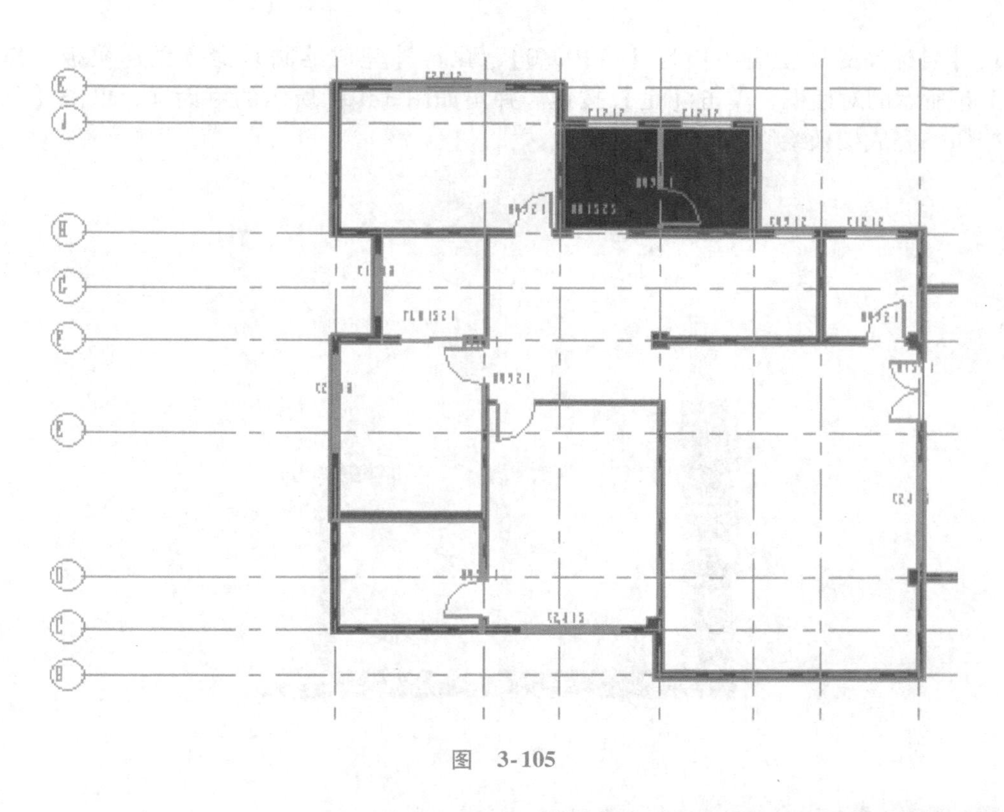

图 3-105

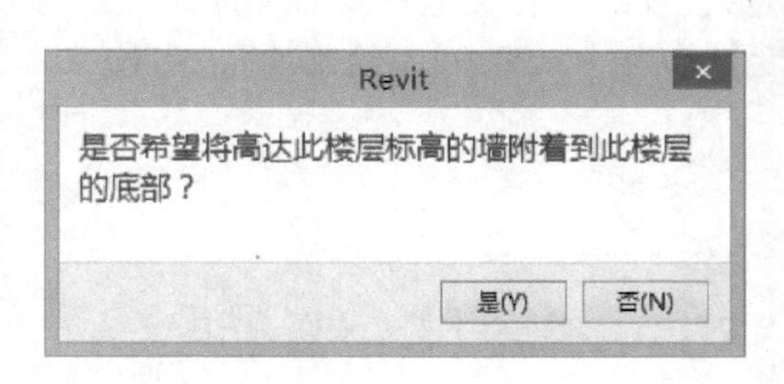

图 3-106

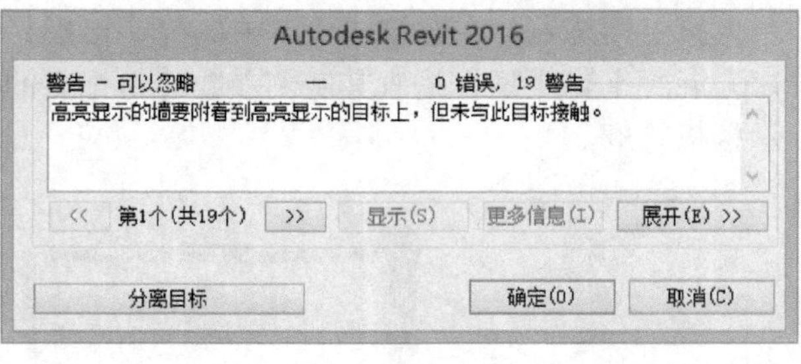

Autodesk Revit 2016

警告 - 可以忽略

高亮显示的墙重叠。Revit 查找房间边界时，其中一面墙可能会被忽略。使用“剪切几何图形”将一面墙嵌入另一面墙

显示(S) 更多信息(I) 展开(E) >>

确定(O) 取消(C)

图 3-108

选中如图 3-109 所示楼板，双击进入编辑楼板轮廓命令，确定楼板类型为【LB_150_混

凝土】,【自标高的高度偏移】为【-100.0】,执行【完成绘制】命令创建楼板,弹出如图 3-106 所示的对话框,单击【是】按钮。弹出如图 3-107 所示的对话框,单击【分离目标】按钮,完成楼板绘制。

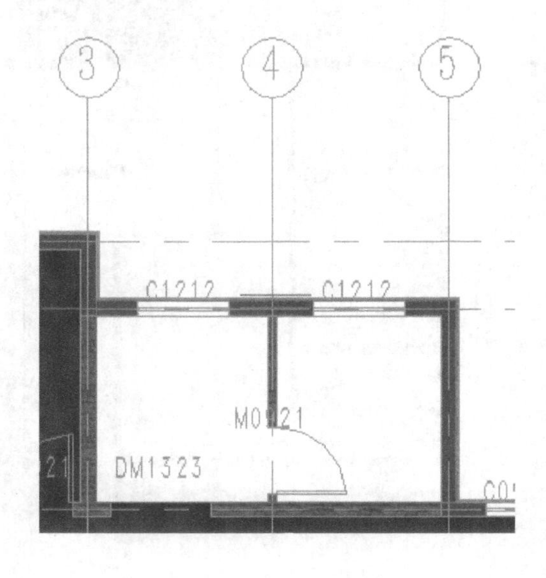

图 3-109

接上面练习,在建筑选项卡中执行【楼板】-【矩形】命令,在类型选择器中选择【LB-150_混凝土】类型,修改其实例参数【自标高的高度】改为【-90.0】,绘制如图 3-110 所示楼板轮廓。

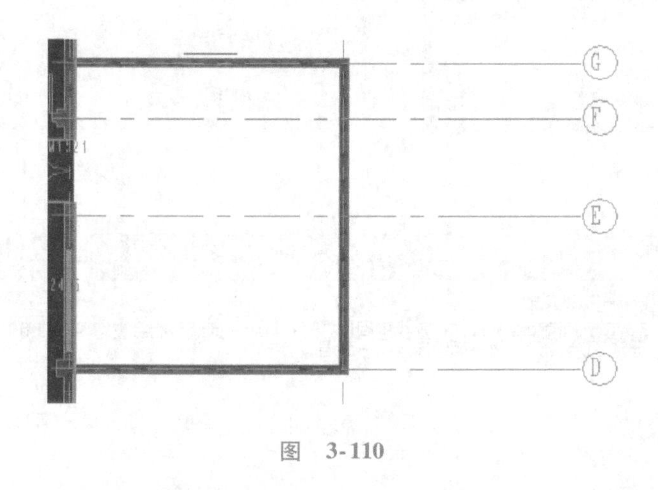

图 3-110

单击完成轮廓绘制命令,弹出如图 3-106 所示的对话框,单击【是】按钮。弹出如图 3-107 所示的对话框,单击【分离目标】按钮,完成楼板绘制。

完成的楼板模型如图 3-111 所示,保存文件。

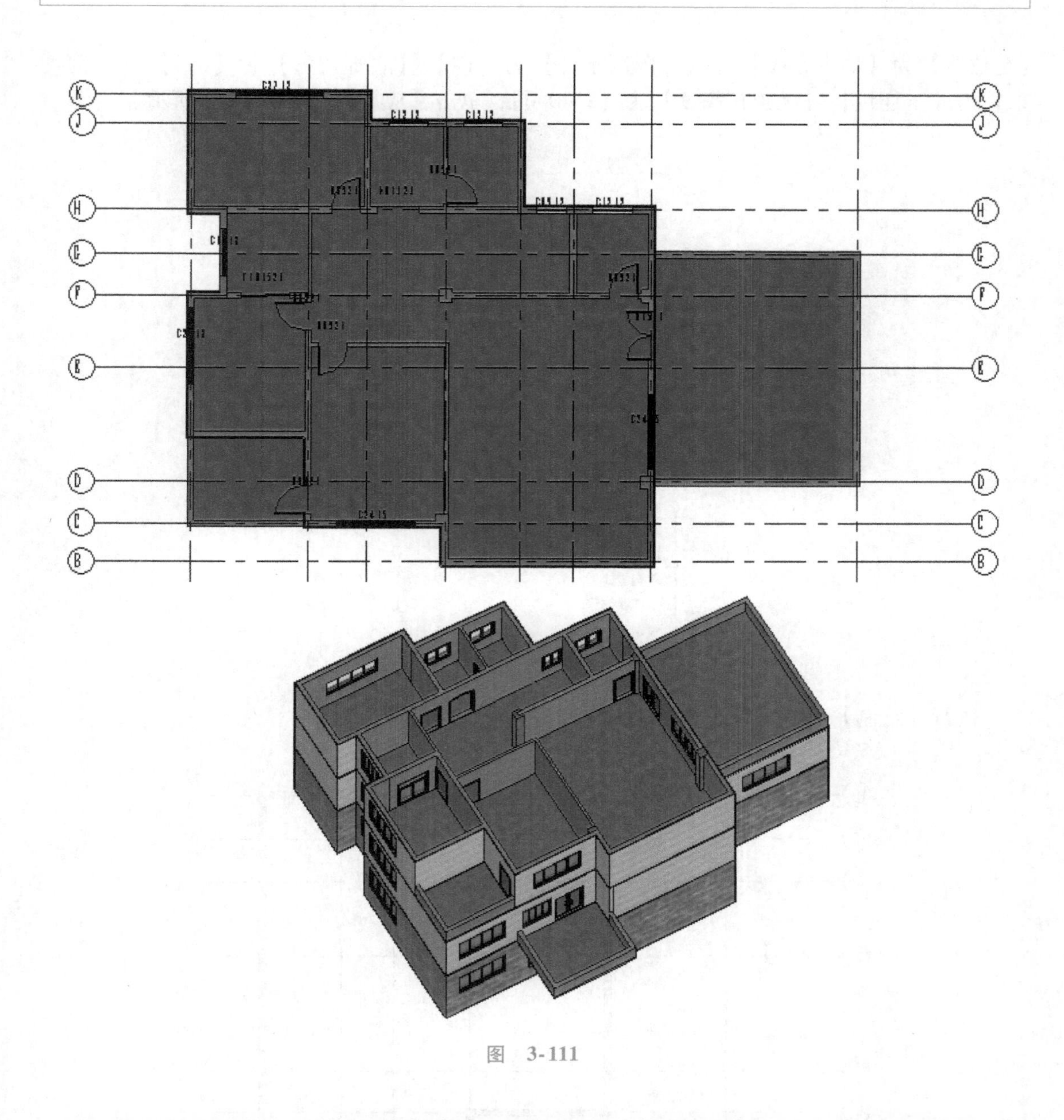

图 3-111

3.13 绘制四层墙体

3.13.1 绘制四层外墙

双击项目浏览器中的楼层平面【F4】，打开四层平面视图。执行【建筑】→【墙】命令，在类型选择器中选择【基本墙：WQ1-200_混凝土砌块】类型，在【属性】栏设置实例参数

【定位线】为【墙中心线】，【底部限制条件】为【F4】，【底部偏移】为【0.0】；【顶部约束】为【未连接】，【无连接高度】为【2500.0】，单击【应用】，如图 3-112 所示。

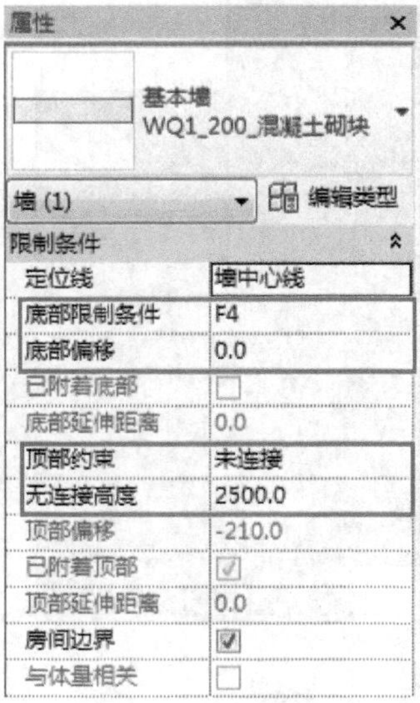

图 3-112

执行【绘制】→【直线】命令，顺时针绘制如图 3-113 所示外墙。

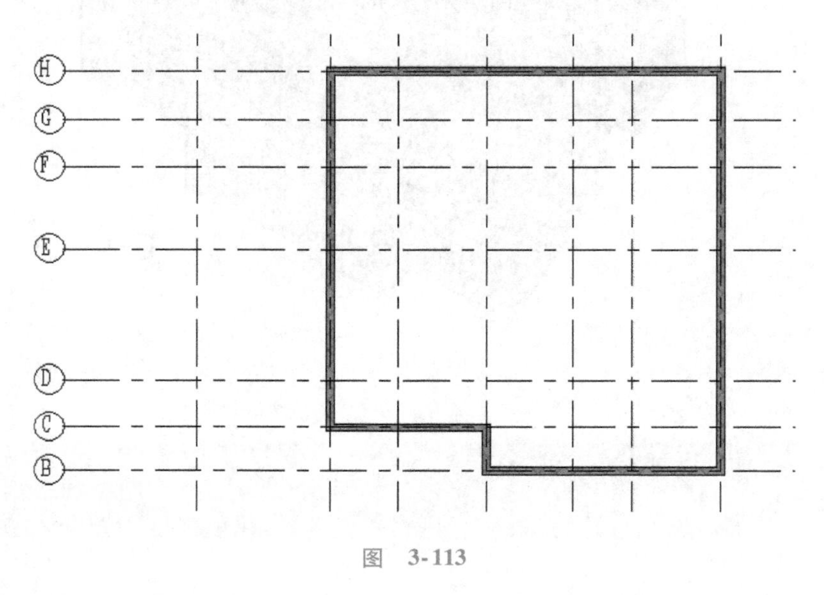

图 3-113

在类型选择器中选择【基本墙：QZ_40_砖，普通，米黄色】类型，在【属性】栏设置实例参数【定位线】为【面层面：内部】，【底部限制条件】为【F4】，【底部偏移】为【0.0】；【顶部约束】为【未连接】，【无连接高度】为【2500.0】，单击【应用】，执行【绘制】→【直线】命令，顺时针绘制如图 3-114 所示外装饰墙。

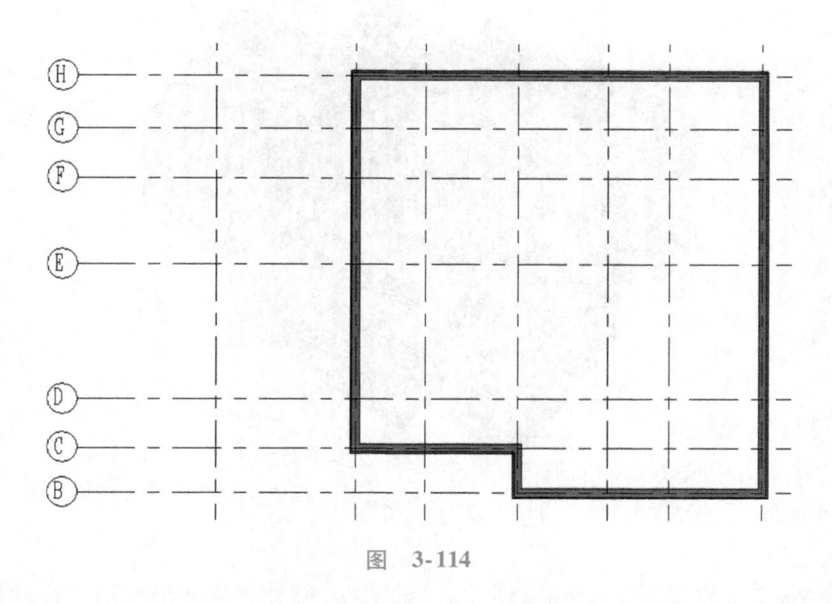

图 3-114

3.13.2 绘制四层内墙

执行【建筑】→【墙】命令，在类型选择器中选择【基本墙：NQ2-120_砖，砖坯】类型，在【属性】栏设置实例参数【定位线】为【墙中心线】,【底部限制条件】为【F4】,【底部偏移】为【0.0】;【顶部约束】为【未连接】,【无连接高度】为【2500.0】，单击【应用】，执行【绘制】→【直线】命令，绘制如图3-115所示内墙。

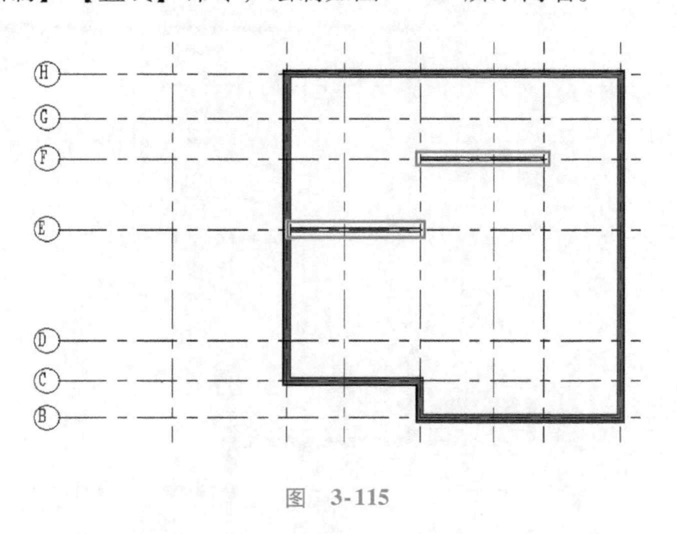

图 3-115

完成后如图3-116所示，单击保存。

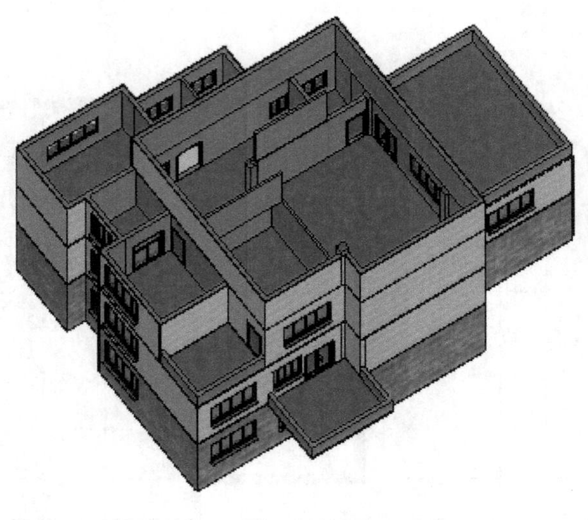

图 3-116

3.14 绘制四层楼板

双击项目浏览器中的楼层平面【F4】，打开四层平面视图。执行【建筑】→【楼板】命令，进入绘图模式，选择【绘制】面板，执行【直线】命令，创建楼板轮廓线，如图3-117所示。在类型选择器中选择【LB_150_混凝土】，单击【属性】栏，设置实例参数【标高】为【F4】，单击【应用】。

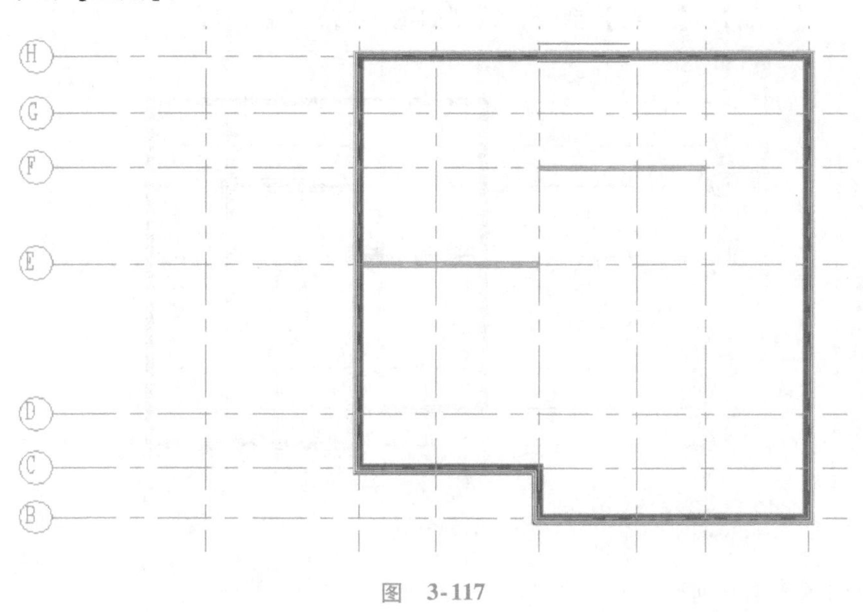

图 3-117

执行【完成绘制】命令，弹出如图3-118所示对话框，单击【是】按钮。弹出如图3-119所示的对话框，选择【分离目标】，完成楼板创建，如图3-120所示，保存文件。

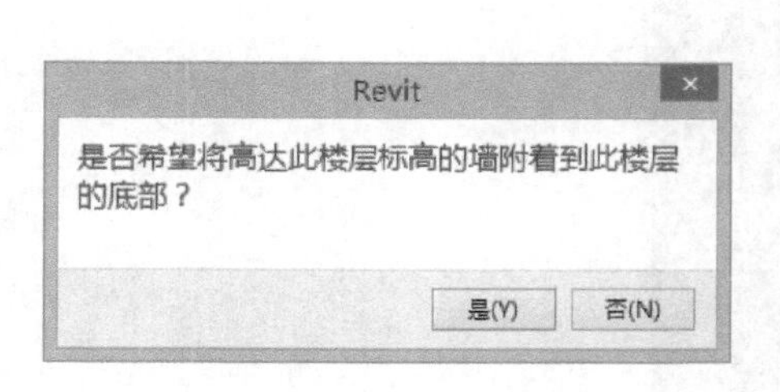

图　3-118

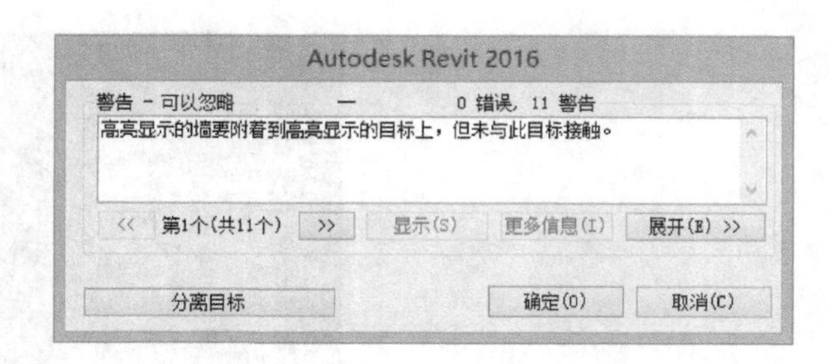

图　3-119

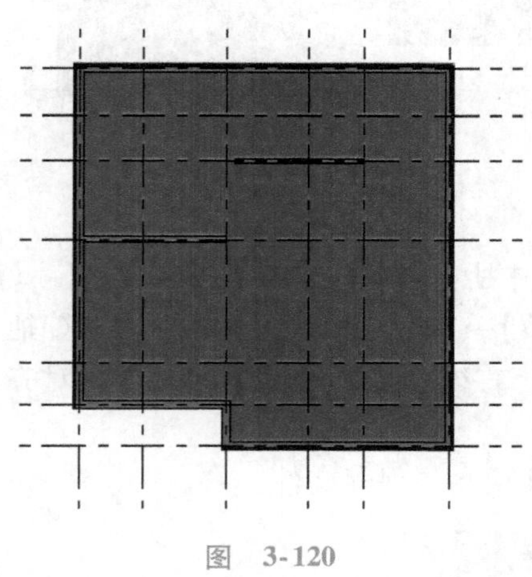

图　3-120

3.15　放置四层建筑柱

在项目浏览器中双击【楼层平面】项目下的【F4】，打开【F4】平面视图。单击【建筑】→【柱】→【建筑柱】，在类型选择器中选择柱类型【矩形柱：KZ_400×400_混凝土】，如图3-121所示。单击把柱分别放置在④轴与Ⓕ轴的交点，④轴与Ⓒ轴的交点，⑦轴与Ⓓ轴的交点，⑦轴与Ⓕ轴的交点，如图3-122所示。

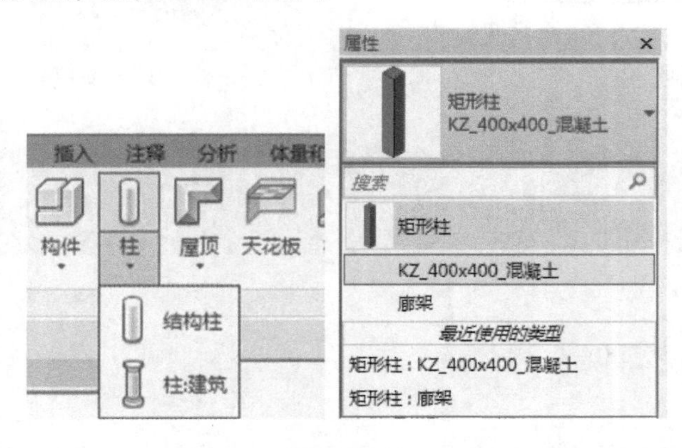

图　3-121

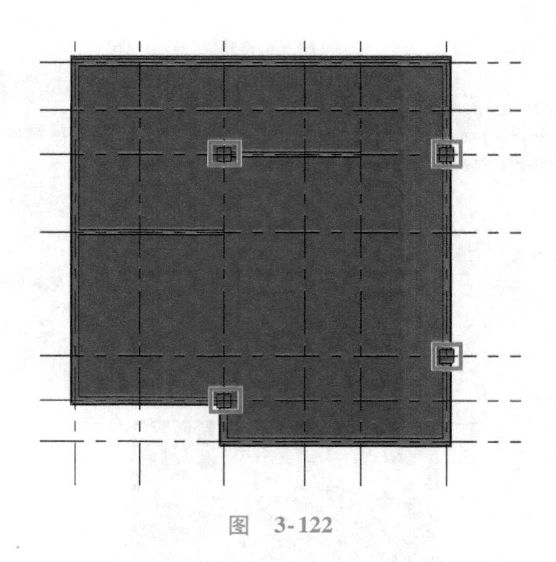

图 3-122

按住键盘 <Ctrl> 键，选中所有建筑柱，修改其实例属性【底部标高】为【F4】,【顶部标高】为【F5】。执行【修改】→【对齐】命令，使④轴与Ⓒ轴交点的建筑柱的下边缘与Ⓒ轴墙体装饰墙的上边缘对齐，右边缘与④轴墙体的右边缘对齐，其他建筑柱的位置调整如图 3-123 所示。

完成后的模型如图 3-124 所示，保存文件。

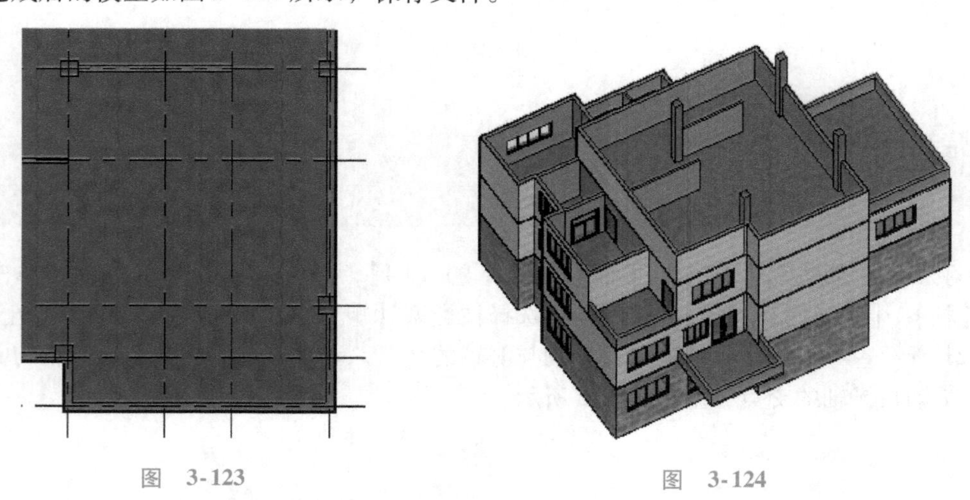

图 3-123　　图 3-124

3.16 绘制幕墙

3.16.1 绘制玻璃幕墙

玻璃幕墙是现代化建筑中经常使用的一种立面，是当代的一种新型墙体，将建筑美学、建筑功能、建筑节能和建筑结构等因素有机地统一起来。因此玻璃幕墙的使用范围越来越广。

在项目浏览器中双击【楼层平面】项下的【F3】，打开三层平面视图，执行【建筑】→【墙】命令，在类型选择器中选择【幕墙：MQ01】类型，单击【编辑类型】，进入【类型属性】对话框，勾选【自动嵌入】，【幕墙嵌板】选择【系统嵌板：玻璃】，如图3-125所示。

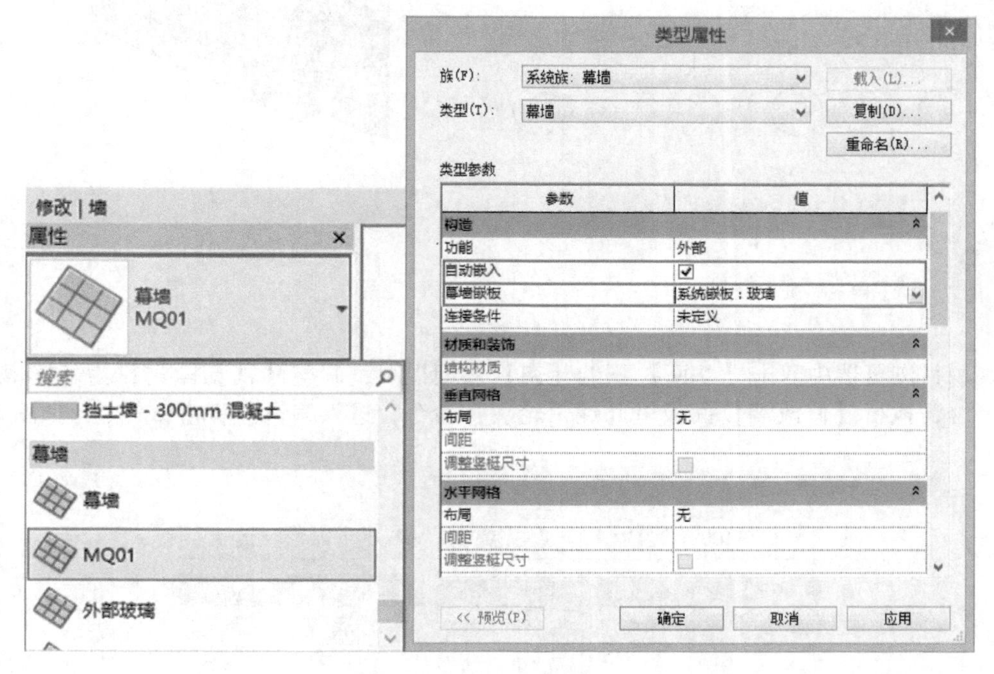

图 3-125

在【属性】栏设置实例参数【底部限制条件】为【F3】，【底部偏移】为【－6000.0】，【顶部约束】为【直到标高：F4】，【顶部偏移】为【－400.0】，单击【应用】，如图3-126所示。

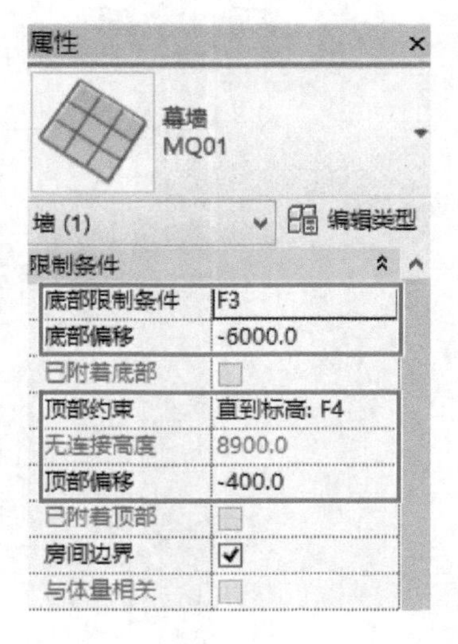

图 3-126

设置完参数后，按照与绘制墙同样的方法在④轴与⑦轴之间的墙上单击捕捉两点绘制幕墙，位置如图3-127所示。

执行【修改】→【连接几何图形】命令，连接幕墙所在墙体的基墙和装饰墙，完成后如图3-128所示。

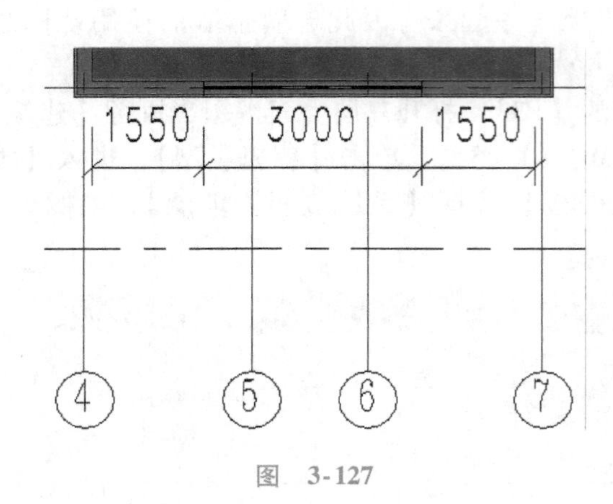

图 3-127

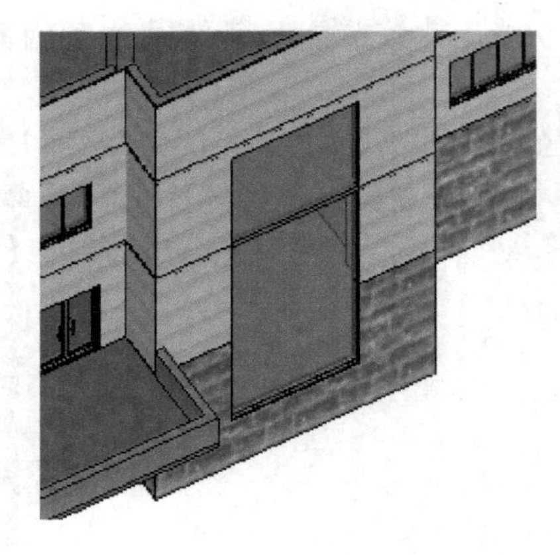

图 3-128

3.16.2 编辑幕墙轮廓

在项目浏览器中双击【立面】下的【南】立面视图，调整【视觉样式】为【隐藏线】，单击幕墙，执行【修改墙】面板里【编辑轮廓】命令，进入编辑幕墙轮廓命令，如图 3-129 所示。

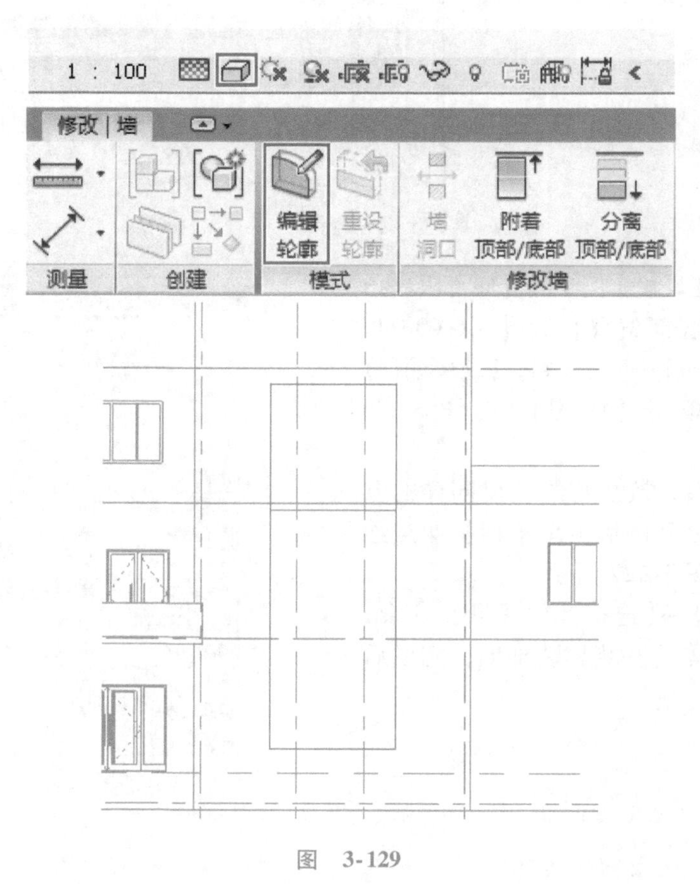

图 3-129

执行【绘制】→【直线】命令，绘制两条直线，如图 3-130 所示。

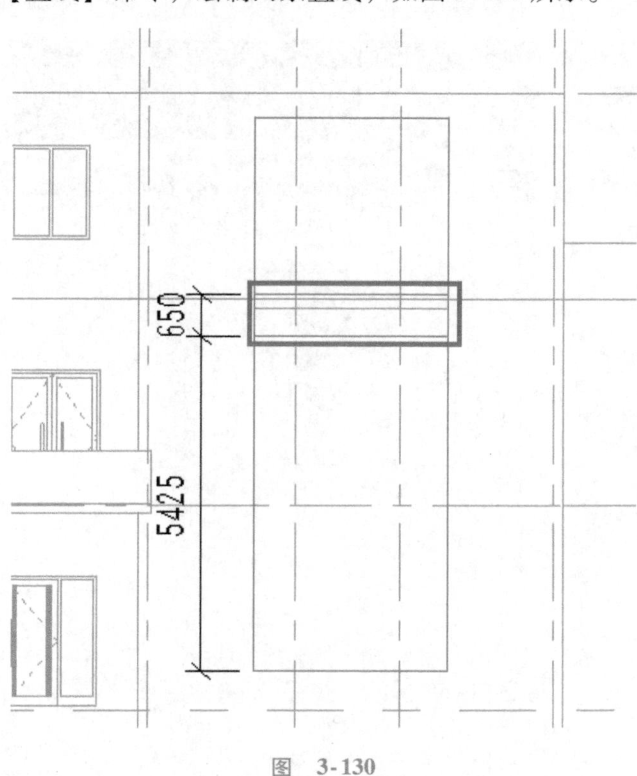

图 3-130

执行【修改】→【拆分图元】命令，单击两条竖线进行拆分，如图 3-131 所示。执行【修改】→【修剪】命令，对轮廓线进行修剪，如图 3-132 所示。

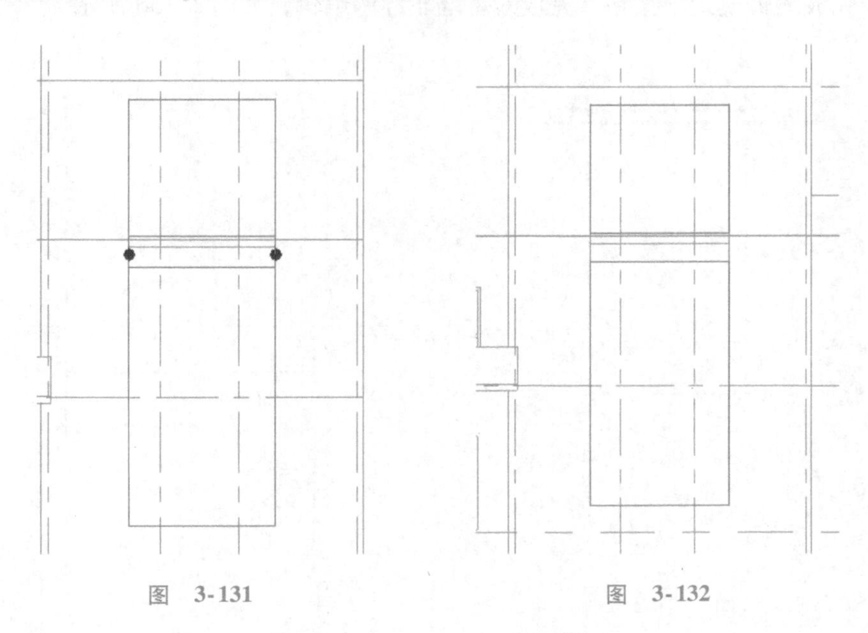

图 3-131　　图 3-132

执行【绘制】→【起点-终点-半径弧】命令，绘制如图 3-133 所示的半圆弧。

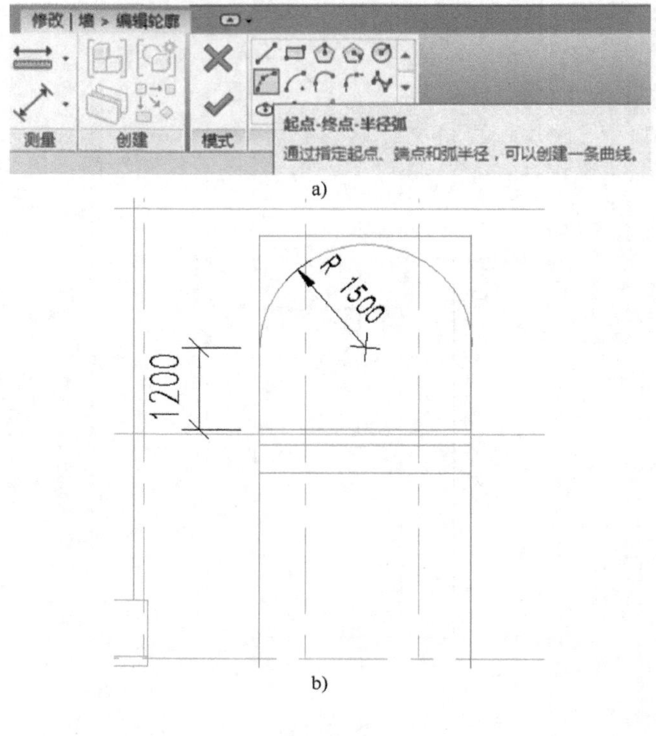

a)

b)

图 3-133

删除如图 3-134 所示的轮廓线，并执行【修剪】命令对轮廓线进行修剪，如图 3-135 所示。单击【完成编辑模式】按钮，完成对幕墙轮廓的编辑，如图 3-136 所示。

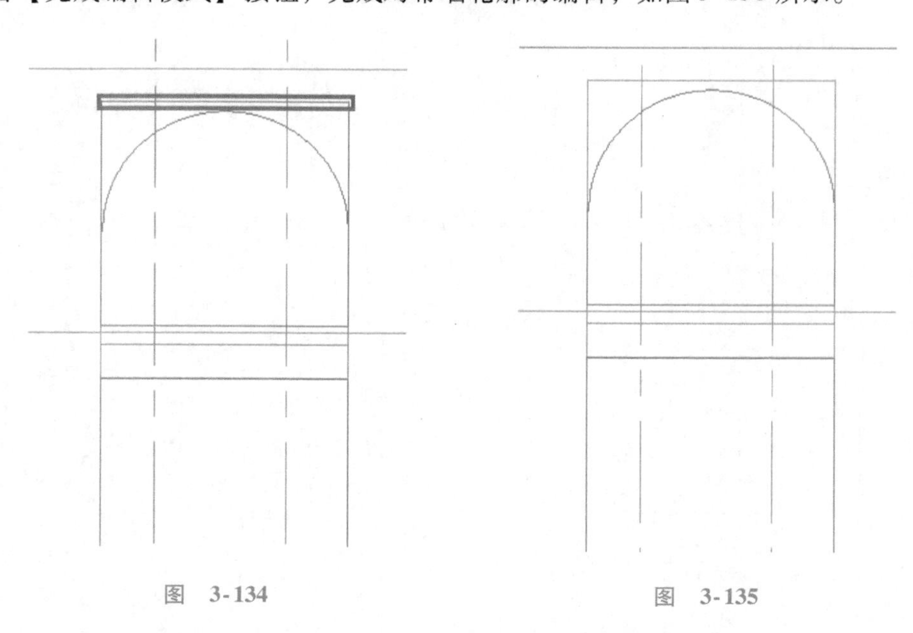

图 3-134

图 3-135

图　3-136

3.16.3 绘制幕墙网格

进入【南立面】视图，执行【建筑】→【幕墙网格】命令，进入网格绘制状态，执行【全部分段】命令，如图3-137所示，在幕墙上绘制网格，横向6条，竖向3条，尺寸定位如图3-138所示。

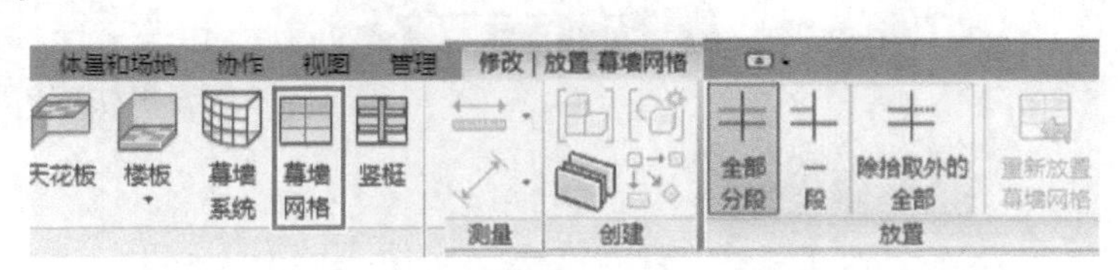

图　3-137

图　3-138

3.16.4 编辑幕墙网格

同样进入【南】立面视图，单击其中左侧第一条竖向网格线，在【修改|幕墙网格】选项卡里执行【添加/删除线段】命令，单击如图 3-139 所示位置的网格线，删除此位置网格线。用同样的方法删除右侧第一条网格线和中间网格线，如图 3-140 所示。

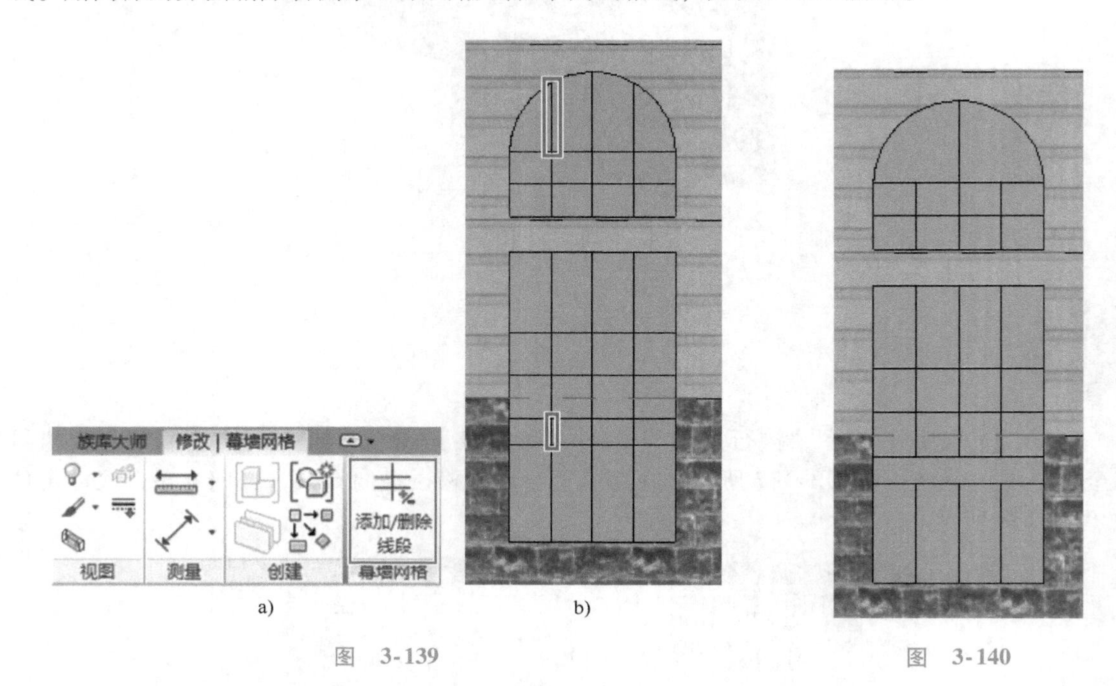

a) b)

图 3-139

图 3-140

3.16.5 添加幕墙竖梃

进入默认三维视图，执行【建筑】→【竖梃】命令，执行【全部网格线】命令，如图 3-141 所示。

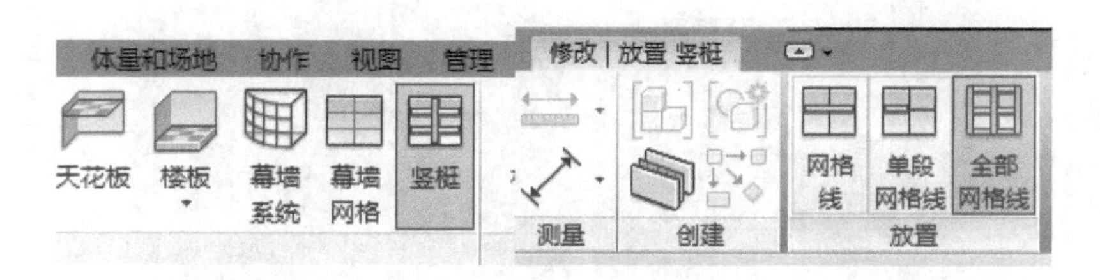

图 3-141

在【属性】面板中类型选择器中选择竖梃类型为【矩形竖梃：50×150mm】，如图 3-142 所示。

鼠标指向玻璃幕墙位置，幕墙网格高亮显示，单击鼠标放置竖梃，如图 3-143 所示。

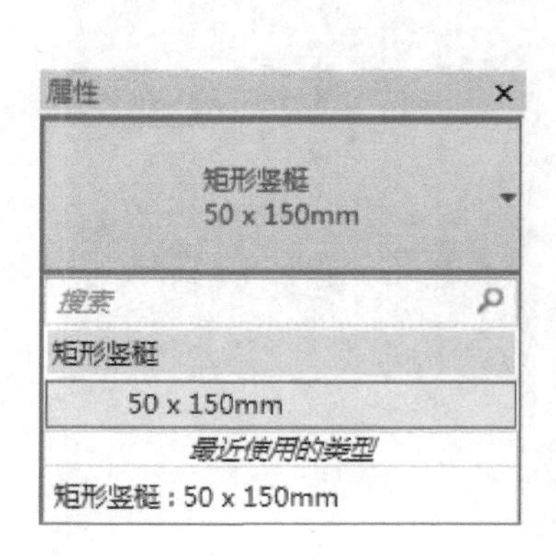

图　3-142

图　3-143

完成后玻璃幕墙如图 3-144 所示，保存文件。

图　3-144

3.16.6 替换幕墙嵌板

打开三维视图，配合 <Tab> 键选择如图 3-145 所示的玻璃嵌板，在类型选择器中选择【门嵌板_单扇平开无框铝门】，替换玻璃嵌板。用同样的方法替换右下角的玻璃嵌板，如图 3-146 所示。

图　3-145

图　3-146

3.17　绘制楼板面层

双击项目浏览器中的【F1】打开首层平面视图。执行【建筑】→【楼板】命令，进入绘图模式。选择【绘制】面板，单击【直线】命令，沿着墙边线绘制楼板轮廓线，完成如图 3-147 所示。

在类型选择器中选择【楼板：DM_60_软木瓷砖】，单击【属性】栏，设置实例参数【标高】为【F1】，【自标高的高度偏移】为【60.0】，单击【应用】，如图 3-148 所示。

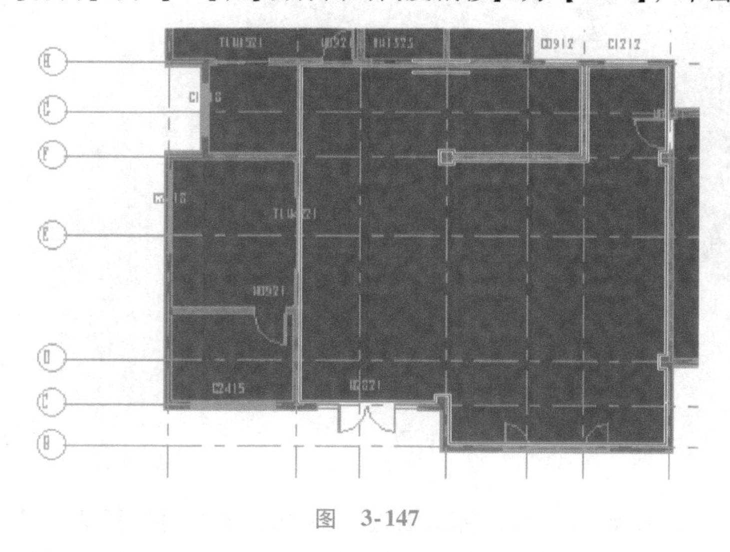

图　3-147

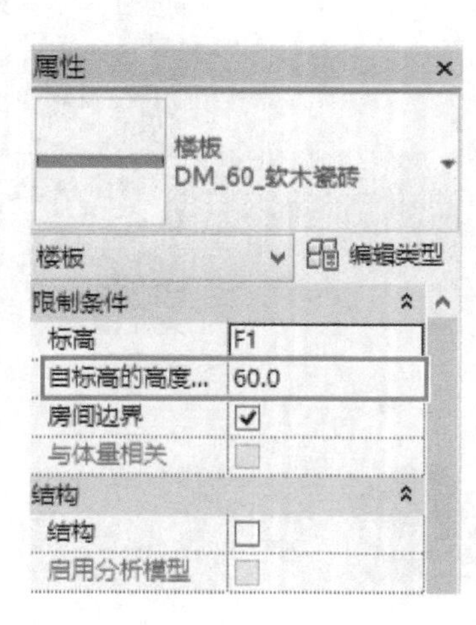

图　3-148

执行【完成绘制】命令 ✔ 完成楼板创建，创建完成的楼板如图 3-149 所示。

同理，用同样的步骤绘制另四块楼板轮廓线，在类型选择器中选择【楼板：DM_60_软

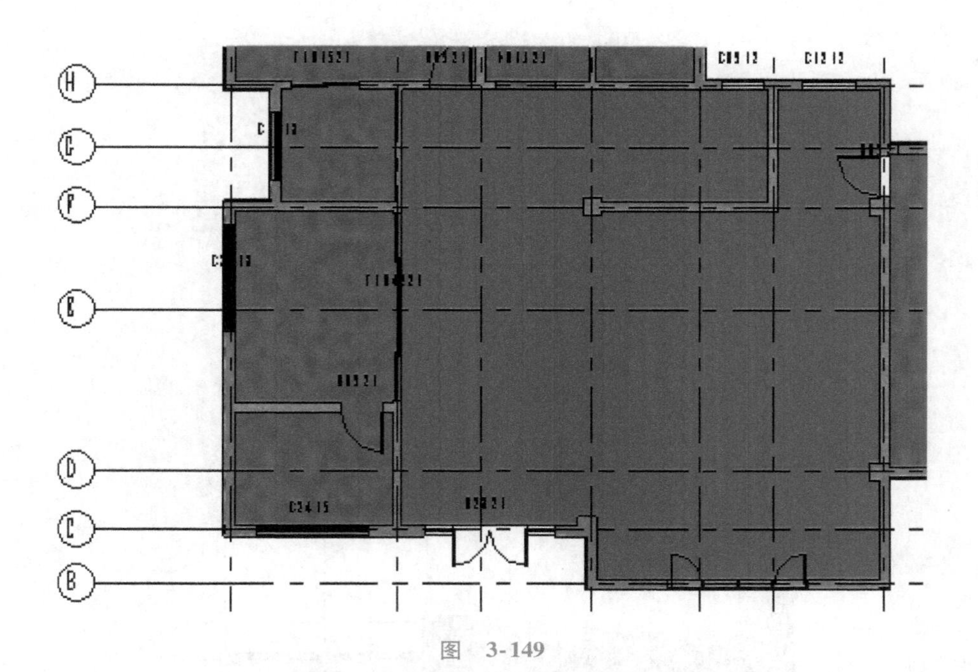

图　3-149

木瓷砖】，单击【属性】栏，设置实例参数【标高】为【F1】，【自标高的高度偏移】为【60. 0】，单击【应用】，单击绘制楼板轮廓，完成楼板创建，如图3-150所示。

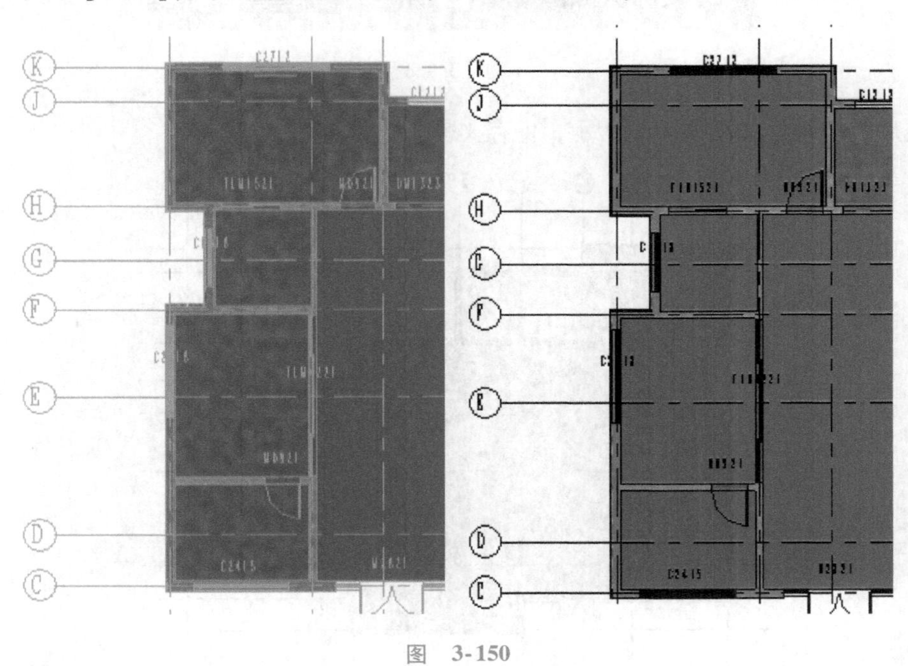

图　3-150

用同样的步骤绘制如图3-151所示楼板轮廓线，在类型选择器中选择【楼板：DM_60_水磨石】，单击【属性】栏，设置实例参数【标高】为【F1】，【自标高的高度偏移】为【-40. 0】，单击【应用】，单击绘制楼板轮廓，完成楼板创建。

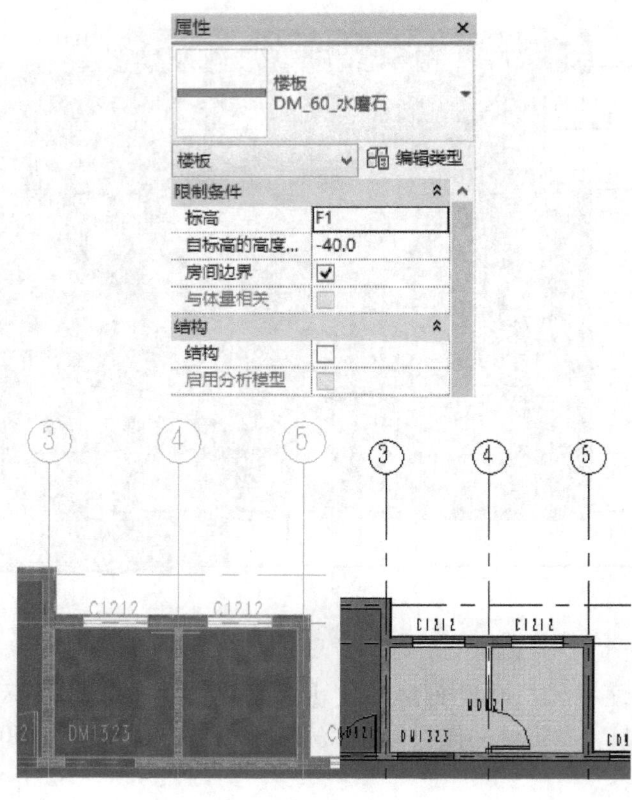

图 3-151

完成后一层楼板如图 3-152 所示，保存文件。

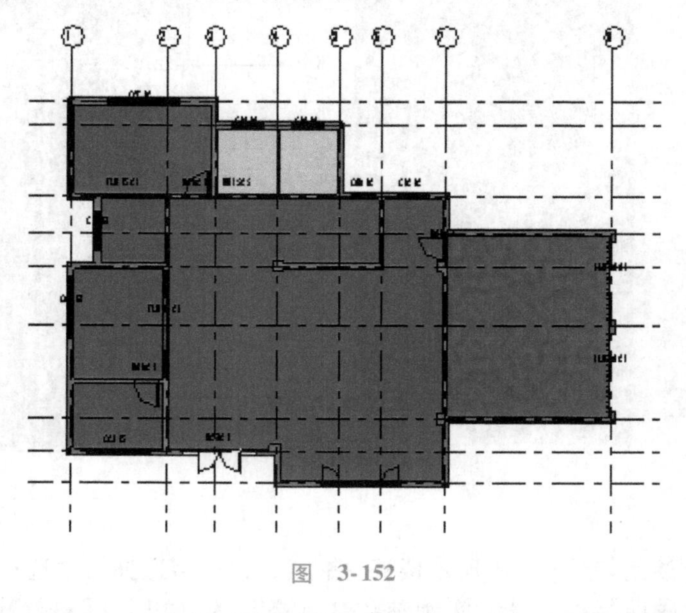

图 3-152

用同样的方法绘制二、三、四层的楼板面层，楼板位置标高、轮廓、类型如图 3-153 ~ 图 3-155 所示。绘制过程中弹出如图 3-156 所示对话框，单击【否】按钮。

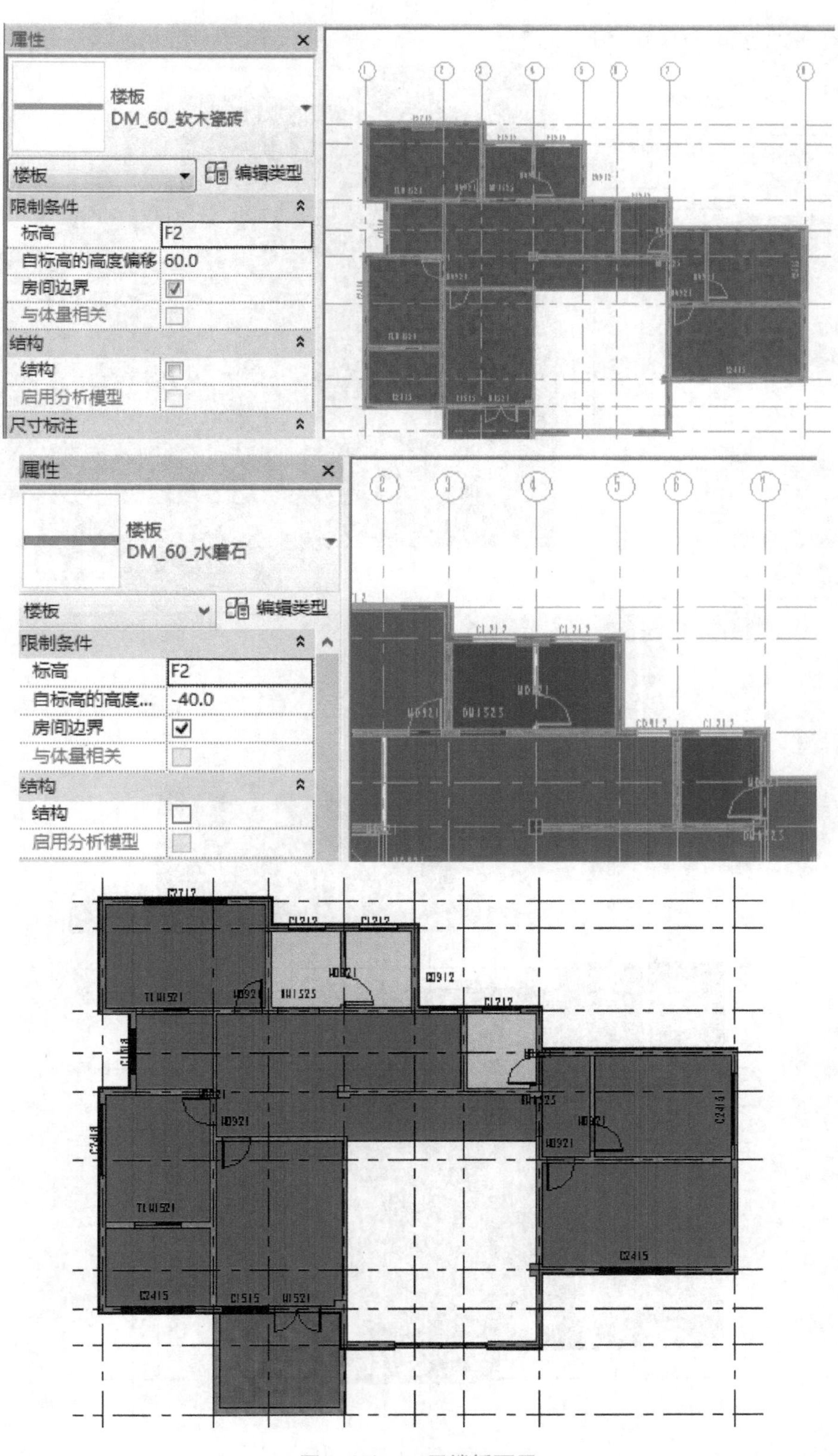

图 3-153　二层楼板面层

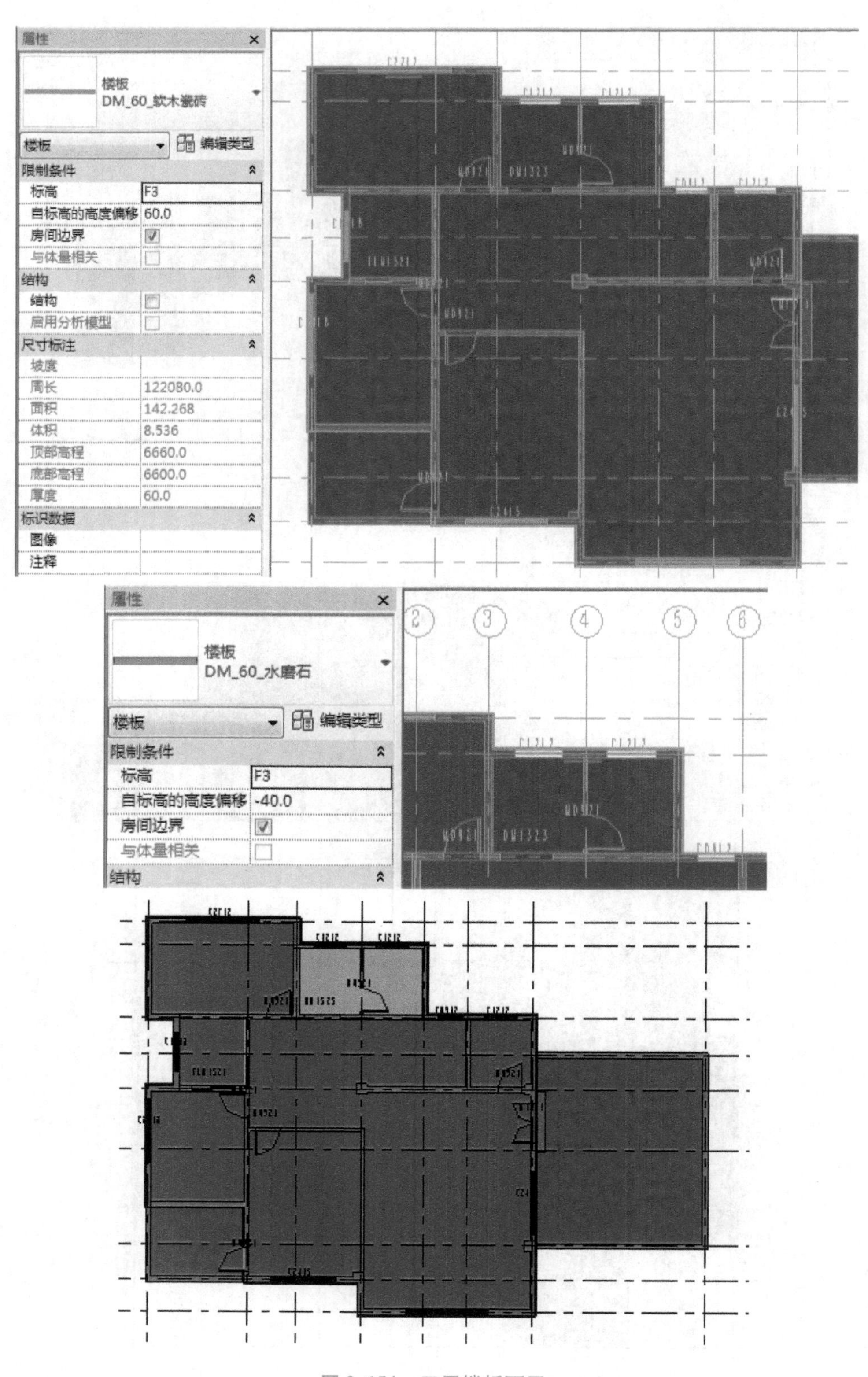

图 3-154　三层楼板面层

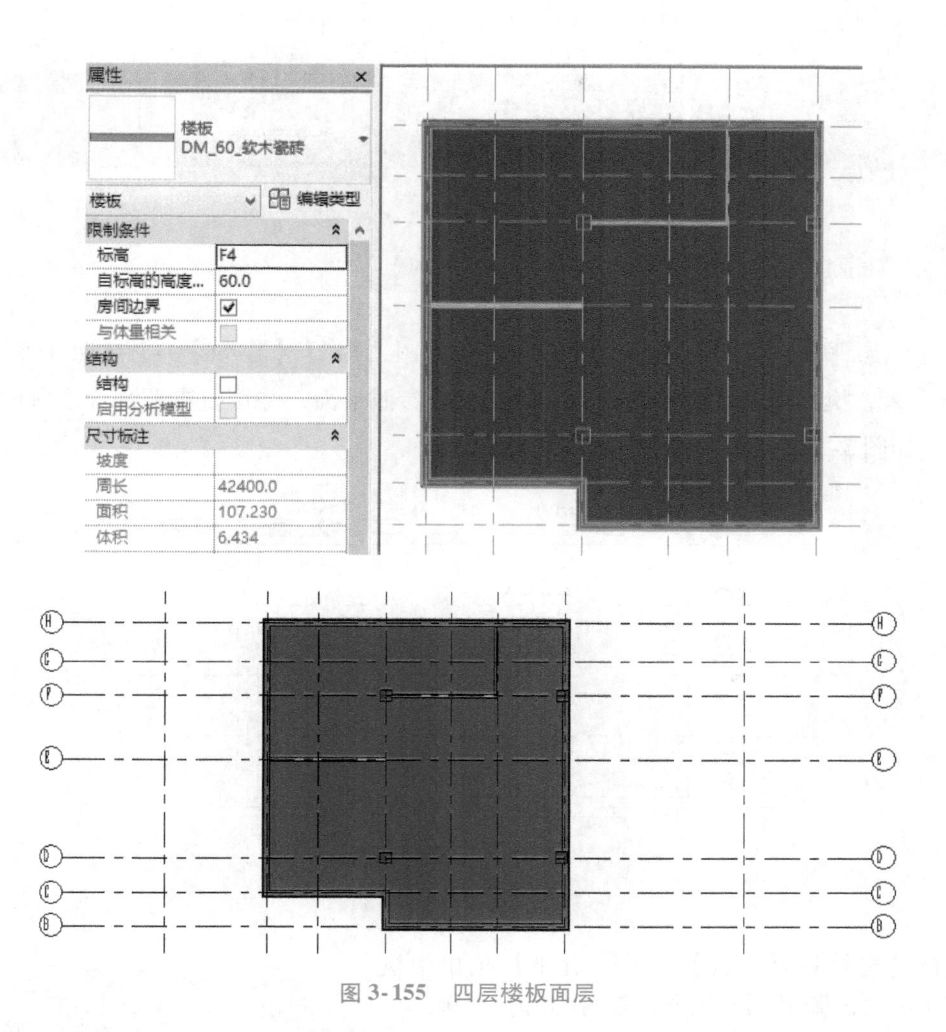

图 3-155　四层楼板面层

完成后的模型如图 3-157 所示，保存文件。

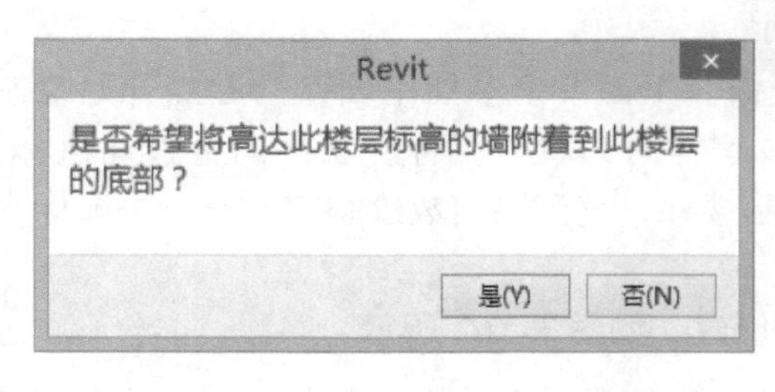

图　3-156

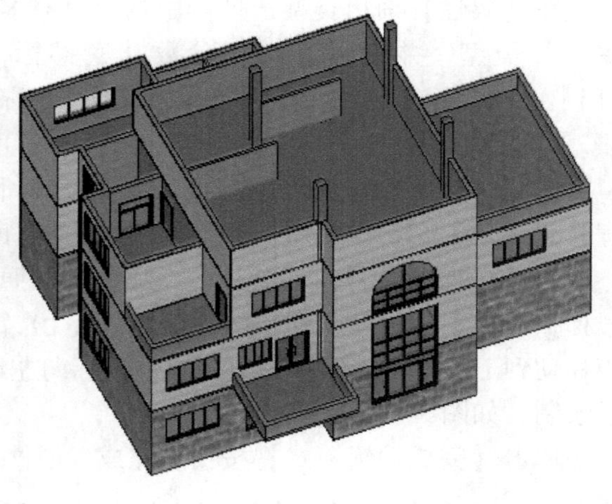

图　3-157

3.18 绘制室内楼梯和扶手

3.18.1 绘制室内楼梯

单击楼层平面【F1】，进入【F1】平面视图，执行【建筑】→【参照平面】命令 参照平面，执行【直线】绘制命令，绘制三条参照平面，并调整参照平面的临时尺寸精确定位，如图 3-158 所示。

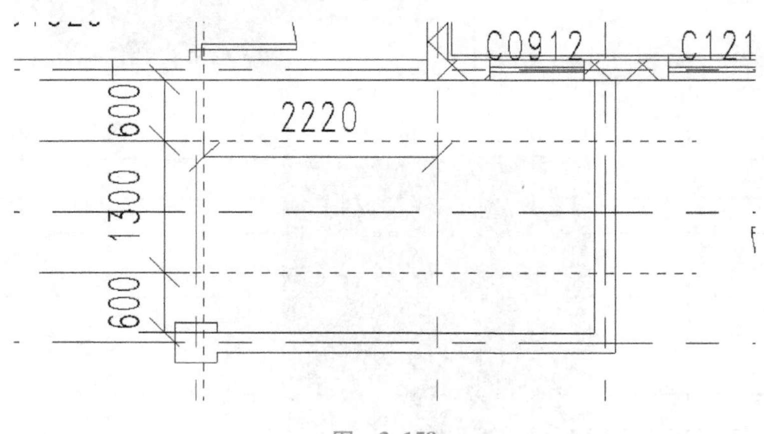

图 3-158

执行【建筑】→【楼梯】命令，在下拉菜单中执行【楼梯（按草图）】命令，绘制室内楼梯，如图 3-159 所示。

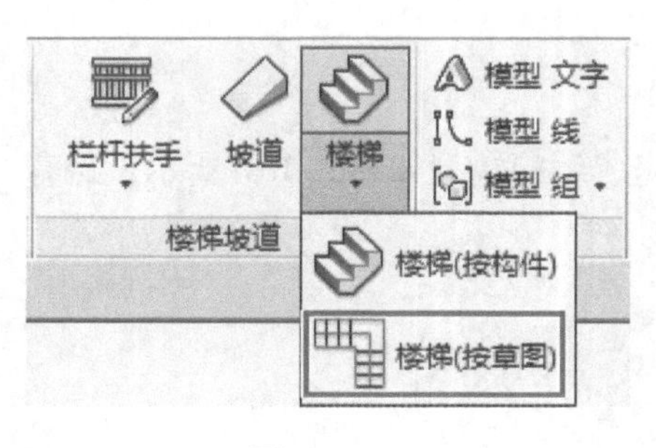

图 3-159

在【属性】面板类型选择器中选择【楼梯：LT_室内】类型，并设置其实例参数【底部标高】为【F1】，【底部偏移】为【0.0】；【顶部标高】为【F2】，【顶部偏移】为【－150.0】；【宽度】为【1200.0】，【所需踢面数】为【18】，【实际踏板深度】为【280.0】，单击【应用】，如图 3-160 所示。

执行【梯段】→【直线】命令，以竖向参照平面和下面一个参照平面作为起点开始绘制楼梯，当出现【创建了 10 个踢面，剩余 10 个】字样时，单击鼠标，水平向上移动鼠标，当移动到上面一个参照平面时，单击鼠标向左绘制楼梯，直到踢面数绘制完成，单击鼠标完成绘制，如图 3-161 所示。

单击【完成编辑模式】按钮，完成一层楼梯创建，如图 3-162 所示。

查看三维视图，在属性面板中勾选【剖面框】，调整视图为【右视图】 右，单击剖面框，调整剖面框的大小，调整视图到合适方向，看到所绘制的楼梯，如图 3-163 所示。

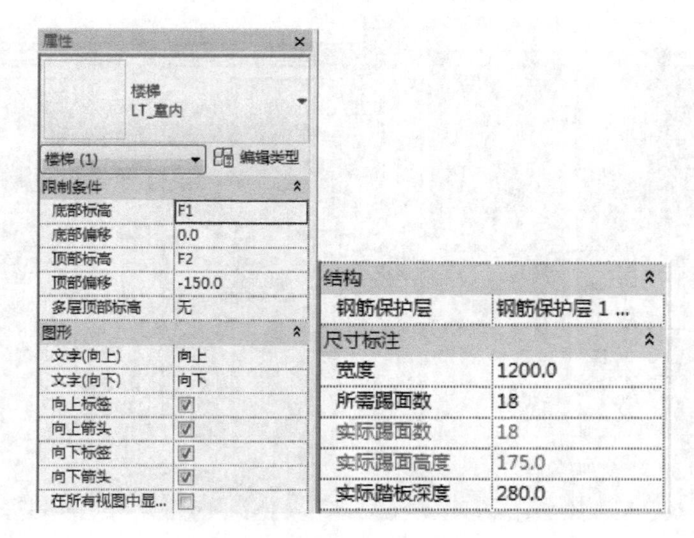

图 3-160

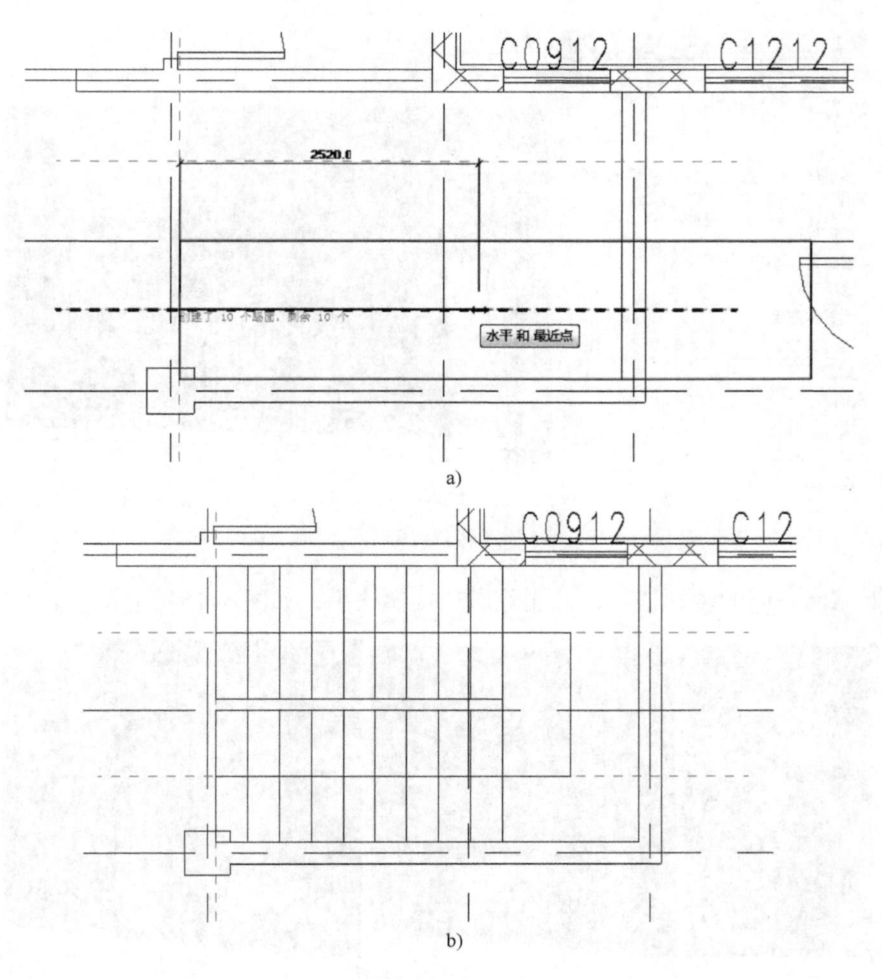

a)

b)

图 3-161

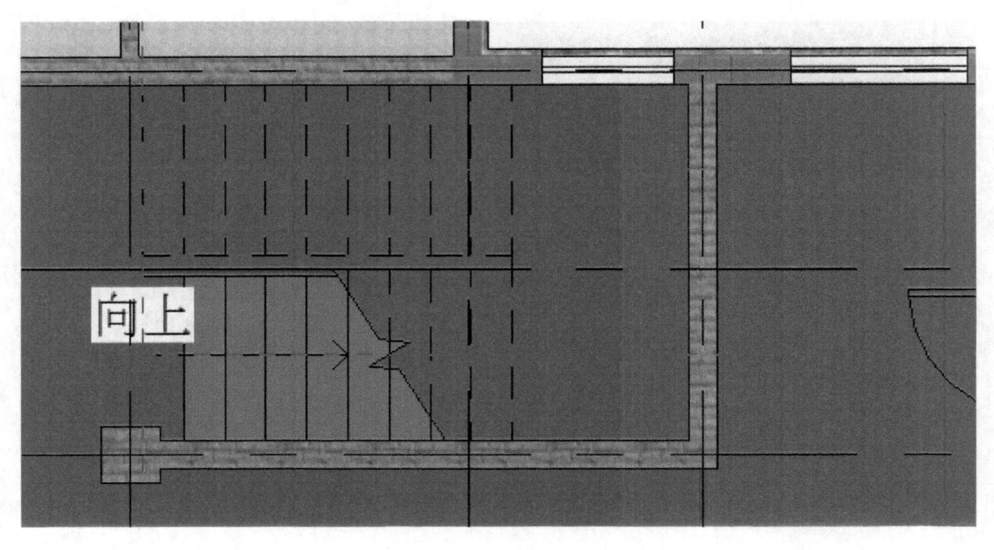

图 3-162

图 3-163

选择楼梯上靠墙一侧的楼梯扶手，并删除所选楼梯扶手，如图 3-164 所示。

图 3-164

选中绘制的楼梯和扶手，执行【粘贴到剪贴板】→【粘贴】命令，将楼梯和扶手复制到二层和三层，如图3-165所示。

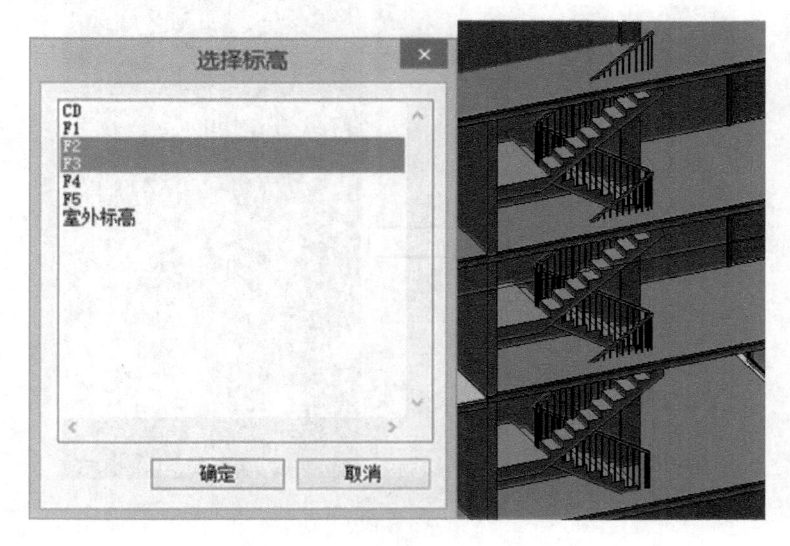

图　3-165

绘制竖井洞口：打开【F1】平面视图，执行【建筑】→【竖井】命令，执行【创建竖井洞口草图】命令，执行【直线】命令，绘制竖井轮廓线，如图3-166所示。

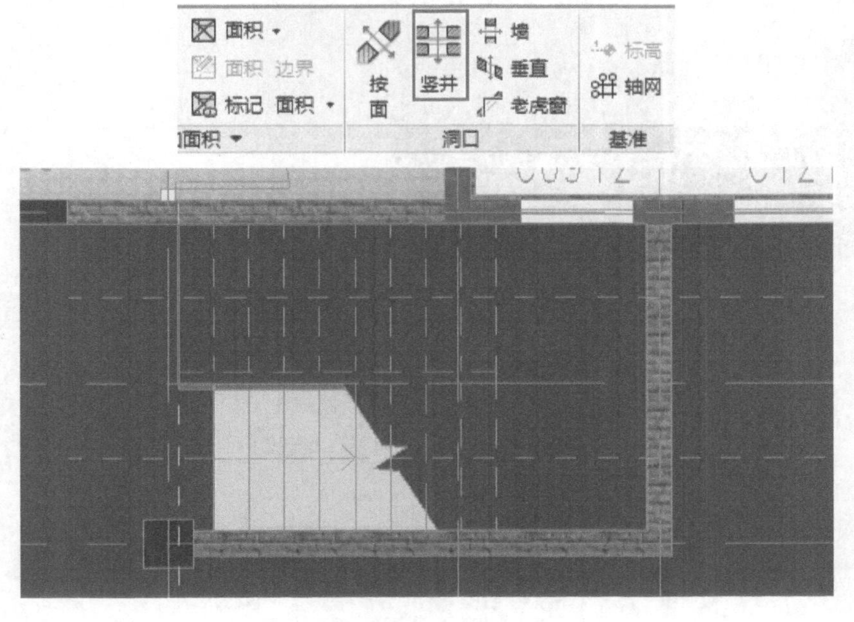

图　3-166

在【属性】栏中，设置其实例属性【底部限制条件】为【F1】，【底部偏移】为【60.0】；【顶部约束】为【直到标高：F4】，【顶部偏移】为【60.0】，单击【应用】，完成洞口绘制，如图3-167所示。

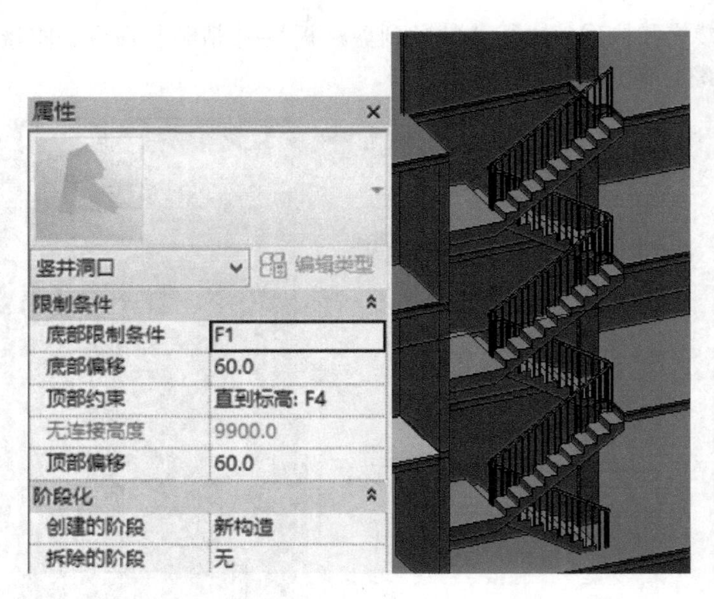

图 3-167

车库楼梯绘制：打开【F1】视图平面，执行【建筑】→【楼板】命令，选择【矩形】绘制方式，绘制楼板轮廓，选择楼板类型为【LB_150_混凝土】，设置实例属性【标高】为【F1】，【自标高的高度偏移】为【0.0】，如图3-168所示，完成楼板绘制。

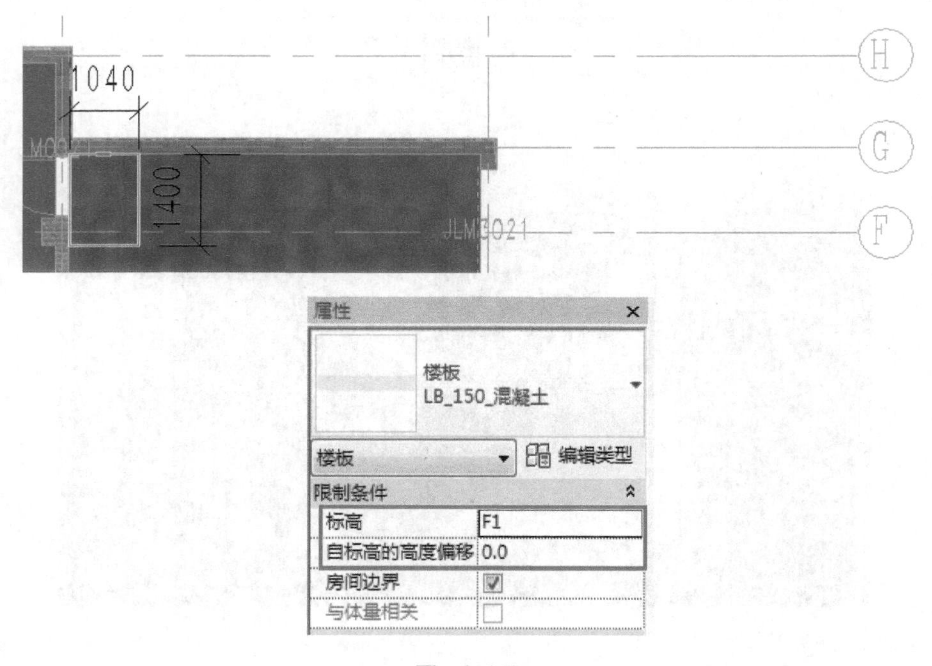

图 3-168

执行【建筑】→【参照平面】命令，绘制参照平面，如图3-169所示。

执行【建筑】→【楼梯】→【楼梯（按草图）】命令，执行【建筑】→【楼梯】命令，在下拉菜单中执行【楼梯（按草图)】命令，绘制室内楼梯，在【属性】面板类型选择器中选择【楼梯：LT_车库】类型，在【属性】栏中设置其实例参数【底部标高】为【CD】,【底部偏移】为【150.0】;【顶部标高】为【F1】,【顶部偏移】为【－150.0】;【宽度】为【1040.0】,【所需踢面数】为【3】,【实际踏板深度】为【280.0】，单击【应用】，如图3-170所示。

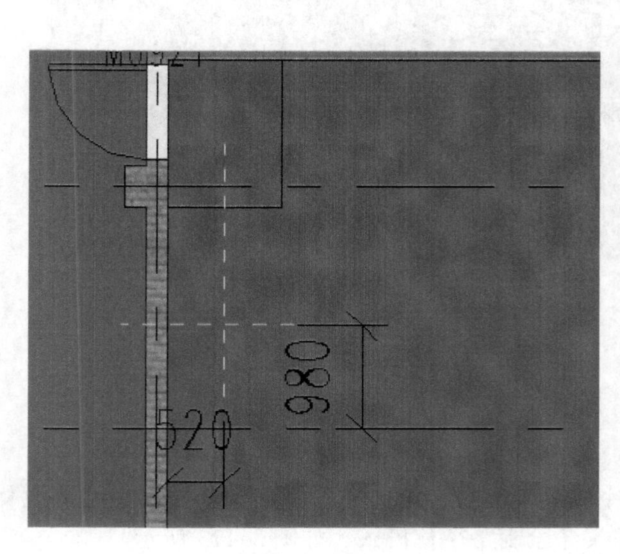

图 3-169

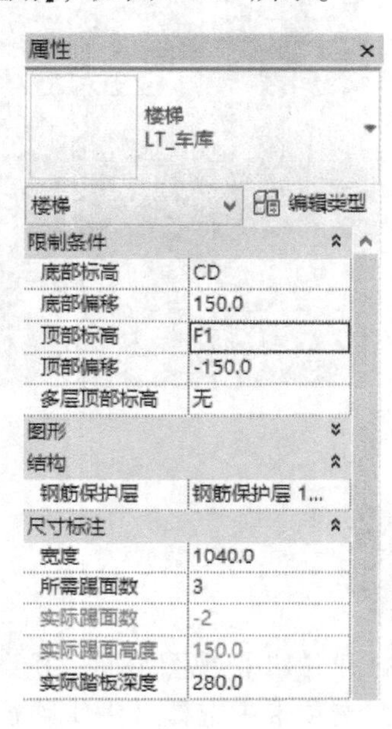

图 3-170

执行【梯段】→【直线】命令，以两个参照平面交点作为起点开始向上绘制楼梯，当出现【创建了5个踢面，剩余0个】字样时，单击鼠标完成楼梯绘制，如图3-171所示。

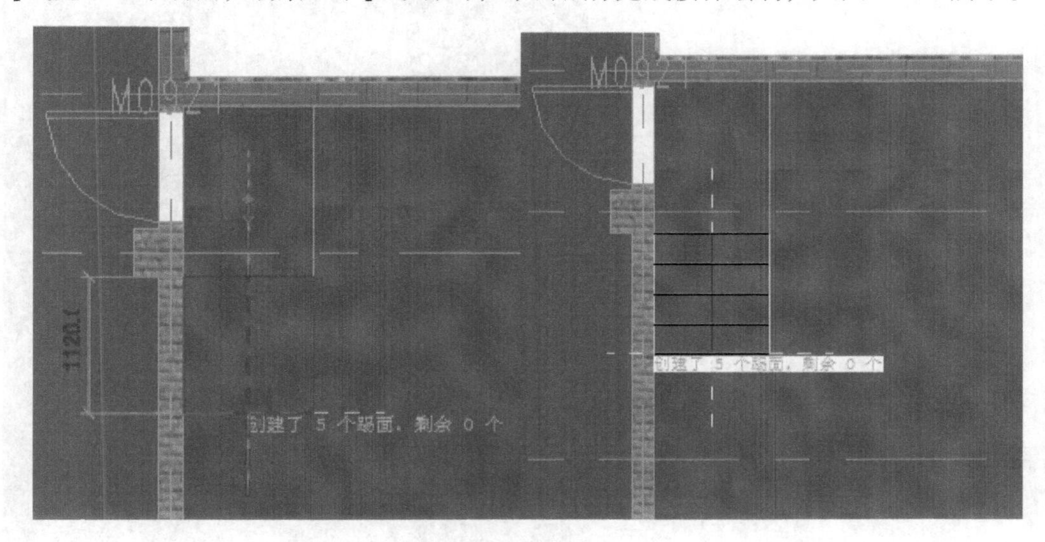

图 3-171

执行【完成绘制】命令，完成楼梯的绘制，删除靠墙一侧的楼梯扶手，如图3-172所示。

图 3-172

3.18.2 绘制楼梯扶手

打开【F1】视图平面，找到绘制完成的车库楼梯，选择右侧楼梯扶手，在【修改楼梯扶手】选项卡中选择【编辑路径】，进入【绘制路径】模式，如图 3-173 所示。

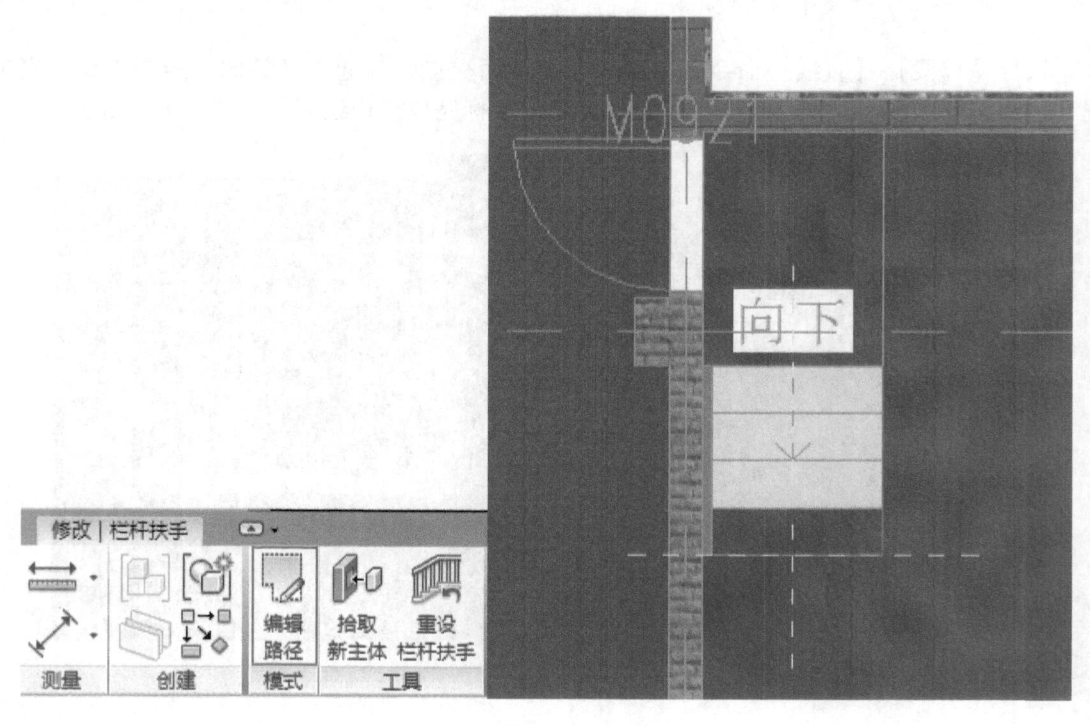

图 3-173

执行【直线】命令，绘制如图 3-174 所示的直线，单击完成楼梯扶手绘制，同时删除靠墙一侧的楼梯扶手。

图　3-174

打开【F4】平面视图，用同样的方法，编辑三层到四层楼梯的楼梯扶手，绘制如图 3-175 所示的扶手路径，单击完成命令。

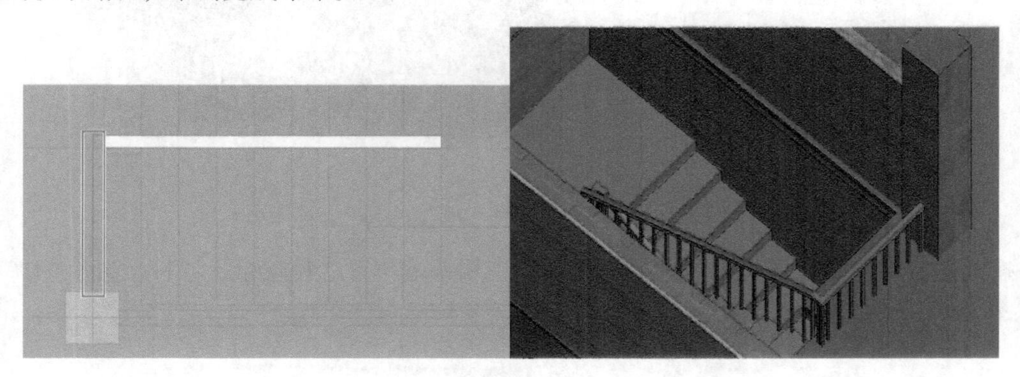

图　3-175

执行【建筑】→【栏杆扶手】命令，使用【直线】绘制另一条栏杆扶手路径，在类型选择器中选择【栏杆扶手_900mm_室内】扶手类型，如图 3-176 所示。

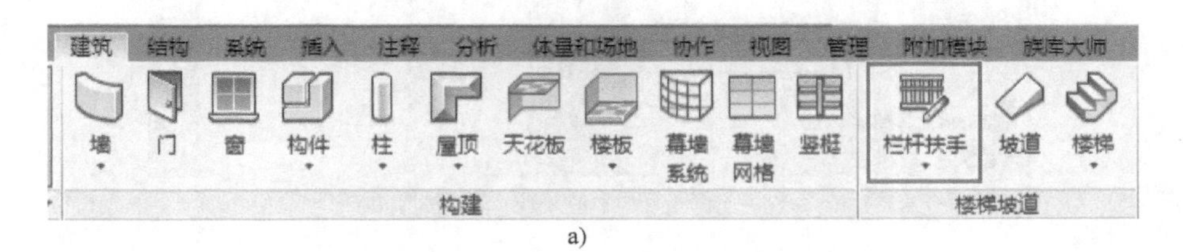

a)

图　3-176

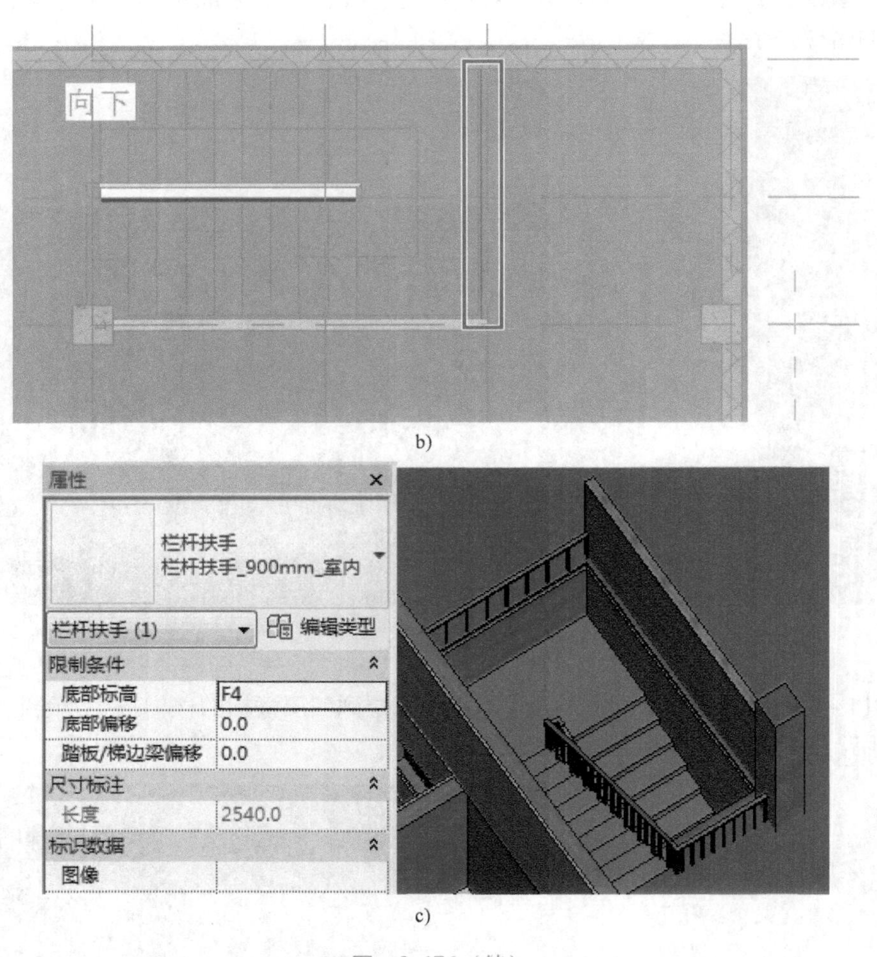

b)

c)

图 3-176（续）

按上述步骤绘制二层走廊位置栏杆扶手和三层幕墙位置栏杆扶手，栏杆位置、标高、类型如图 3-177、图 3-178 所示。

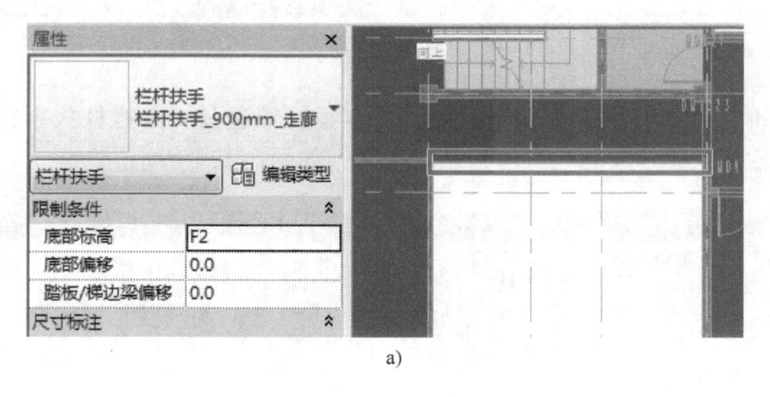

a)

图 3-177

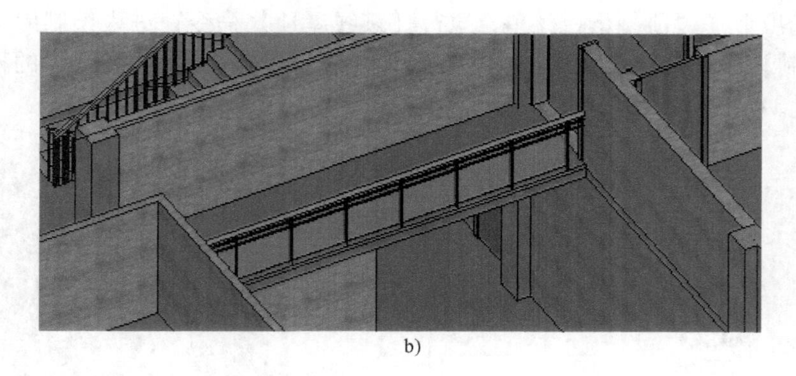

b)

图　3-177（续）

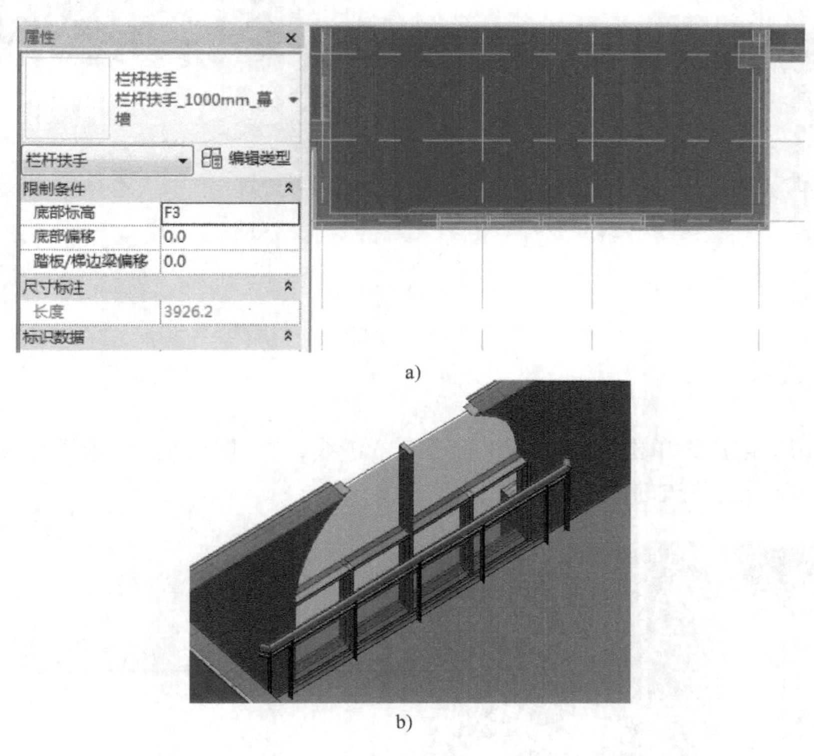

a)

b)

图　3-178

3.19　绘制屋顶

3.19.1　绘制二层多坡屋顶

接上节练习，在项目浏览器中双击【楼层平面】项下的【F2】，打开二层平面视图。单击【建筑】选项卡【屋顶】下拉菜单，执行【迹线屋顶】命令，进入绘制屋顶轮廓迹线草图模式。【绘制】面板执行【直线】命令，沿墙外边线绘制宽度为【800】的迹线屋顶，具体参数，如图 3-179 所示绘制屋顶轮廓迹线。

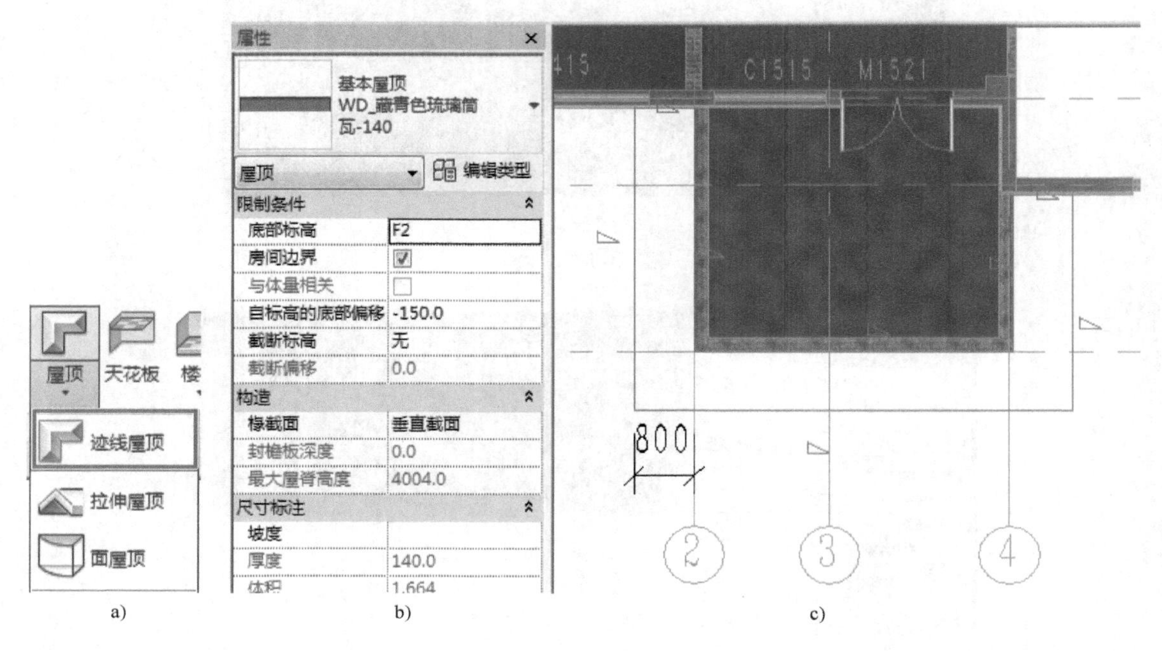

图 3-179

按住 <Ctrl> 键连续单击如图 3-180 所示 5 条迹线，在【属性】栏取消勾选【定义屋顶坡度】选项，取消这些边的坡度。

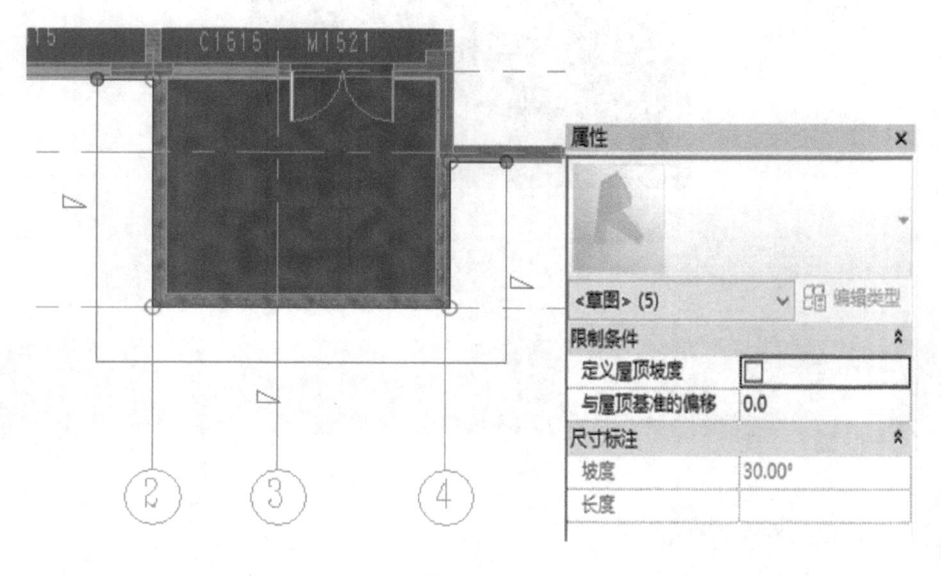

图 3-180

按住 <Ctrl> 键连续单击选择如图 3-181 所示 3 条迹线，在【属性】栏勾选【定义屋顶坡度】选项，同时修改实例参数【坡度】为【40.00°】。

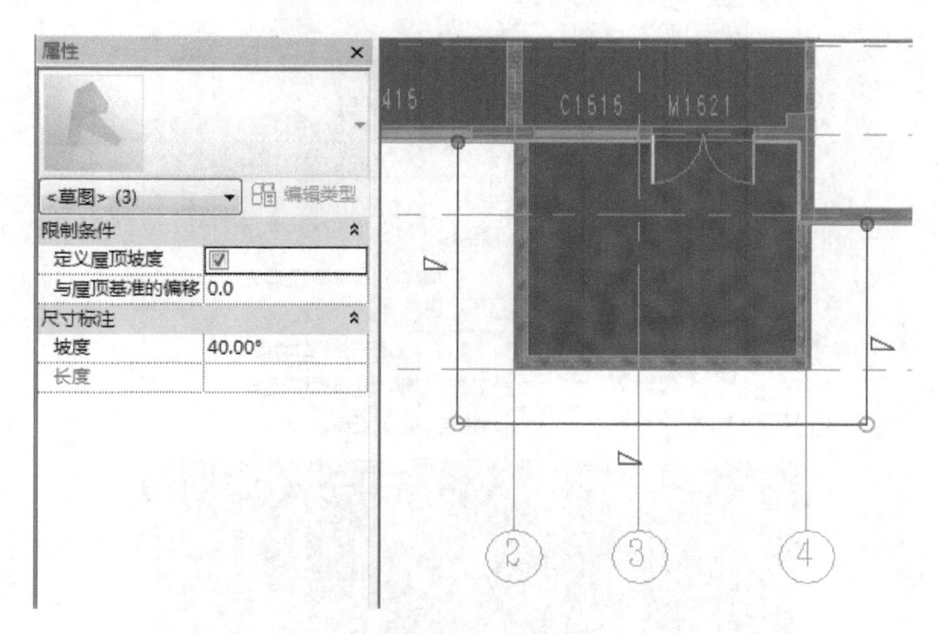

图 3-181

执行【完成屋顶】命令创建二层多坡屋顶，完成后如图 3-182 所示。

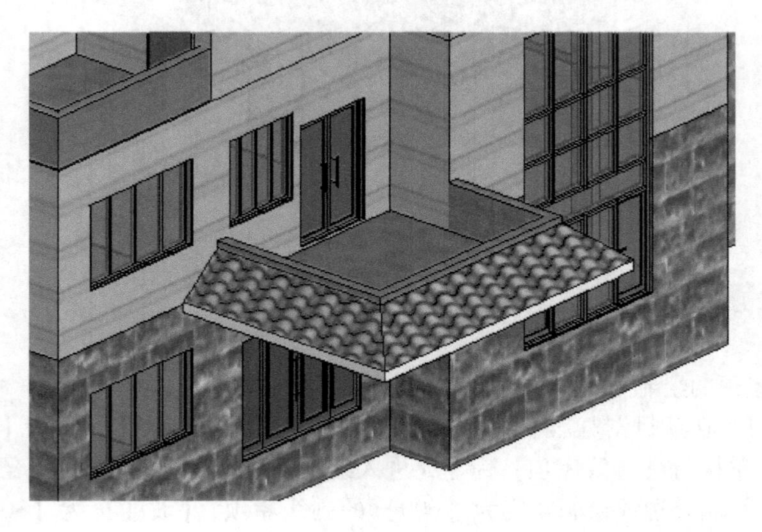

图 3-182

放置墙饰条：执行【建筑】→【墙】→【墙：饰条】命令，在类型选择器中选择【墙饰条：檐口_石料】类型，拾取屋顶所在的三道墙，为三道墙添加墙饰条，如图 3-183 所示。

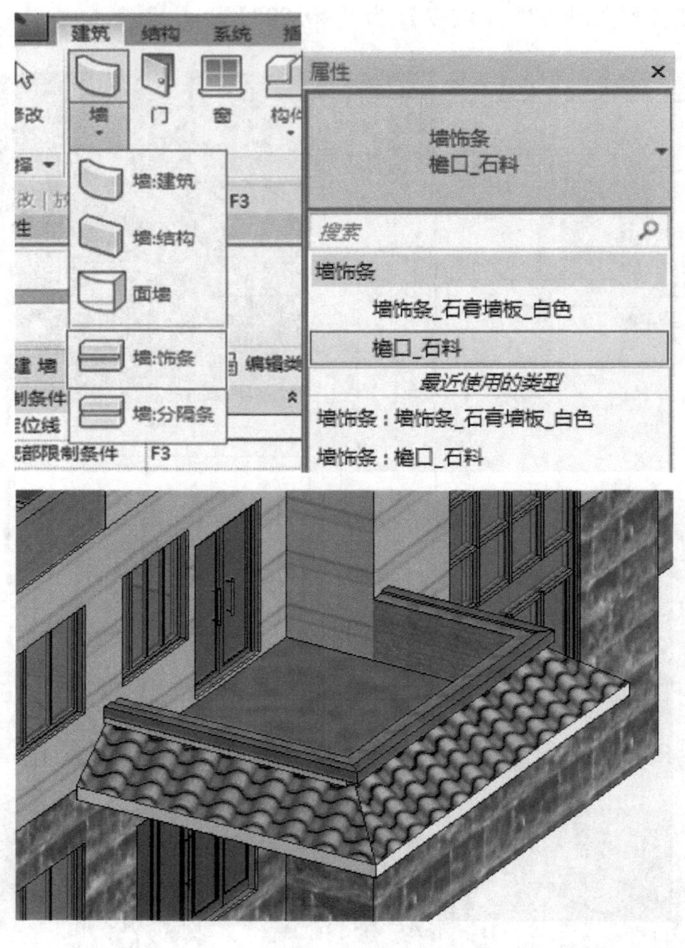

图　3-183

3.19.2 绘制三层多坡屋顶

三层多坡屋顶的绘制方法同二层屋顶。

接上节练习，在项目浏览器中双击【楼层平面】项下的【F3】。单击【建筑】选项卡【屋顶】下拉菜单执行【迹线屋顶】命令，进入绘制屋顶迹线草图模式。【绘制】面板执行【直线】命令，沿墙外边线绘制宽度为【600】的迹线屋顶，【坡度】为【30】，如图 3-184 所示。

执行【完成屋顶】命令创建了三层多坡屋顶，如图 3-185 所示。

为屋顶所在的两道墙上加上【墙饰条：檐口_石料】，如图 3-186 所示。

同理绘制三层东侧多坡屋顶，沿墙外边线绘制宽度为【600】的迹线屋顶，【坡度】为【30.00°】，如图 3-187 所示。

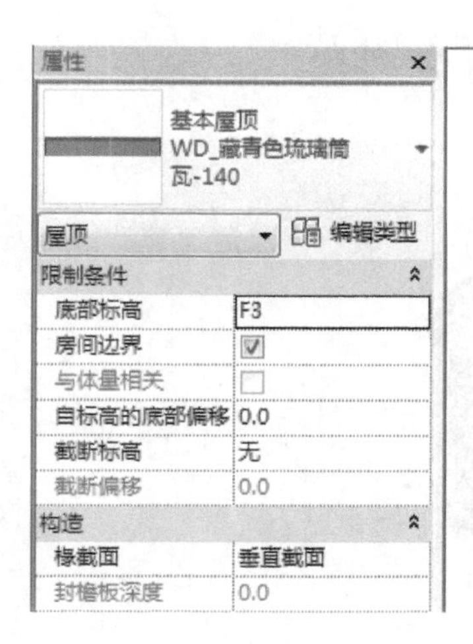

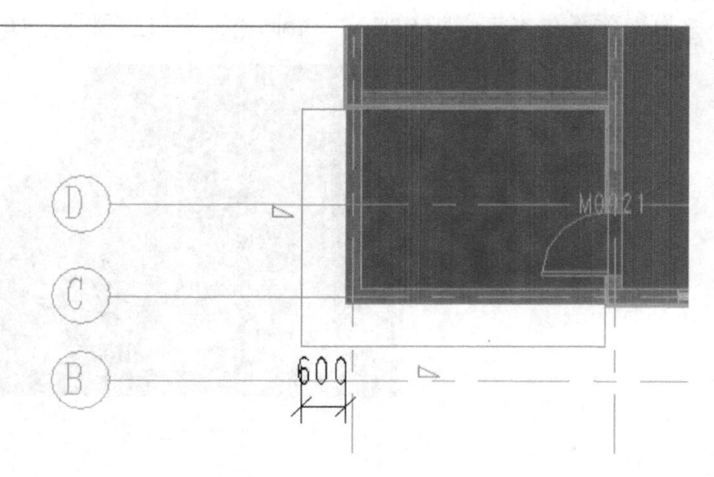

图 3-184

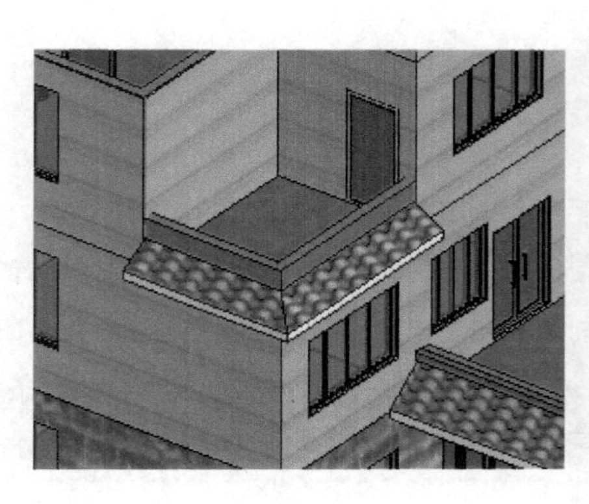

图 3-185

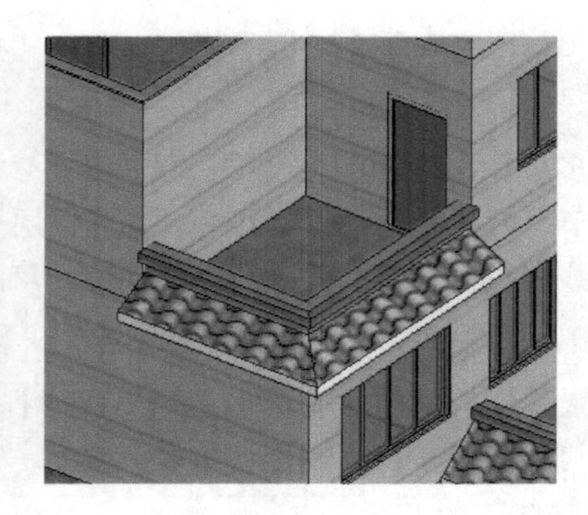

图 3-186

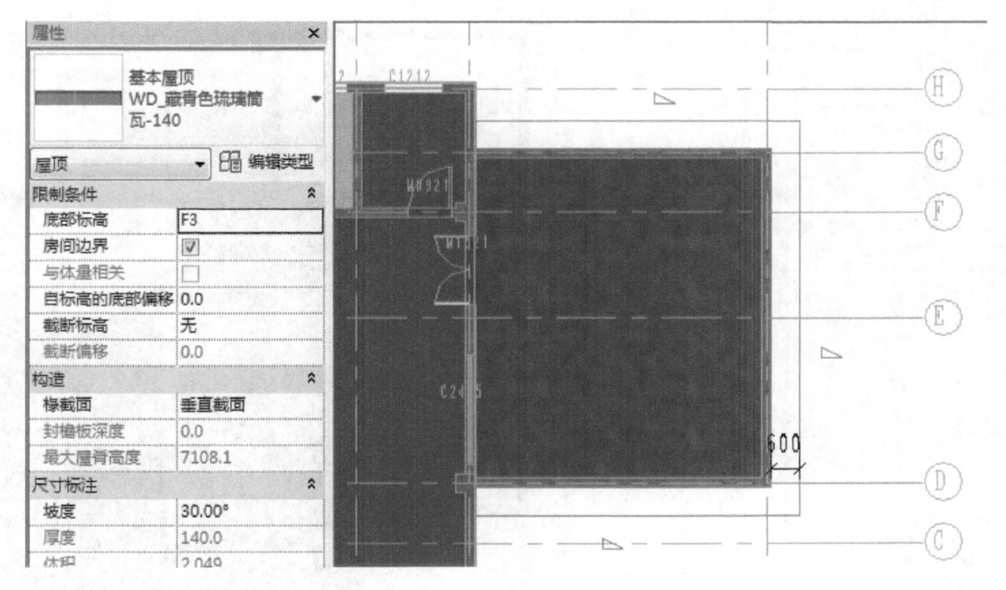

图 3-187

为屋顶所在的三道墙上加上【墙饰条：檐口_石料】，如图 3-188 所示。

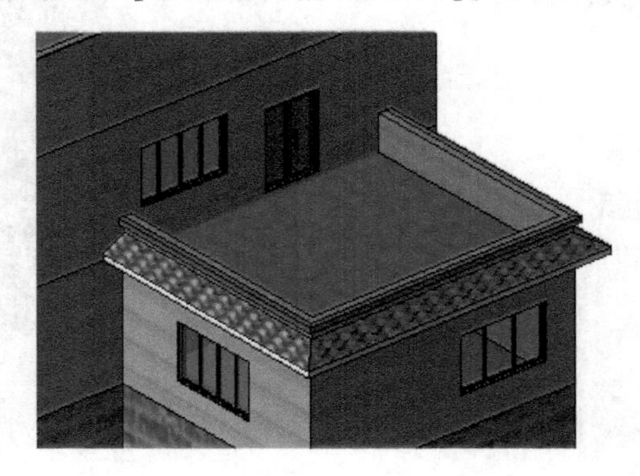

图 3-188

3.19.3 绘制四层多坡屋顶

三层多坡屋顶的绘制方法同二层屋顶。

接上节练习，在项目浏览器中双击【楼层平面】项下的【F4】，单击【建筑】卡【屋顶】执行【迹线屋顶】命令，进入绘制屋顶迹线草图模式。【绘制】面板执行【直线】命令，绘制距Ⓓ轴 500，Ⓚ轴 920，①、③和⑤轴各 920 参照平面，并绘制四层北侧坡屋顶。在【属性】面板，设置屋顶的【坡度】参数为【20.00°】。按住 <Ctrl> 键单击选择靠墙的两条迹线，选项栏取消勾选【定义坡度】选项，取消坡度。完成后的屋顶迹线轮廓如图 3-189 所示。

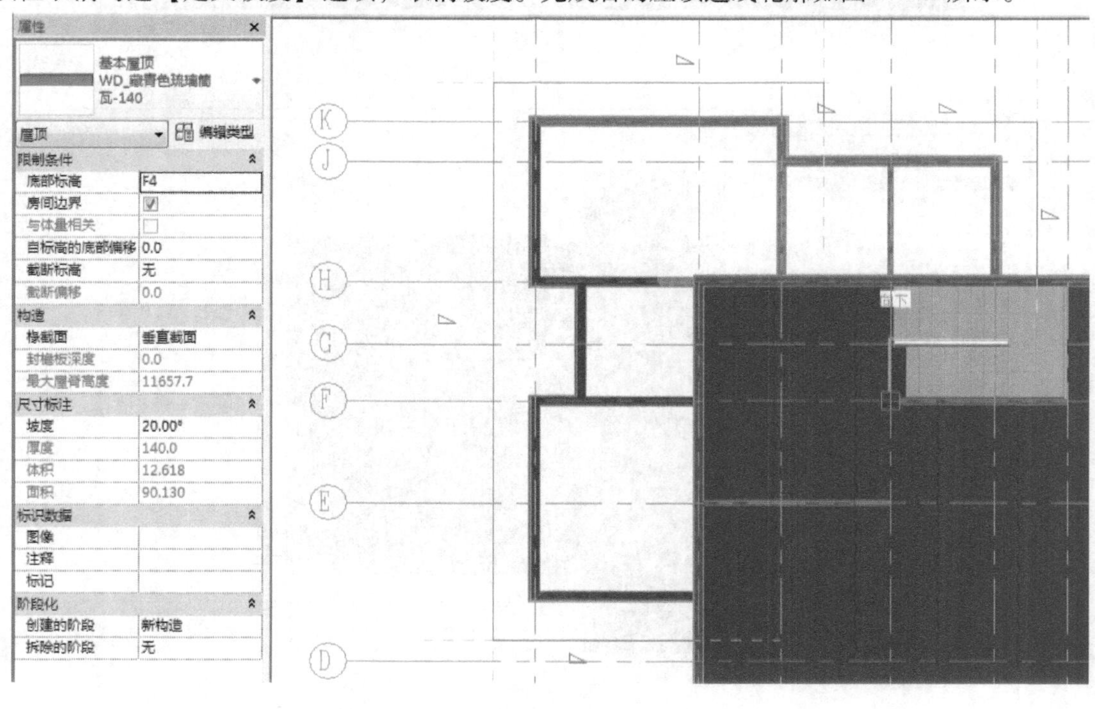

图 3-189

执行【完成屋顶】命令，创建四层北侧多坡屋顶，弹出如图3-190所示对话框，单击【否】按钮。

图 3-190

选择刚刚绘制的屋顶下的墙体，执行【修改墙】→【附着顶部/底部】命令将墙顶部附着到屋顶下面，完成后的结果如图3-191所示。

图 3-191

3.19.4 绘制五层多坡屋顶

方法同绘制四层多坡屋顶，在项目浏览器中双击【楼层平面】项下的【F4】。在【属性】面板【范围】下选择【视图范围】调整如图3-192所示数值。

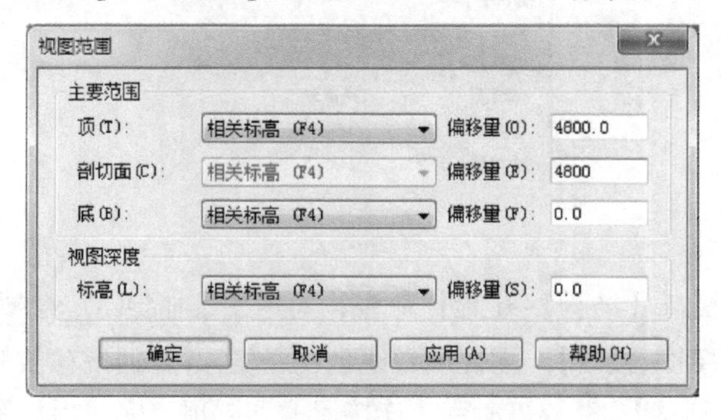

图 3-192

执行【建筑】→【屋顶】→【迹线屋顶】命令，进入绘制屋顶迹线草图模式。

执行【绘制】→【直线】命令，绘制五层坡屋顶，如图 3-193 在相应轴线向外偏移【1100】，绘制出屋顶的轮廓。

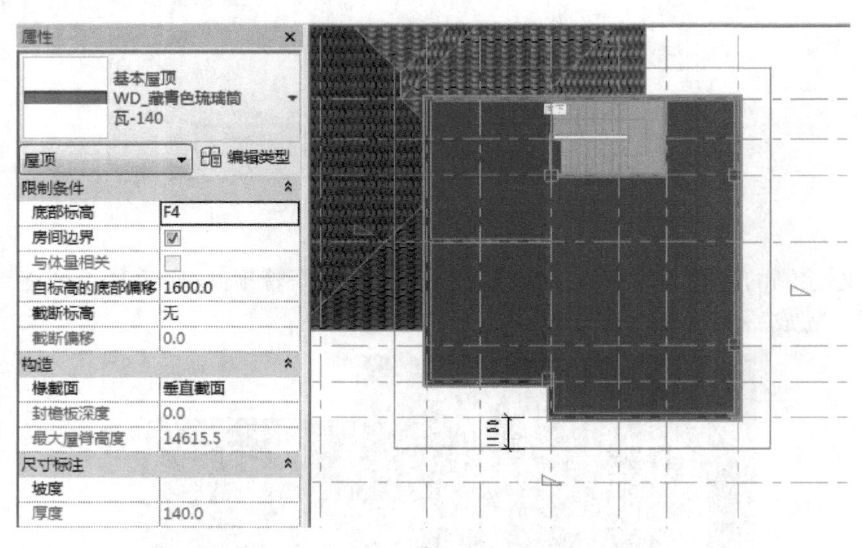

图 3-193

在【属性】面板，设置屋顶的【坡度】东西方向为【25】，南北方向为【30】，【自标高的底部偏移】为【1600.0】，如图 3-194 所示。单击完成按钮，弹出如图 3-190 所示的对话框，单击【是】按钮。同时选择穿过屋顶的四根柱子，使其附着在屋顶上。

属性

基本屋顶
WD_藏青色琉璃筒
瓦-140

屋顶　编辑类型

限制条件	
底部标高	F4
房间边界	☑
与体量相关	☐
自标高的底部偏移	1600.0
截断标高	无
截断偏移	0.0
构造	
椽截面	垂直截面
封檐板深度	0.0
最大屋脊高度	14615.5

图 3-194

打开三维视图，执行【结构】→【梁】命令，勾选三维捕捉 ☑三维捕捉 选项，在类型选择器中选择【屋顶沿：屋檐_板岩】，捕捉屋脊线创建屋檐，【Z 轴偏移值】为【170.0】，并执行【修改】选项卡【连接】 连接命令，连接屋檐和屋顶，完成后如图 3-195 所示。

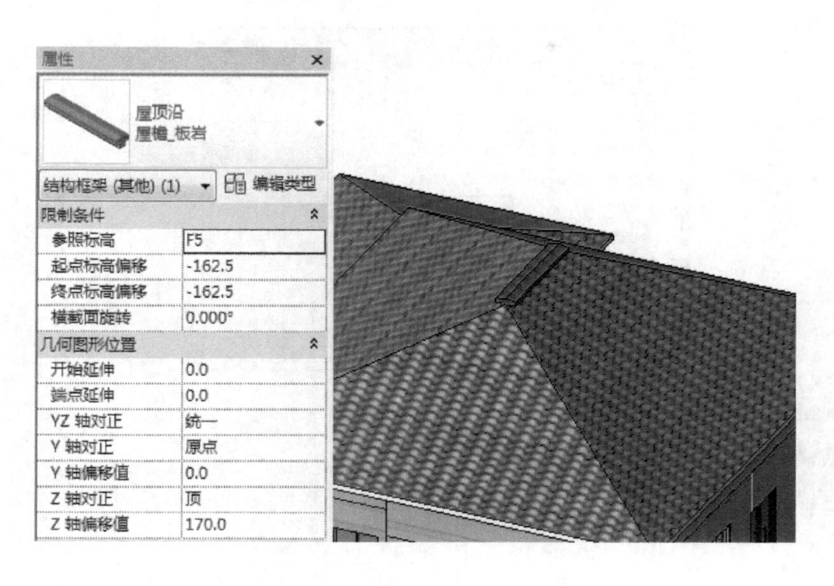

图 3-195

3.19.5 绘制五层老虎窗

1）在项目浏览器中双击【楼层平面】项下的【F4】，进入【F4】平面视图，绘制如图3-196所示的7条参照平面。

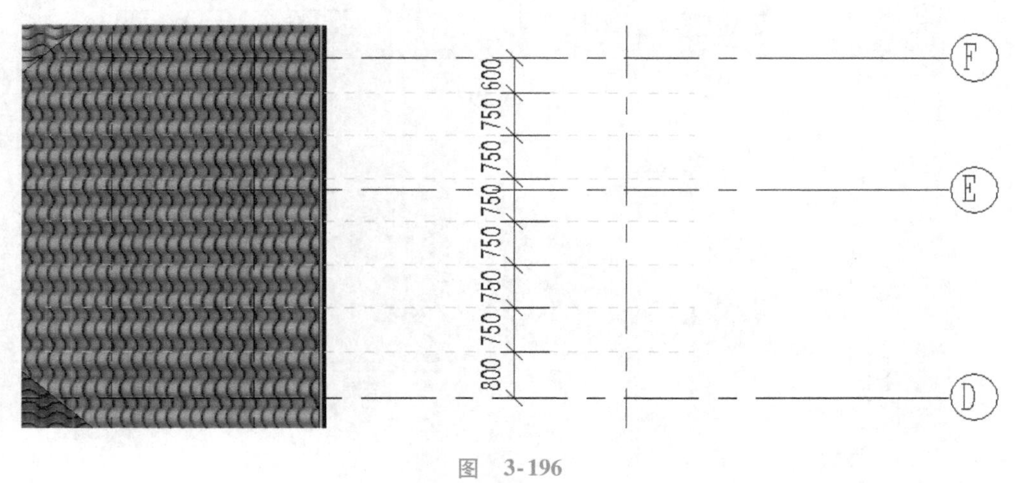

图 3-196

单击【建筑】选项卡【屋顶】下拉菜单执行【拉伸屋顶】命令，弹出【工作平面】对话框，选择【拾取一个平面】，单击确定，选择⑦轴为拾取对象，弹出【转到视图】对话框，选择【立面：东】，单击【打开视图】进入东立面，弹出【屋顶参照标高和偏移】对话框，选择默认值，单击确定，如图3-197所示。

在标高【F4】上方绘制2道参照平面，分别距离【F4】标高为【2800】和【3700】，如图3-198所示。

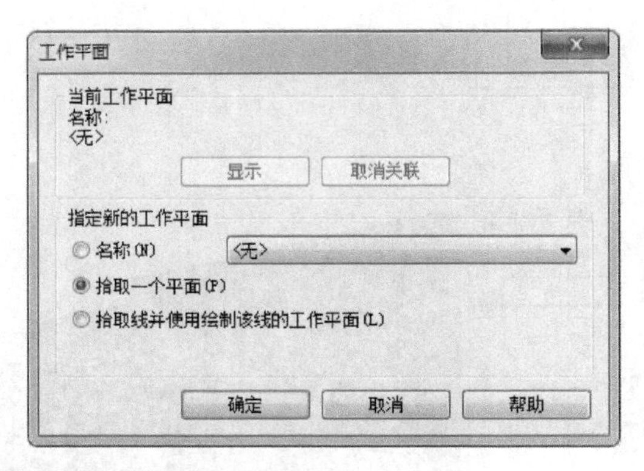

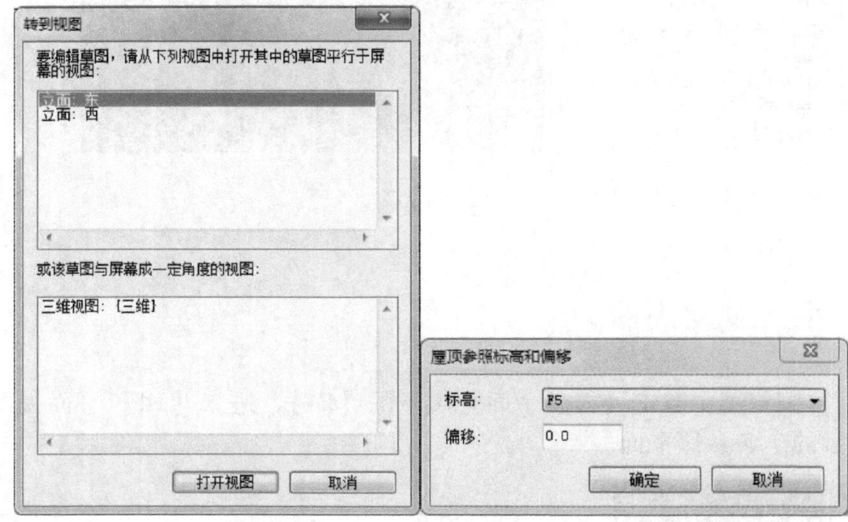

图 3-197

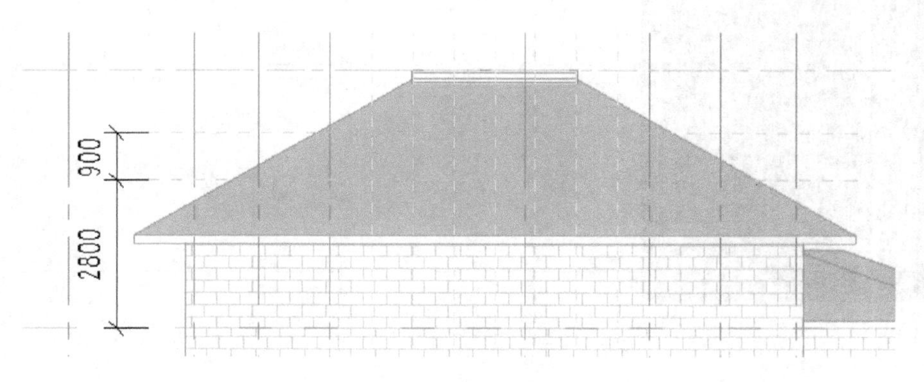

图 3-198

执行【绘制】面板【直线】命令，绘制如图 3-199 所示拉伸轮廓线，在类型选择器中选择【基本屋顶：WD_藏青色琉璃筒瓦_140】类型，完成屋顶绘制。并执行【镜像】命令对所绘制拉伸屋顶进行镜像，如图 3-200 所示。

在项目浏览器中双击【楼层平面】项下的【F4】，进入 F4 视图。调整拉伸屋顶右侧位置与⑦齐平，同时执行【连接/取消连接屋顶】命令连接拉伸屋顶和迹线屋顶。首先选择拉

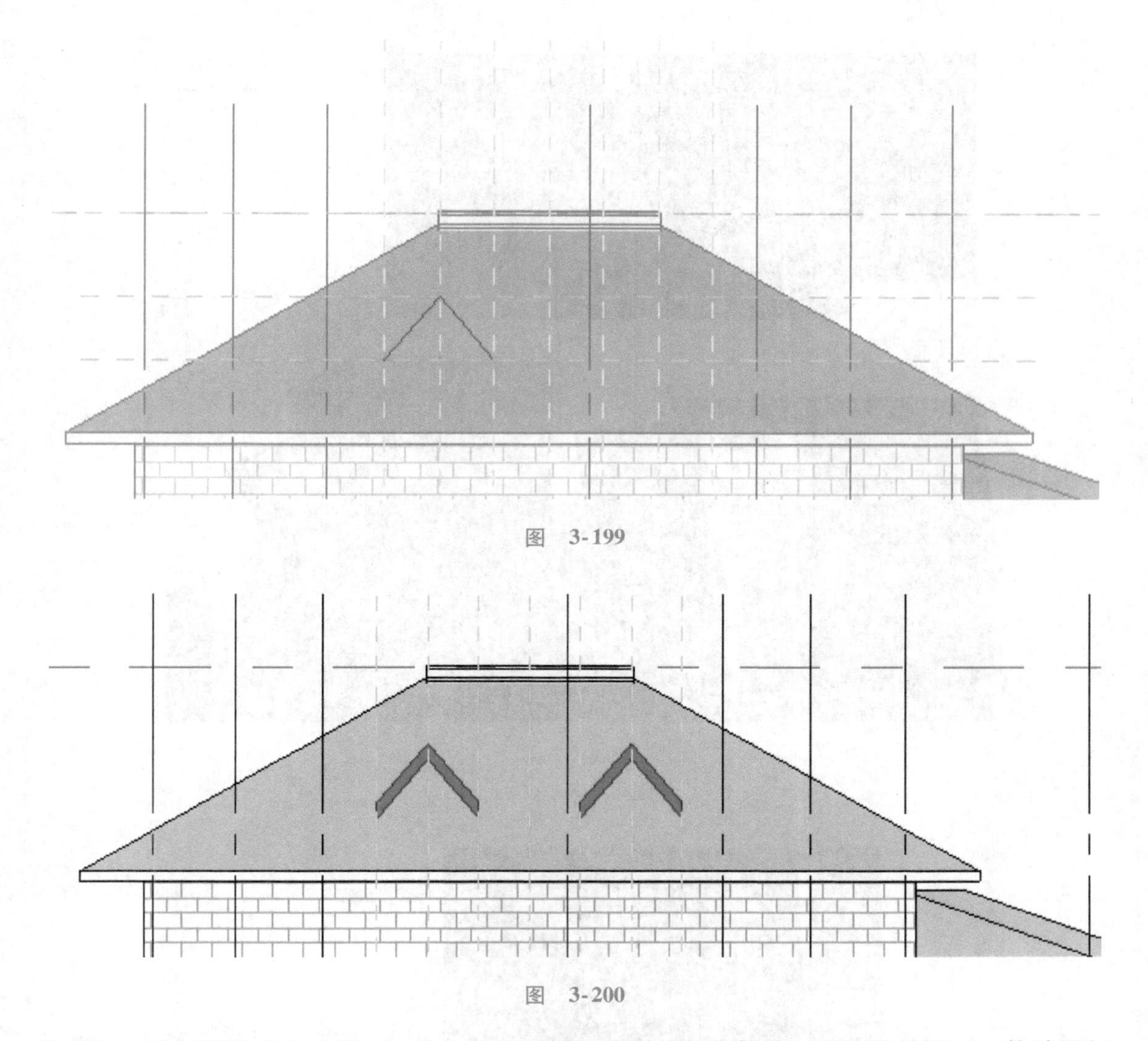

图　3-199

图　3-200

伸屋顶的要与极限屋顶连接的边线，然后选择迹线屋顶要与拉伸屋顶连接的屋面，使其进行连接，如图 3-201 所示。

2）在项目浏览器中双击【楼层平面】项下的【F4】，进入 F4 视图。单击【建筑】选项卡【墙】下拉菜单执行【墙：建筑】命令，选择【QZ_40_砖，普通，米黄色】，在【属性】面板修改其【顶部约束】为【未连接】，【无连接高度】为【5000.0】，偏移量改为【－130.0】 ☑链　偏移量: -130.0 ，沿拉伸屋顶边界绘制如图 3-202 所示墙体。

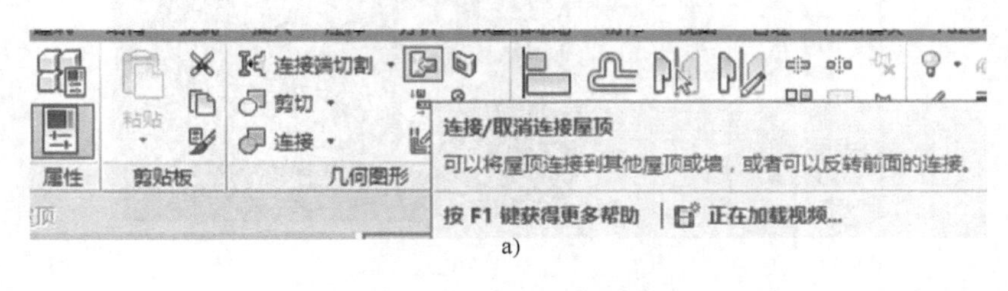

a)

图　3-201

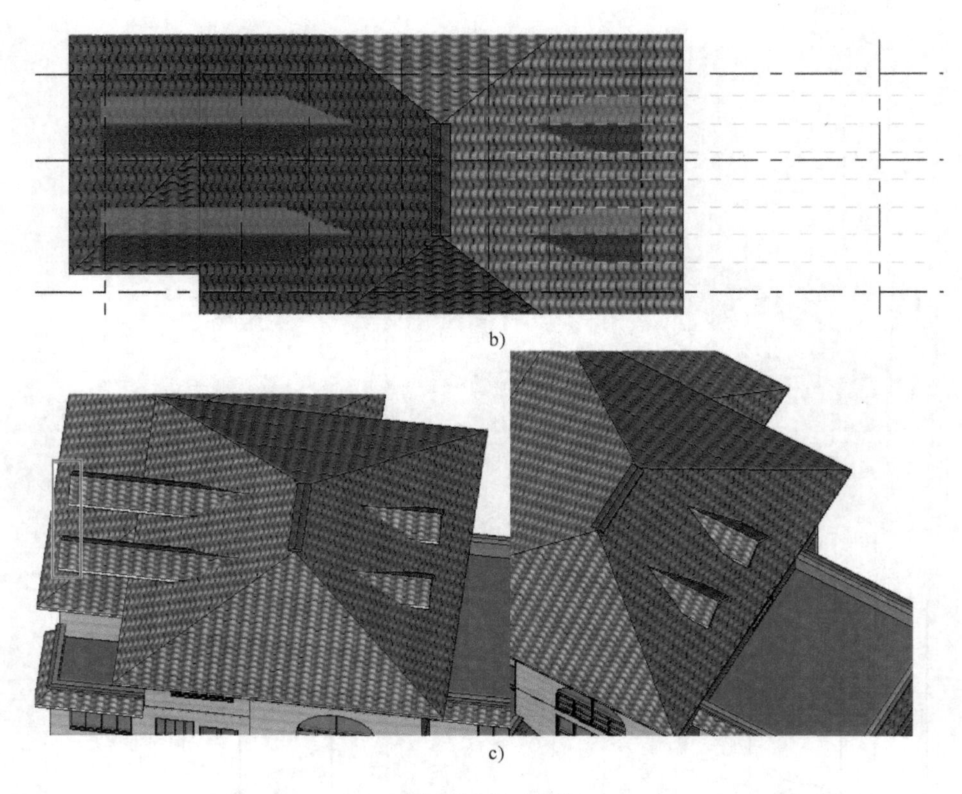

b)

c)

图 3-201（续）

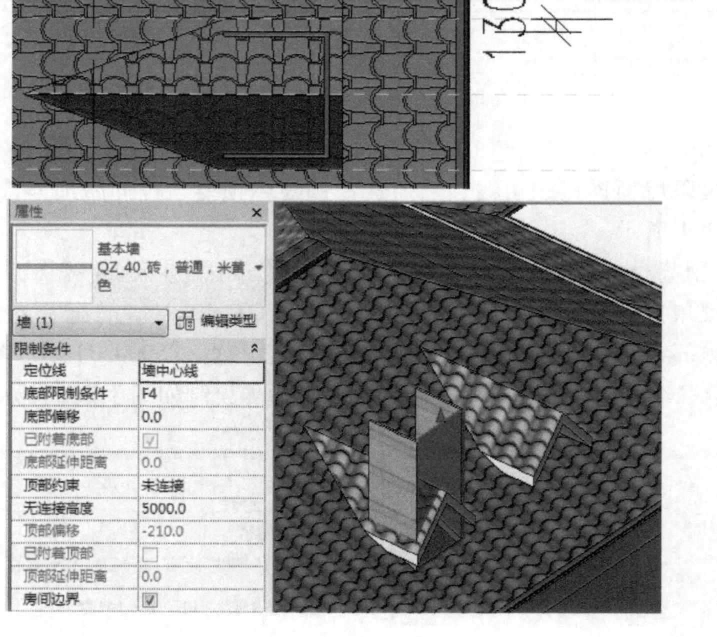

图 3-202

选择所绘制的墙体，执行【附着顶部/底部】命令，分别使墙体附着到顶部的拉伸屋顶与底部的迹线屋顶。按照上述步骤绘制另一个拉伸屋顶，完成后如图 3-203 所示。

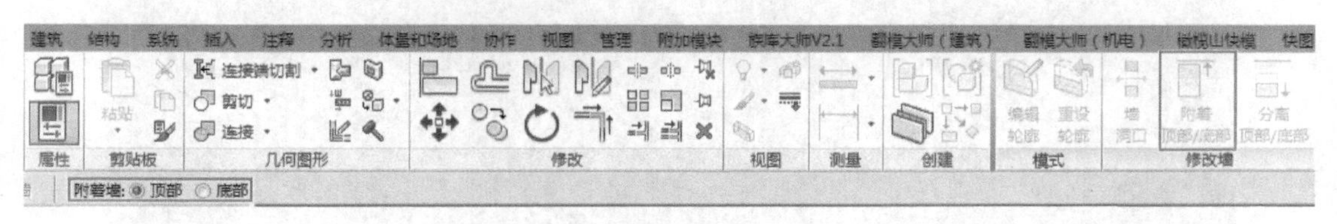

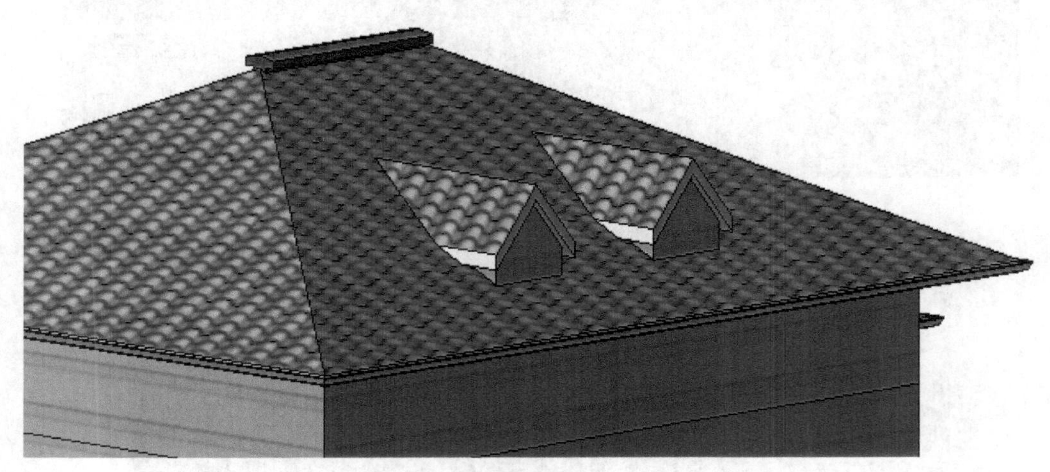

图　3-203

3）在项目浏览器中双击【三维视图】项下的【三维】，进入三维视图。在【属性】面板【范围】中勾选【剖面框】 剖面框 ☑，并调整剖面框的位置，如图 3-204 所示。

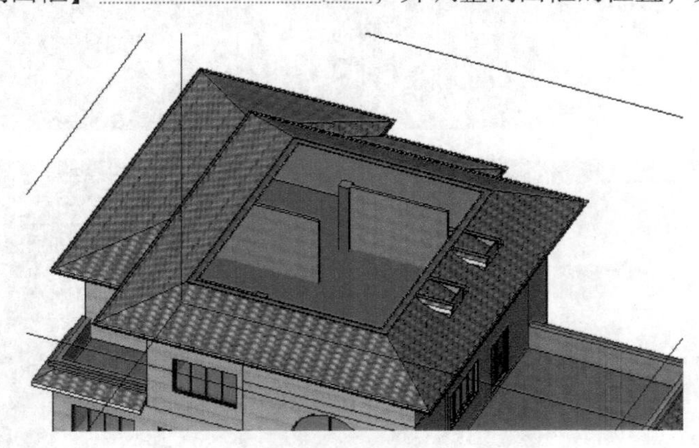

图　3-204

执行【建筑】选项卡【洞口】面板中的【老虎窗】命令，首先选择要被剪切的迹线屋顶，进入编辑草图模式，分别拾取拉伸屋顶和所绘制三道墙体的内边线，并进行修剪，形成闭合轮廓，单击完成，自动剪切迹线屋顶，如图 3-205 所示。

另一老虎窗重复以上 3）操作。完成后取消【剖面框】的勾选，并为老虎窗加上一扇窗，为屋脊加上屋檐，如图 3-206 所示。

图 3-205

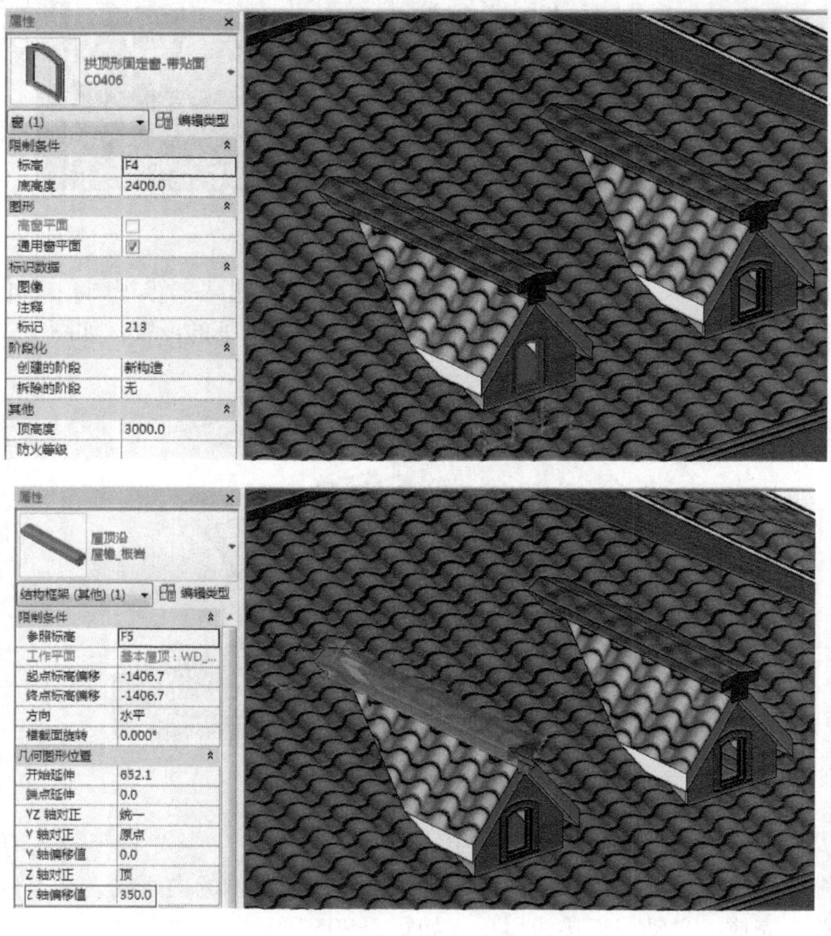
属性
拱顶形固定窗-带贴面
C0406
窗 (1)
编辑类型
限制条件
标高
F4
底高度
2400.0
图形
高窗平面
通用窗平面
标识数据
图像
注释
标记
213
阶段化
创建的阶段
新构造
拆除的阶段
无
其他
顶高度
3000.0
防火等级
属性
屋顶沿
屋檐_板岩
结构框架 (其他) (1)
编辑类型
限制条件
参照标高
F5
工作平面
基本屋顶：WD_...
起点标高偏移
-1406.7
终点标高偏移
-1406.7
方向
水平
横截面旋转
0.000°
几何图形位置
开始延伸
652.1
端点延伸
0.0
YZ 轴对正
统一
Y 轴对正
原点
Y 轴偏移值
0.0
Z 轴对正
顶
Z 轴偏移值
350.0

图 3-206

3.20 绘制柱和结构构件

1）在项目浏览器中双击【楼层平面】项下的【F1】，打开【F1】平面视图。

2）单击【建筑】→【柱】→【建筑柱】，在类型选择器中选择柱类型【矩形柱：KZ_300×300_混凝土】，并调整其实例参数【底部标高】为【F1】，【底部偏移】为【10.0】，【顶部标高】为【F2】，【顶部偏移】为【-150.0】，在如图3-207所示位置单击放置建筑柱。

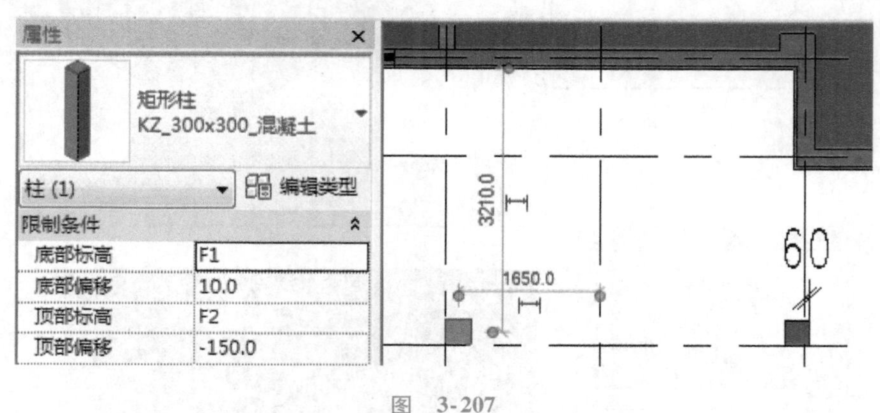

图 3-207

3.21 绘制场地、室外楼梯及栏杆扶手

3.21.1 创建场地

1）在项目浏览器中双击【楼层平面】项下的【CD】，打开【CD】平面视图，单击【建筑】→【工作平面】→【参照平面】，绘制4道分别距离Ⓐ轴25000mm，Ⓚ轴14000mm，①轴12000mm，⑧轴14000mm的参照平面，如图3-208所示。

2）执行【体量与场地】→【地形表面】命令，在参照平面的4个交点处放置点，【高程】设置为【-2500】，单击完成地形表面的编辑，如图3-209所示。

3）执行【体量与场地】→【建筑地坪】命令，修改其实例属性【标高】为【F1】，【自标高的高度偏移】为【-900.0】，绘制如图3-210所示的轮廓线，单击完成绘制。

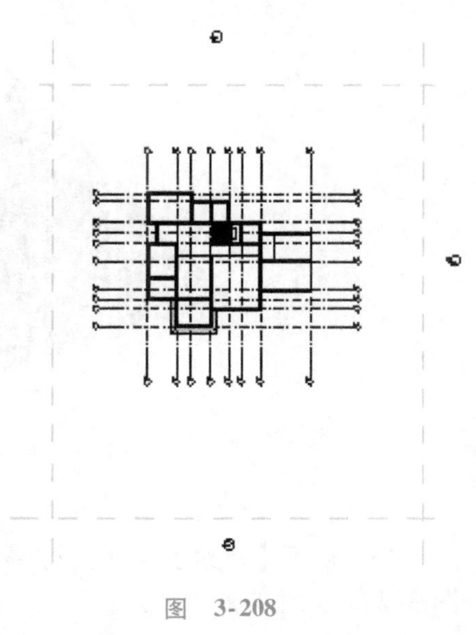

图 3-208

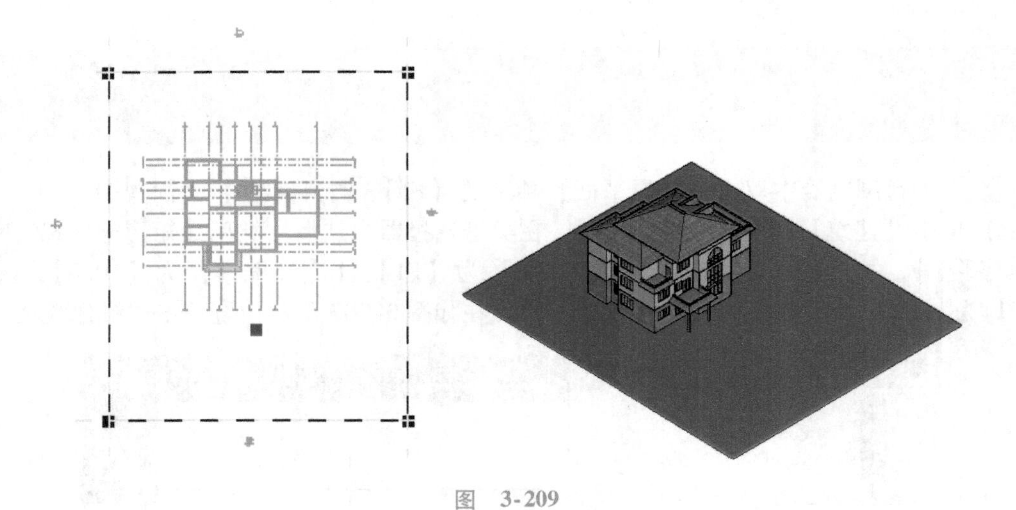

图 3-209

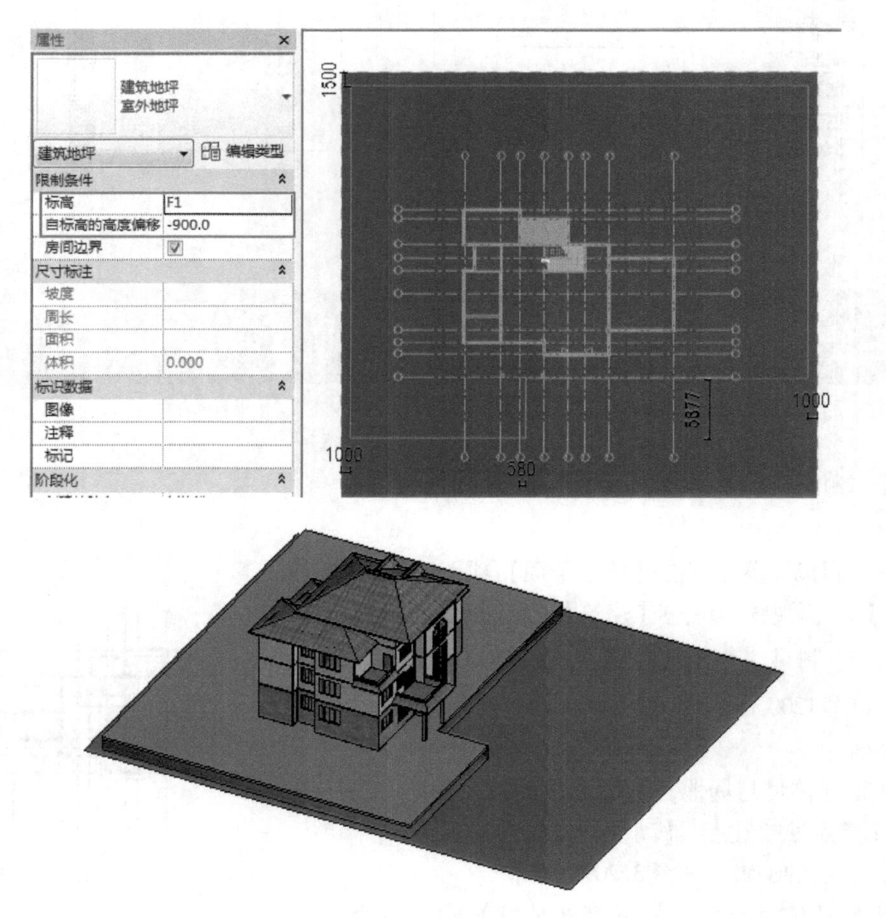

图 3-210

4）执行【建筑】→【楼板】→【楼板：建筑】命令，沿墙边线绘制四块回填土，如图 3-211 ~ 图 3-214 所示。

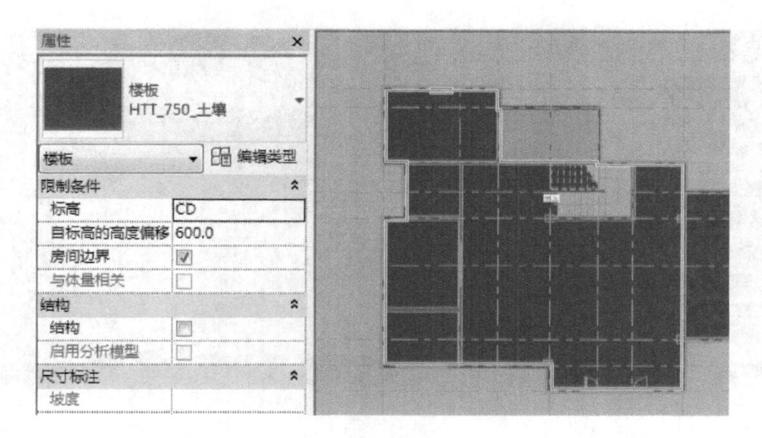

图 3-211

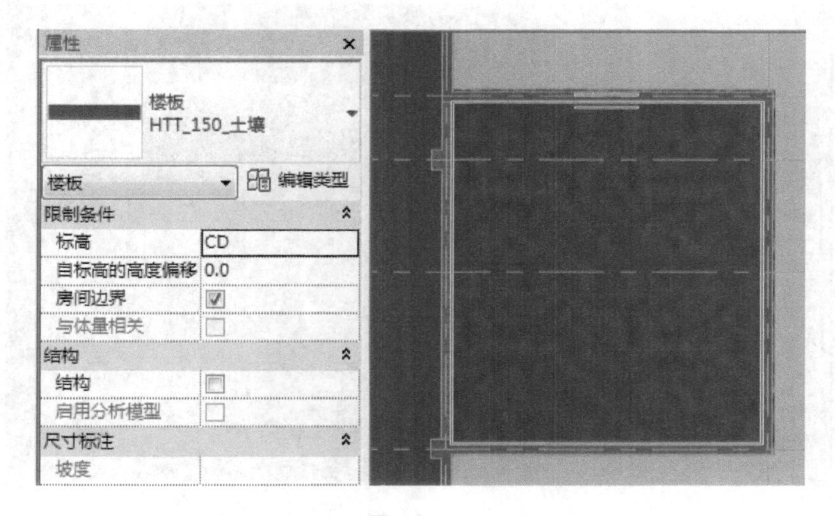

图 3-212

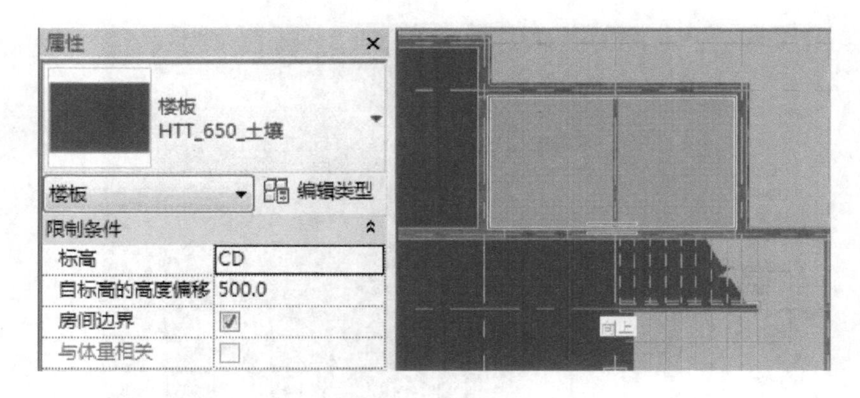

图 3-213

5）执行【建筑】→【墙】→【墙：建筑】命令，在类型选择器中选择【基本墙：DTQ_200_混凝土砌块】，沿回填土边线为其绘制挡土墙，如图 3-215 所示。

6）执行【建筑】→【坡道】命令，绘制场地坡道，参数如图 3-216 所示。

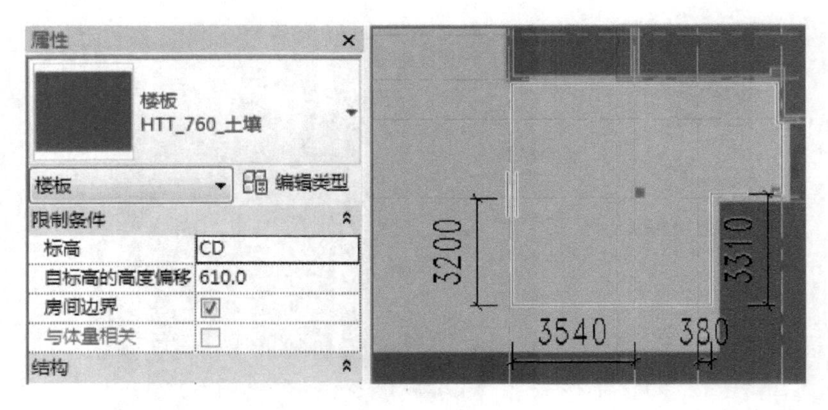

图 3-214

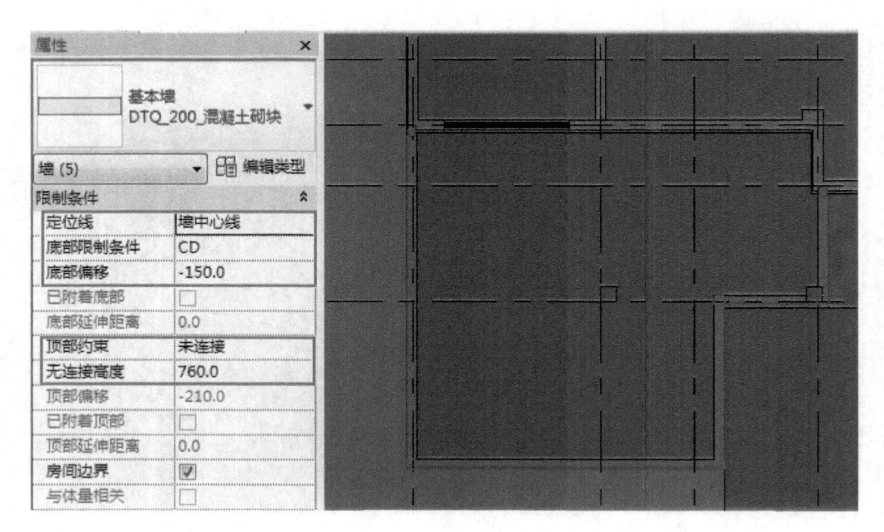

图 3-215

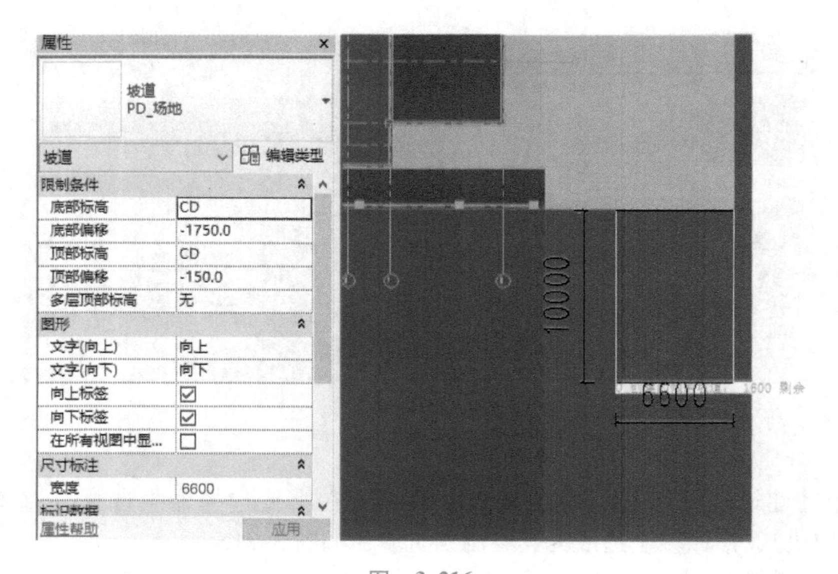

图 3-216

7）执行【体量和场地】→【子面域】命令，绘制场地道路，参数如图3-217所示。

图　3-217

8）执行【建筑】→【楼板】→【楼板：建筑】命令，在类型选择器选择【楼板：LB_150_混凝土】，绘制2道室外楼板，如图3-218和图3-219所示。

9）整体外观展示如图3-220所示。

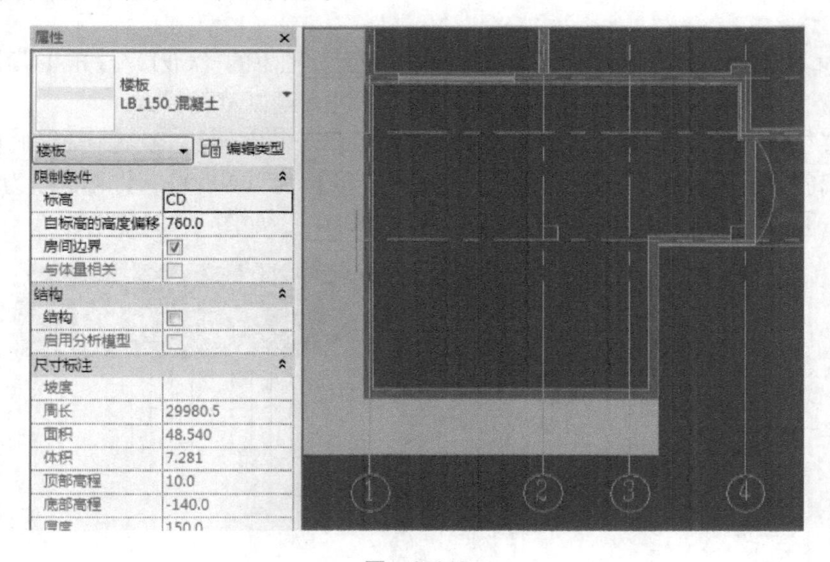

图　3-218

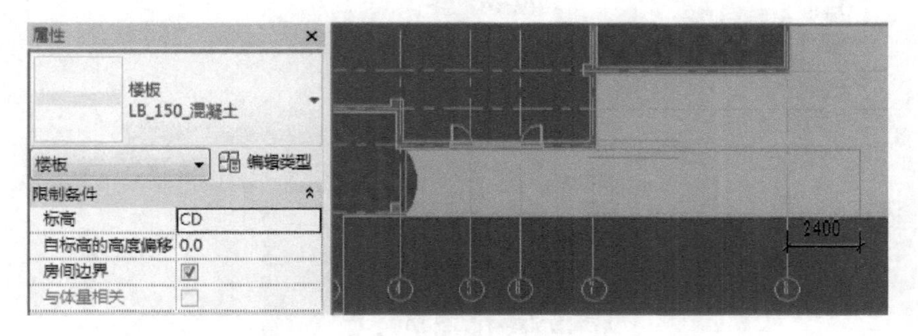

图　3-219

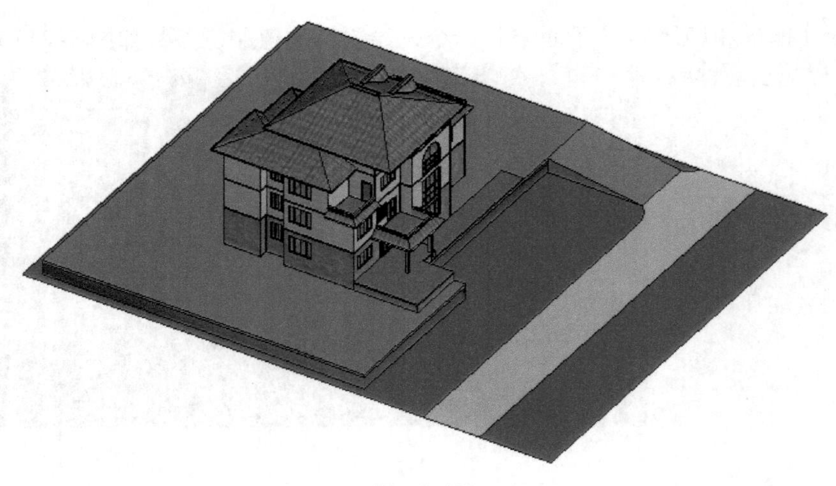

图 3-220

3.21.2 创建室外楼梯

接上节练习文件，在项目浏览器中双击【楼层平面】项下的【CD】，打开【CD】平面视图。

1）执行【建筑】→【楼梯】→【按草图】命令，进入绘制草图模式。

2）设置楼梯【实例属性】，选择楼梯类型为【LT1_室外】，设置楼梯的【底部标高】为【室外标高】，【顶部标高】为【F1】，【顶部偏移】为【60.0】，【宽度】为【1200.0】，【所需踢面数】为【14】，【实际踏板深度】为【250.0】，如图 3-221 所示。

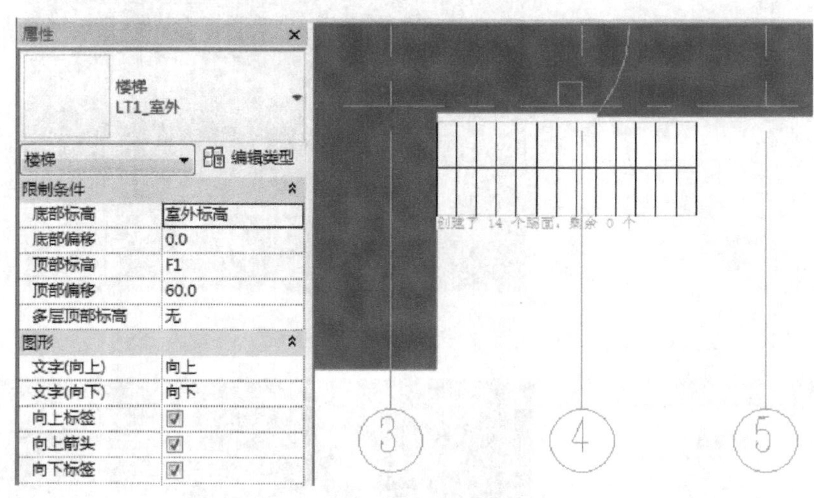

图 3-221

3）【绘制】面板执行【梯段】命令，选择【直线】绘图模式，在建筑外单击一点作为第一跑起点，垂直向下移动光标，直到显示创建了 14 个踢面，单击鼠标左键捕捉该点作为终点，创建楼梯草图，单击完成命令，并且删除楼梯的栏杆扶手，如图 3-222 所示。

图 3-222

4）【绘制】面板执行【梯段】命令，选择【直线】绘图模式，在建筑外单击一点作为第一跑起点，垂直向下移动光标，直到显示创建了 6 个踢面，单击鼠标左键捕捉该点作为终点，后删除直线踢面，利用【绘制】面板执行【踢面】命令，使用拾取线工具拾取弧线，创建弧线踢面并复制另外的 5 条弧线，创建楼梯草图，按 < Esc > 键结束绘制命令，如图 3-223 所示。

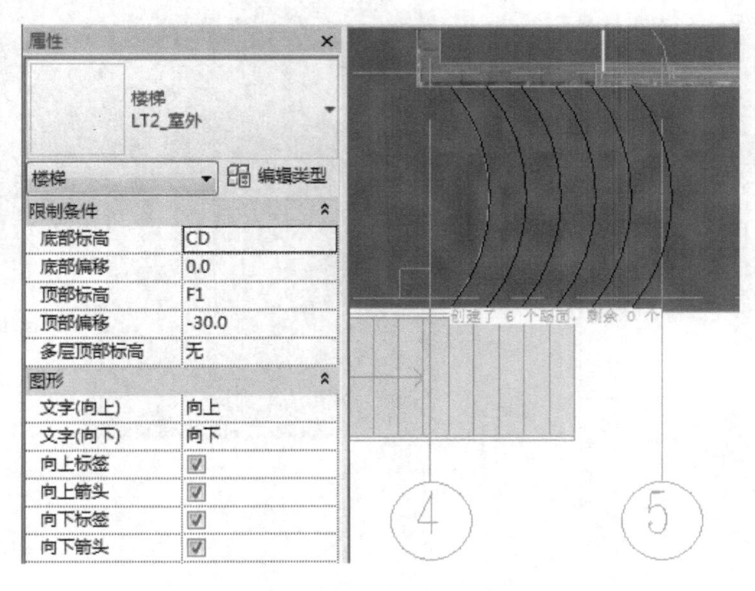

图 3-223

5）单击【完成】按钮，楼梯生成后删除栏杆扶手，以待后续进行编辑，如图 3-224 所示。

图 3-224

绘制栏杆扶手：

1）扶手类型：执行【建筑】→【楼梯坡道】→【栏杆扶手】→【绘制路径】命令，在类型对话框中选择扶手类型【栏杆扶手：栏杆扶手 1_1100mm_室外】。

2）绘制栏杆扶手：单击楼层平面【F1】，进入一层平面，绘制如图 3-225 所示栏杆扶手线，因为栏杆扶手线必须是一条单一且连接的草图，所以我们在绘制完成后使用【拾取新主体】工具，分别拾取室外楼板和楼梯，确定完成。

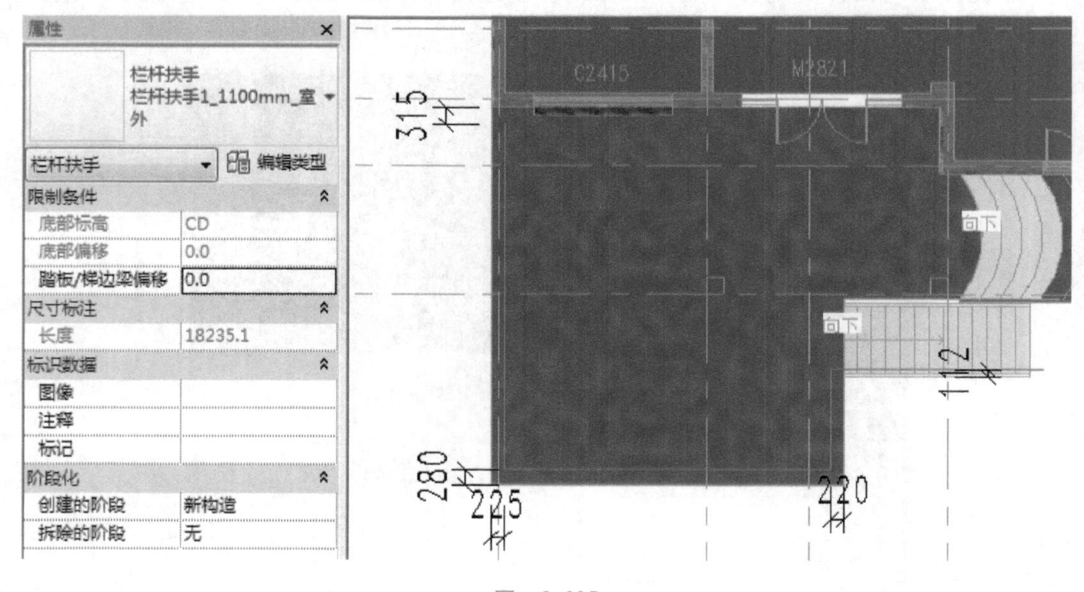

图 3-225

3）重复上述操作，使用【栏杆扶手：栏杆扶手 3_1100mm_室外】绘制如图 3-226 所示栏杆扶手，在绘制完成后使用【拾取新主体】工具，拾取室外楼板，确定完成。

4）重复 2）、3）操作，绘制如图 3-227 所示栏杆扶手。绘制时在绘制到楼梯最后一个

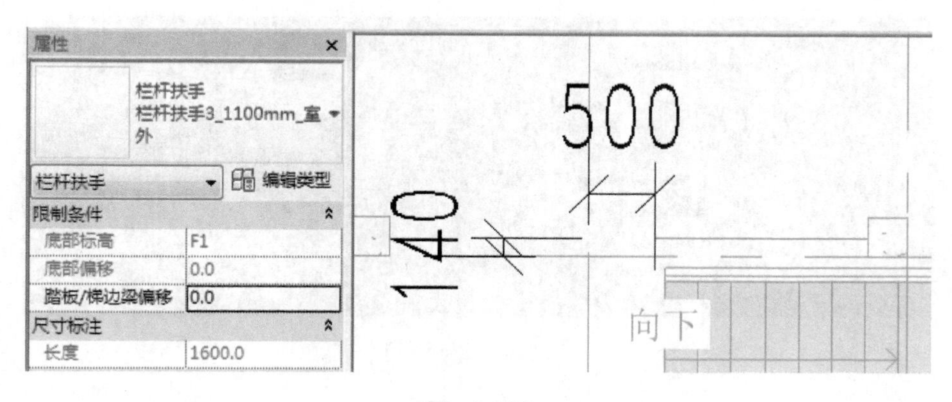

图 3-226

台阶边界的时候单击停止，然后再向右绘制675mm的距离，使用的栏杆扶手类型为【栏杆扶手：栏杆扶手2_1100mm_室外】，单击完成，完成楼梯绘制。

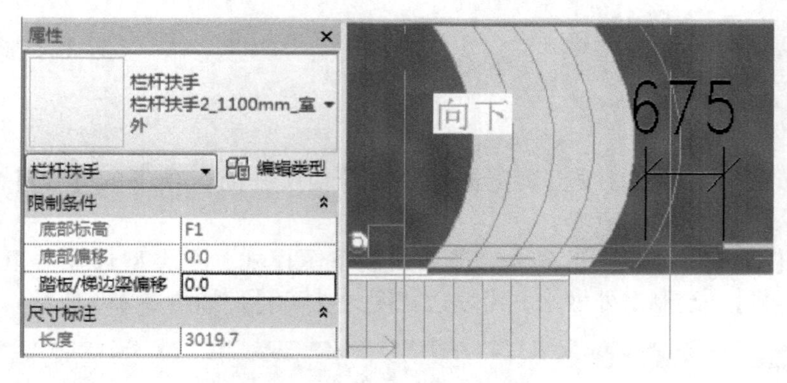

图 3-227

同样操作绘制如图3-228所示栏杆扶手，使用的栏杆扶手类型为【栏杆扶手：栏杆扶手4_1100mm_室外】，完成楼梯扶手绘制。

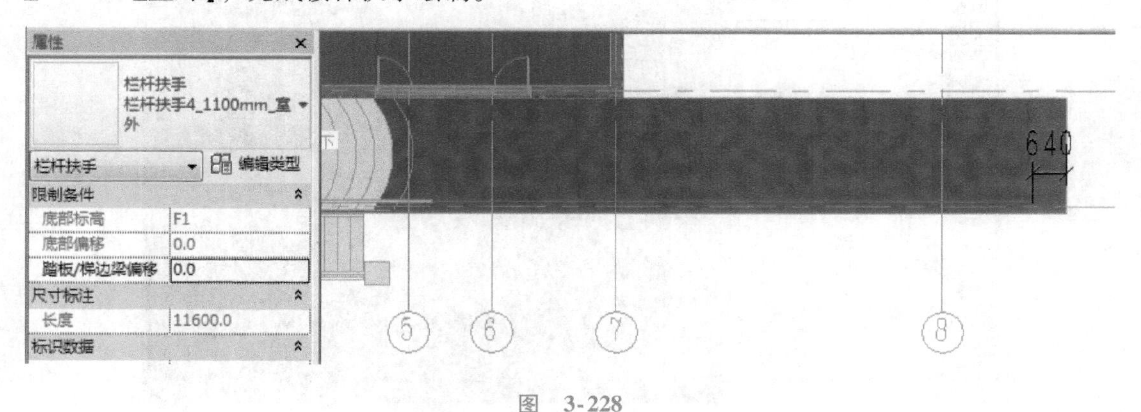

图 3-228

5）最终室外栏杆扶手如图3-229所示。

图 3-229

3.22 绘制散水、车库坡道及室外构件

3.22.1 绘制室外散水

1）接上节练习文件，在项目浏览器中双击【楼层平面】项下的【CD】，打开【CD】平面视图。

2）执行【建筑】→【楼板】命令，进入绘制草图模式，在类型选择器里选择【楼板：SS_150_水泥砂浆】，绘制室外散水，沿墙边宽度为【800】，如图 3-230 所示。

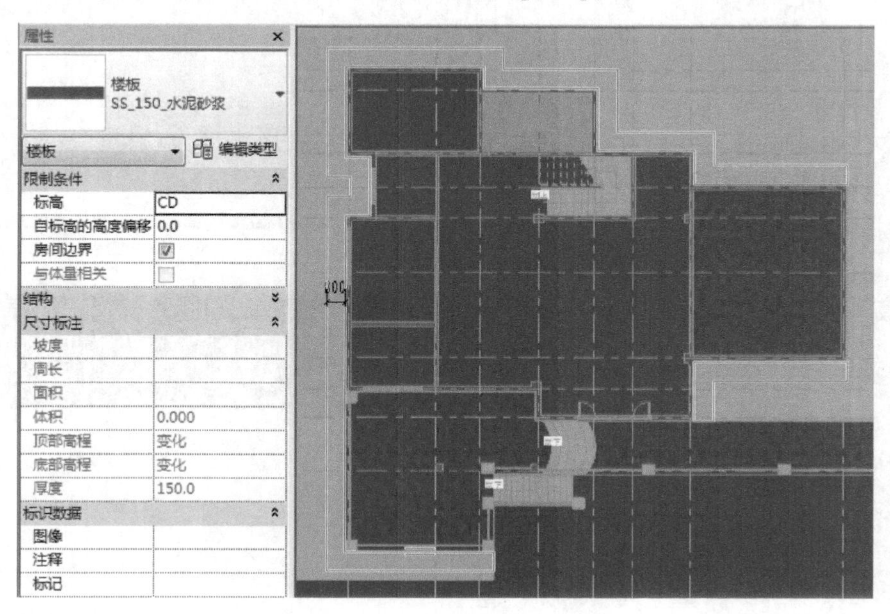

图 3-230

3）单击完成后，执行【修改子图元】命令，进入修改子图元命令，配合 < Ctrl > 选择如图 3-231 所示外边线的点，修改【立面】为【 -150】，内边线的点【立面】不变。

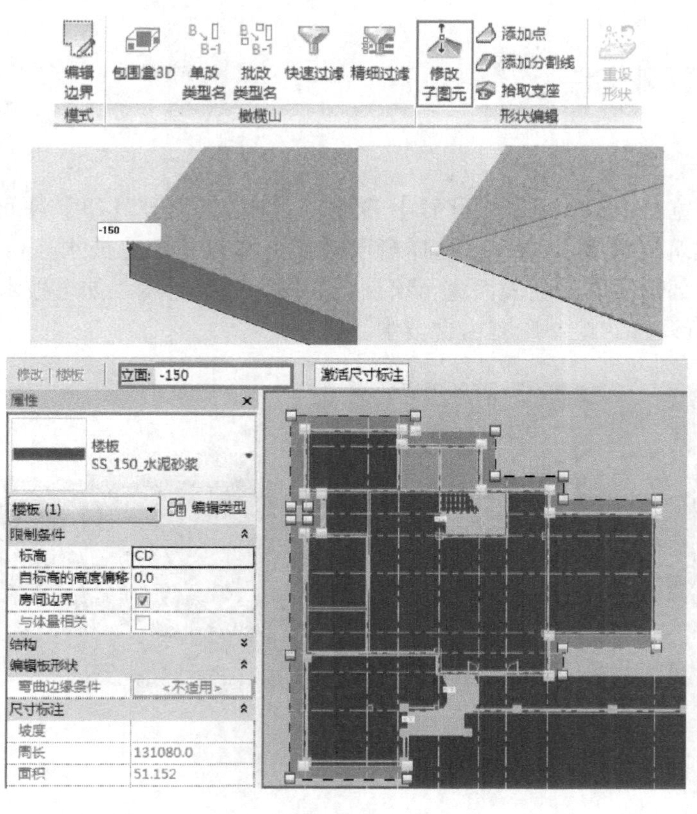

图　3-231

3.22.2 绘制车库坡道

1）在项目浏览器中双击【楼层平面】项下的【CD】，打开【CD】平面视图。

2）执行【建筑】→【坡道】命令，坡道类型为：【PD_水泥砂浆】，绘制图3-232所示车库坡道，并更改坡道处饰面墙【底部偏移】为【-150.0】。

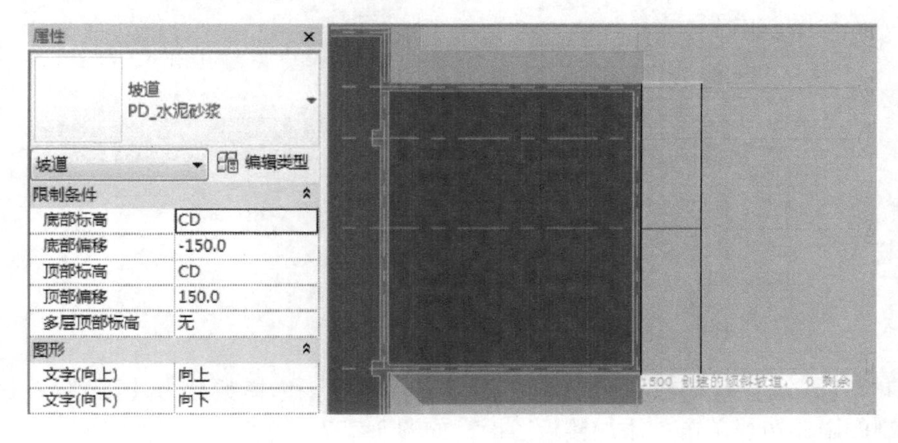

图　3-232

3.22.3 绘制室外构件

1. 窗台披水

1）在项目浏览器中双击【楼层平面】项下的【F1】，打开【F1】平面视图。

2）执行【建筑】→【窗】命令，选择窗台披水类型为【窗台披水-石：窗台披水_50_板岩】，捕捉窗户底部饰面墙的上表面进行绘制，如图 3-233 所示，如果披水对外的方向不对，按 <空格键> 进行调整，绘制所有窗台披水。

图 3-233

2. 雨棚

1）在项目浏览器中分别双击【楼层平面】项下的【F1】、【F2】、【F3】，打开 F1、F2、F3 平面视图。

2）执行【建筑】→【楼板】→【楼板：建筑】命令，在类型选择器中选择【雨棚_150_混凝土】类型，分别绘制如图 3-234 ~ 图 3-236 所示雨棚。

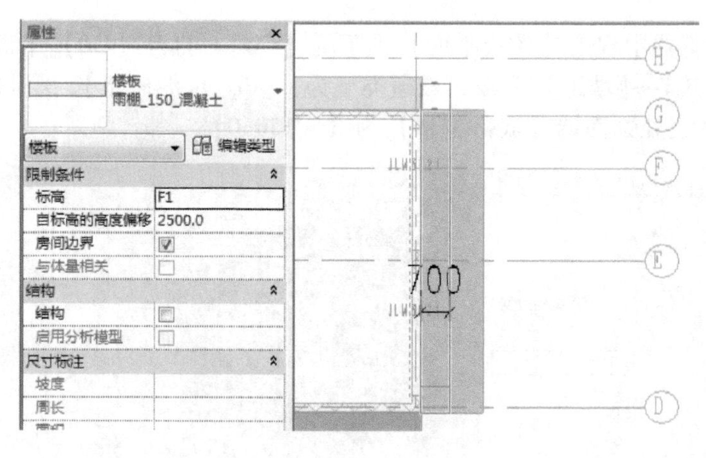

图 3-234

3）执行【建筑】→【楼板】→【楼板：楼板边】命令，选择类型为【雨棚_石料】，拾取刚刚所绘制的雨棚边缘单击，添加楼板边缘，如图 3-237 所示。

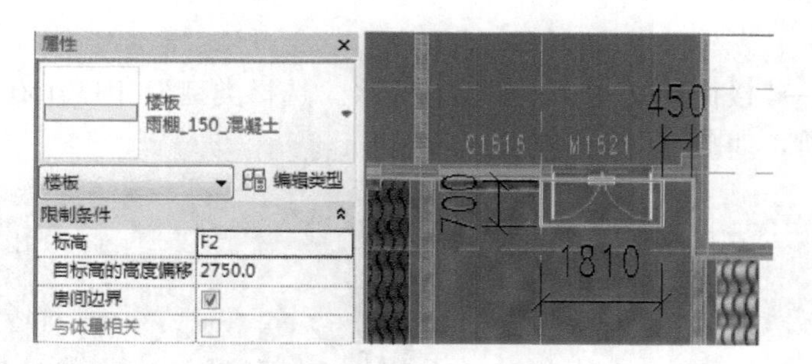

图 3-235

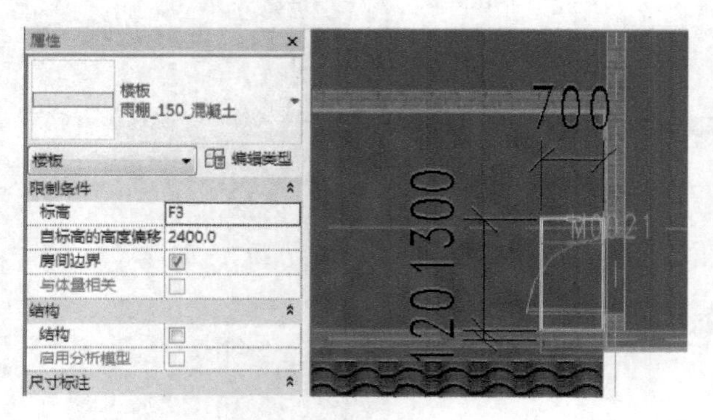

图 3-236

a)

b)

图 3-237

3. 台阶

执行【建筑】→【楼板】→【楼板：建筑】命令，选择类型为【TJ_150_混凝土砌块】，绘制【F3】室外台阶，如图 3-238 所示。

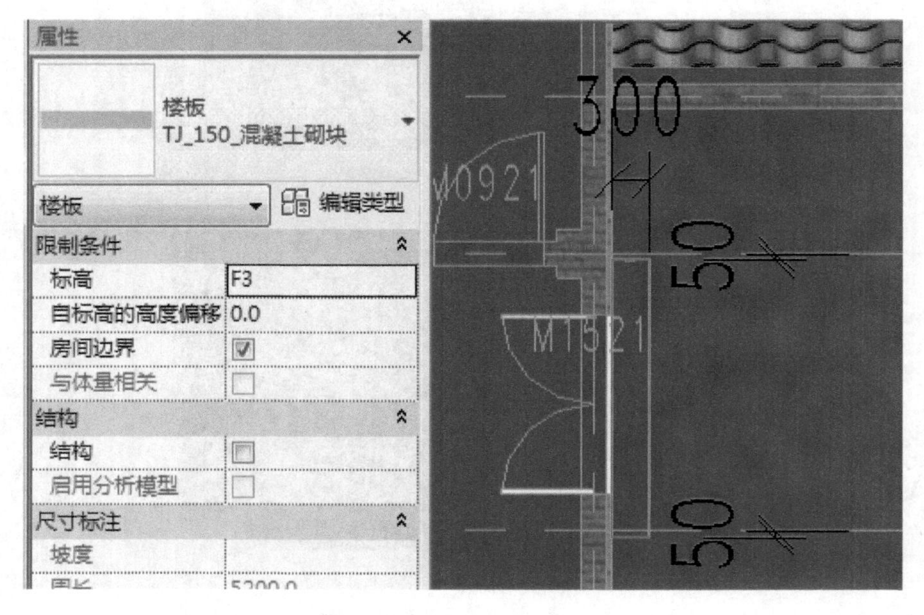

图 3-238

4. 墙饰条

1）执行【建筑】→【墙】→【墙：饰条】命令，选择类型【墙饰条：墙饰条_石膏墙板_白色】，围绕二层墙体的定边线拾取墙体，绘制墙饰条。断开处执行打断命令，后拖曳点使其移动至合适位置，如图 3-239 所示。

图 3-239

2）执行【建筑】→【构件】→【放置构件】命令，选择类型【墙装饰：墙饰_雕花_灰色涂料】，拾取墙体，添加在幕墙位置墙装饰，如图 3-240 所示。

阶段完成模型展示，如图 3-241 所示。

图 3-240

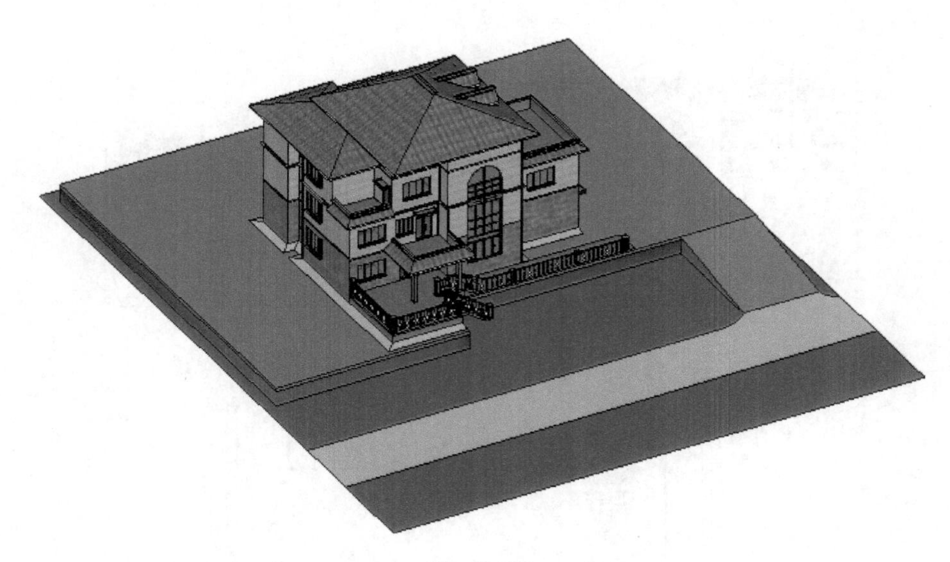

图 3-241

3.23 绘制玻璃轻钢雨棚

1）在项目浏览器中双击【楼层平面】项下的【F3】，打开F3平面视图。

2）执行【建筑】→【屋顶】→【迹线屋顶】命令，选择屋顶类型为【玻璃斜窗】，取消屋顶坡度，绘制平屋顶如图3-242所示。

3）打开三维视图，执行【建筑】→【构件】→【内建模型】命令，在弹出的【族类别和族参数】对话框中选择【屋顶】，在【名称】对话框中输入【玻璃雨棚】，单击【确定】按钮，进入族编辑器模式，如图3-243所示。

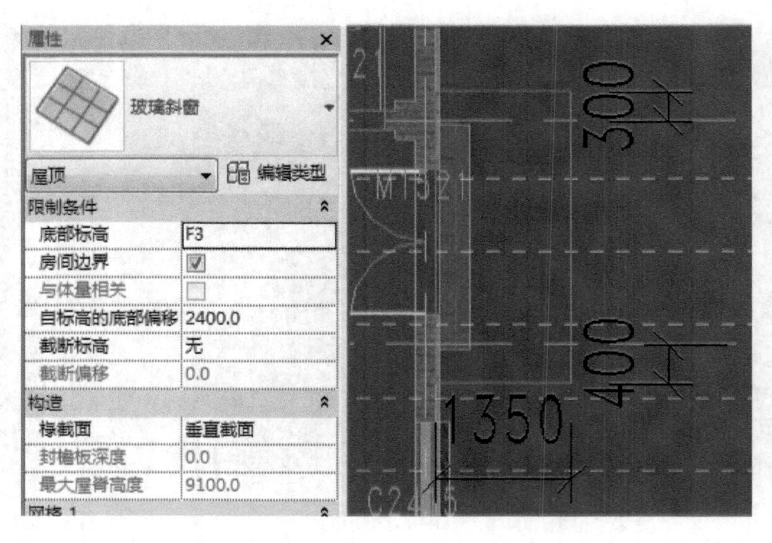

图 3-242

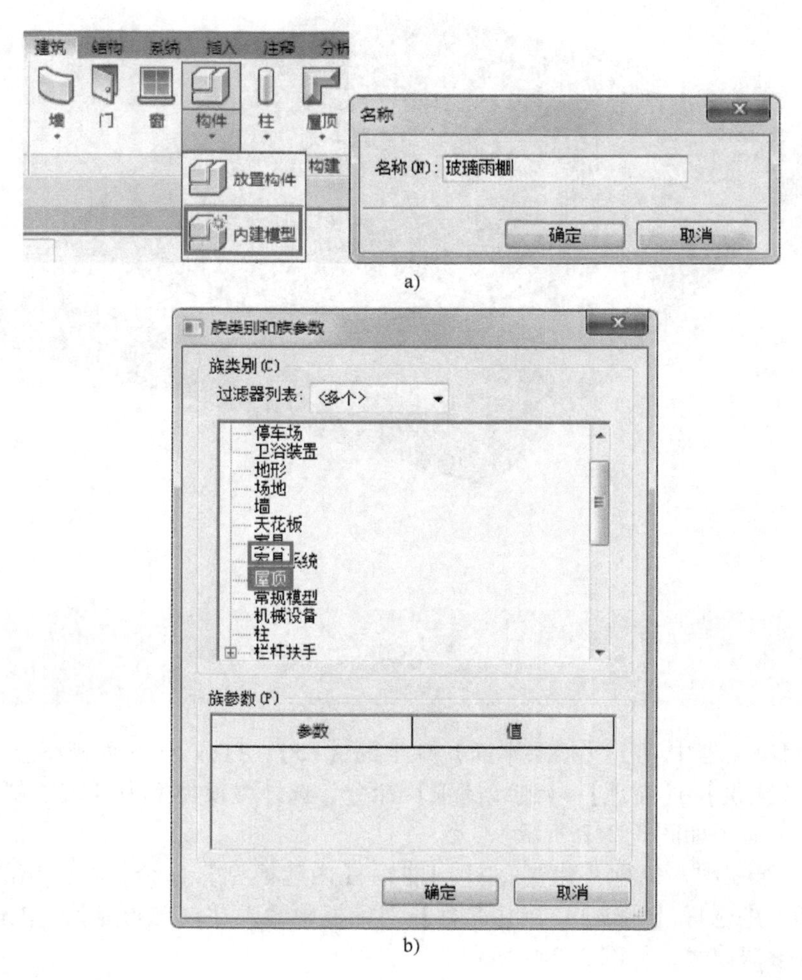

a)

b)

图 3-243

4）执行【创建】→【放样】命令，单击【设置】，在弹出的对话框中选择【拾取一个平面】，鼠标靠近玻璃斜窗底面，当高亮显示时单击鼠标左键，如图3-244所示。

图　3-244

5）单击【拾取路径】，一次单击玻璃斜窗的三条下边线，拾取如图3-245所示路径，单击完成。

图　3-245

6）单击项目浏览器【东】立面进入东立面视图，执行【编辑轮廓】命令绘制如图3-246所示工字钢轮廓，绘制完成后执行【完成轮廓】命令。

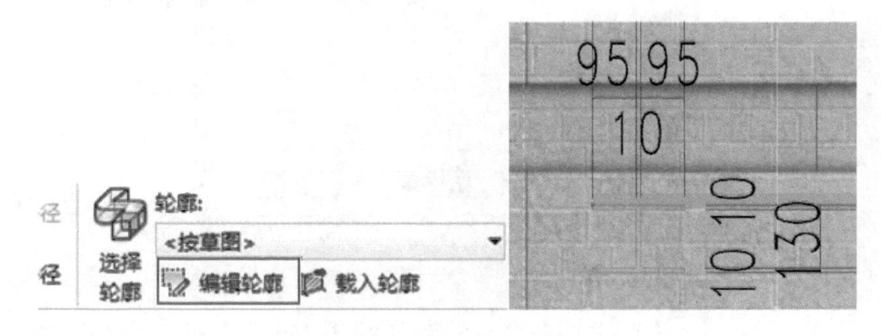

图　3-246

7）执行【完成放样】命令，放样创建的工字钢梁如图3-247所示。

8）执行【创建】→【拉伸】命令，单击【设置】命令，在弹出的【工作平面】对话框中选择【拾取一个平面】项，在【F3】平面视图中单击拾取⑦轴，如图3-248在弹出的【转到视图】对话框中选择【立面：东】，单击【打开视图】按钮切换至东立面视图。

图 3-247

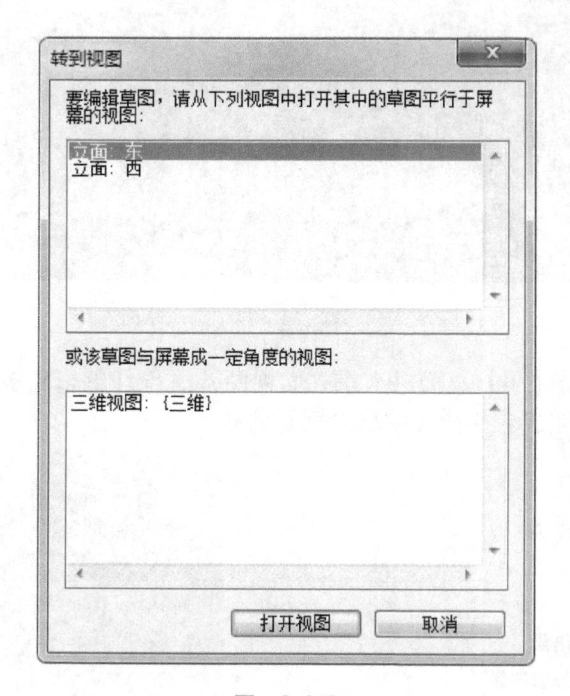

图 3-248

9）在东立面视图执行【直线】命令，绘制如图 3-246 所示的工字钢。单击【完成拉伸】创建了一根工字钢，并调整工字钢的位置、大小，对工字钢进行拉伸，如图 3-249 所示。

10）选择绘制的工字钢，执行【阵列】命令，如图 3-250 所示，【项目数】为【3】，选择【第二个】，鼠标选中工字钢的中点，向右移动鼠标输入间距【750】，单击鼠标左键，阵列完成，如图 3-251 所示。

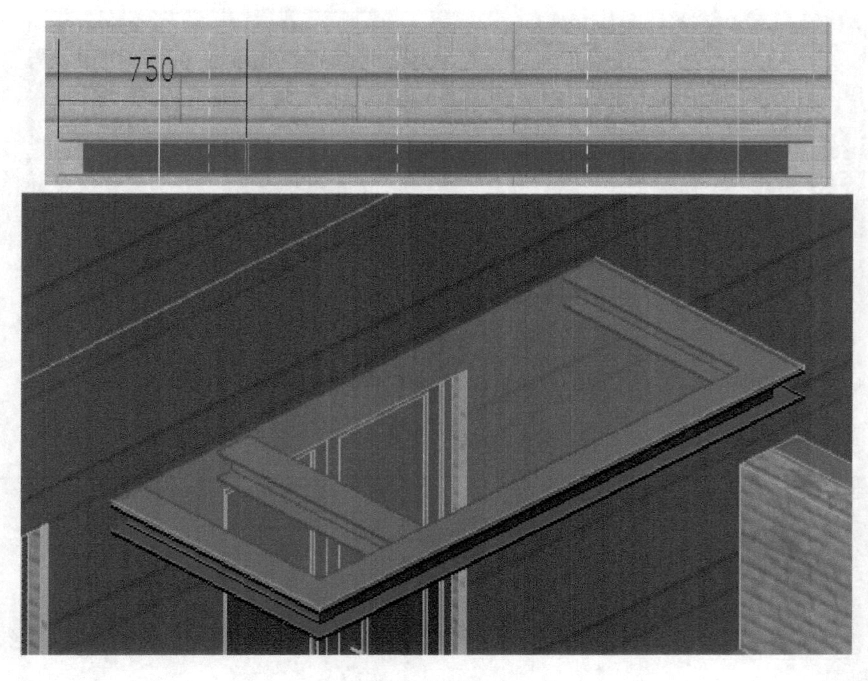

图　3-249

修改 | 墙　激活尺寸标注　☑成组并关联　项目数: 3　移动到: ◉第二个　○最后一个　☐约束

图　3-250

图　3-251

3.24　场地布置

1）在项目浏览器中双击【楼层平面】项下的【CD】，打开【CD】平面视图。

2）执行【建筑】→【栏杆扶手】命令，选择栏杆类型为【栏杆扶手：栏杆扶手_1000mm_场地】，如图3-252、图3-253所示。因需要布置游泳池，我们更改建筑地坪的边界为图3-254所示，并在完成后为其填充一道楼板，楼板类型为【水池_水】。

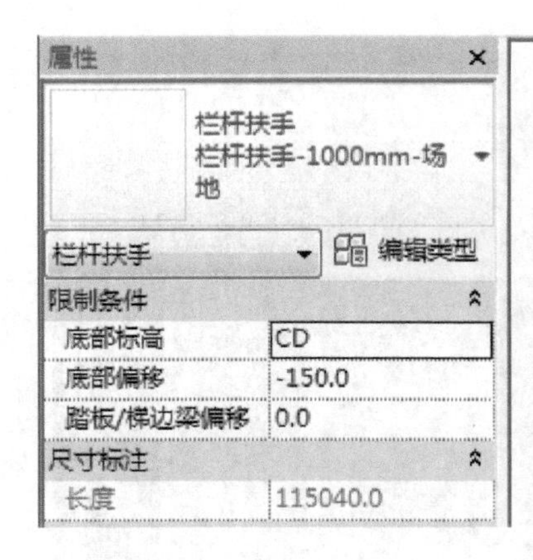

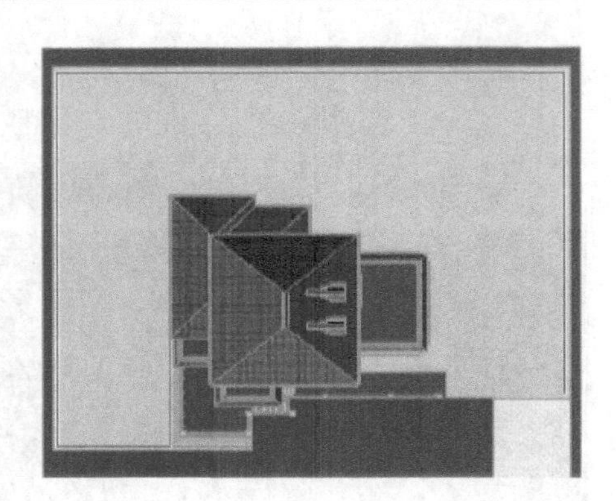

图 3-252

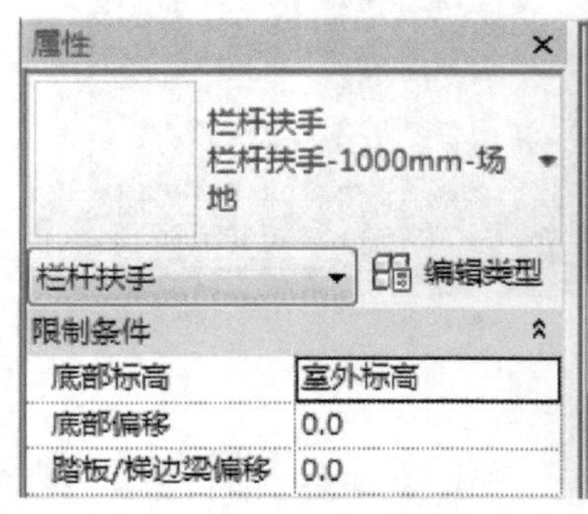

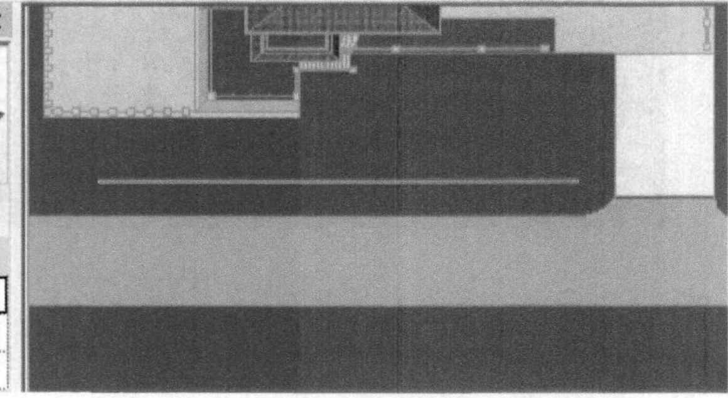

图 3-253

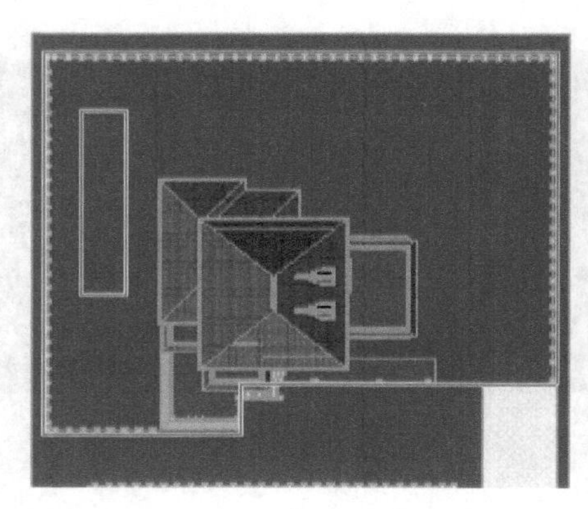

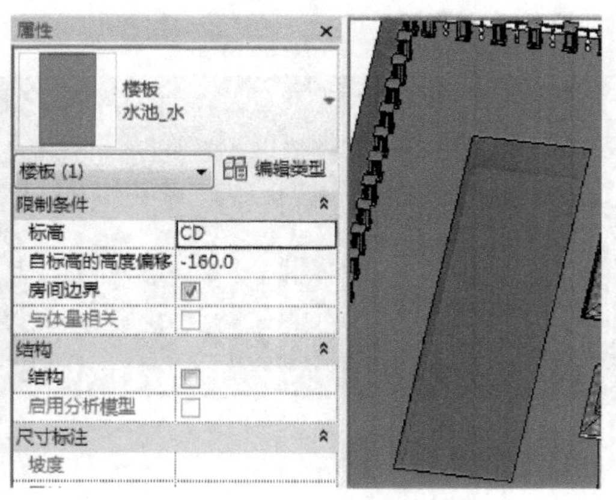

图 3-254

3）执行【建筑】→【柱】→【柱：建筑】命令与【结构】→【梁】命令，在类型选择器中分别选择【矩形柱：廊架】和【木材廊架,】参数如图 3-255 所示，绘制图 3-256 所示廊架。

4）执行【建筑】→【构件】→【放置构件】命令，放置树类型为【白杨 3D】，放置草类型为【草 3D】，放置喷水池类型为【喷水池】。具体标高以及位置因数量过多，请自行定义，图 3-257 为布置完成模型，供参考。

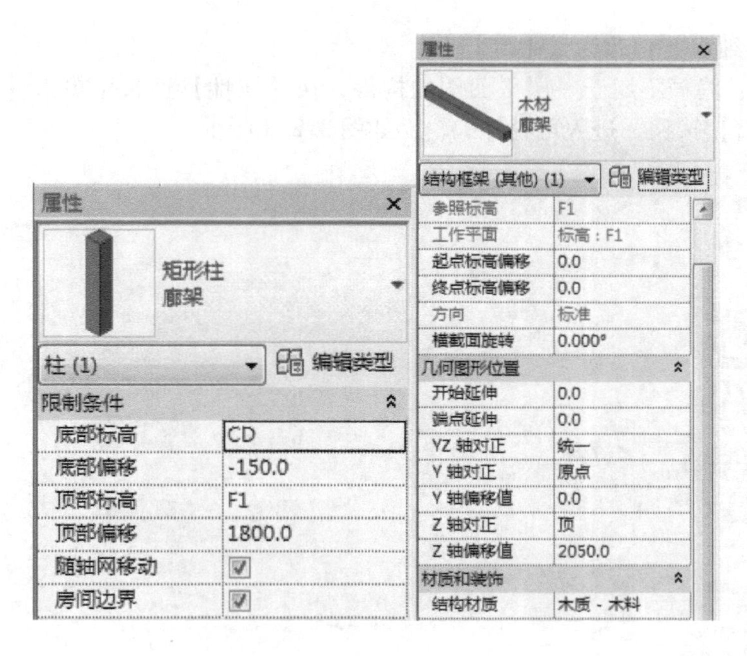

图　3-255

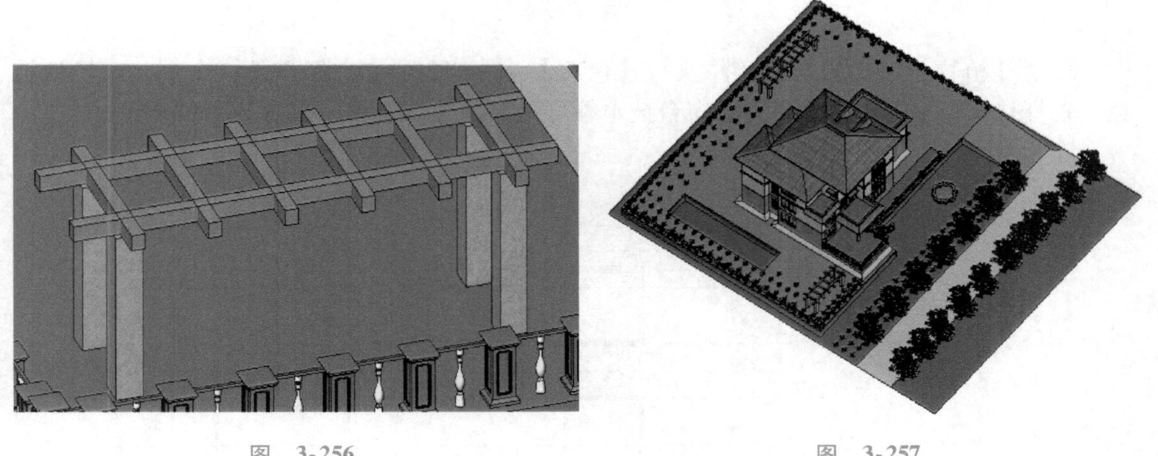

图　3-256　　　　图　3-257

3.25　建筑出图

3.25.1　平面出图

1）在项目浏览器中单击【楼层平面】项下的【F1】右键进行复制，选择带细节复制，并重命名为：一层平面图出图，打开【一层平面图出图】平面视图，把【视觉样式】改为

【隐藏线】,【详细程度】改为【中等】。

2）第一步：隐藏不属于一层平面图的构件，在【属性】面板中单击【可见性/图形替换】后的【编辑】按钮，进入可见性编辑，如图 3-258 所示。

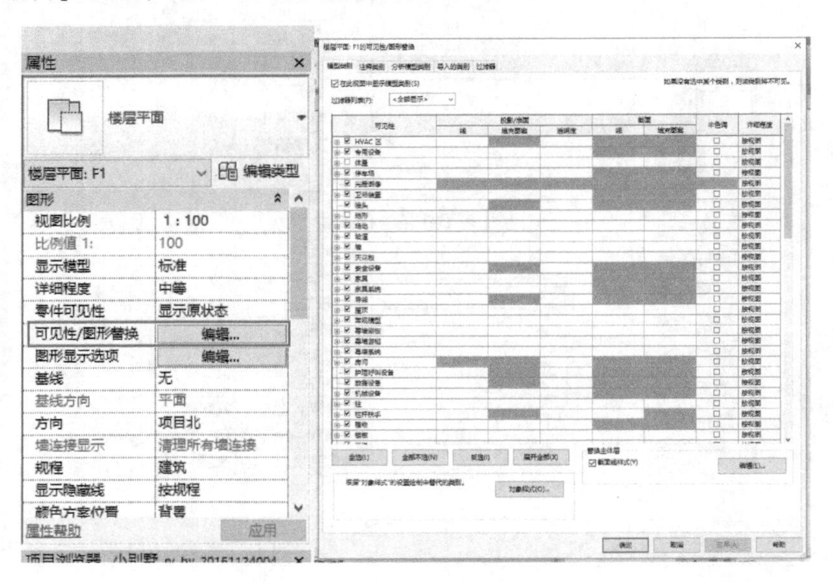

图 3-258

取消【植物】一栏的勾选，并执行【修改】→【视图】→【隐藏图元】命令，对场地坡道、栏杆扶手、泳池水、廊架柱、窗台披水等可见部分进行隐藏。如图 3-259 所示。

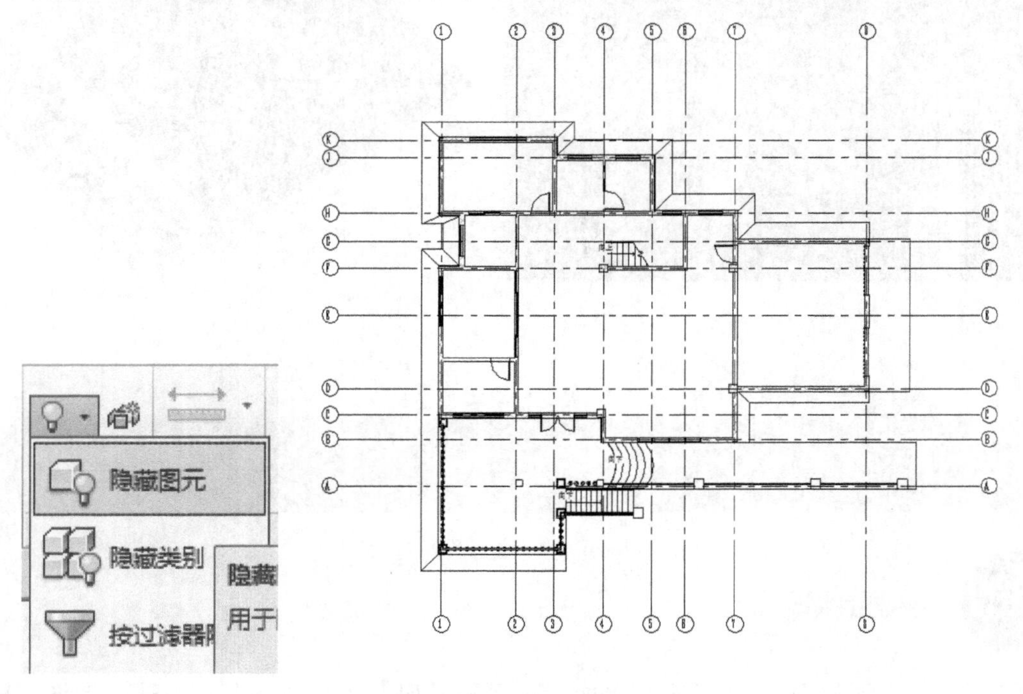

图 3-259

3）第二步：更改轴线样式。选中轴线，单击编辑类型，如图3-260所示。

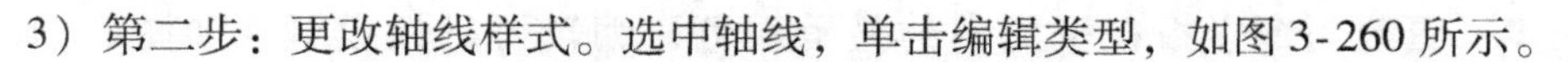

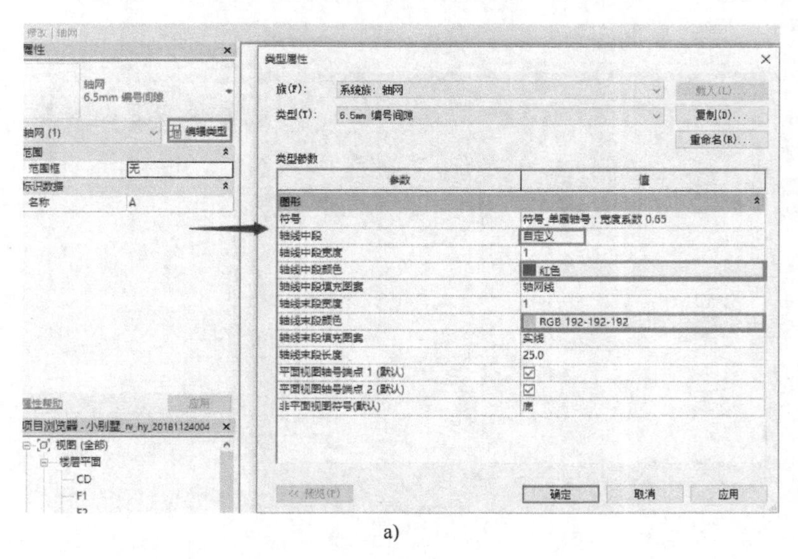

a)

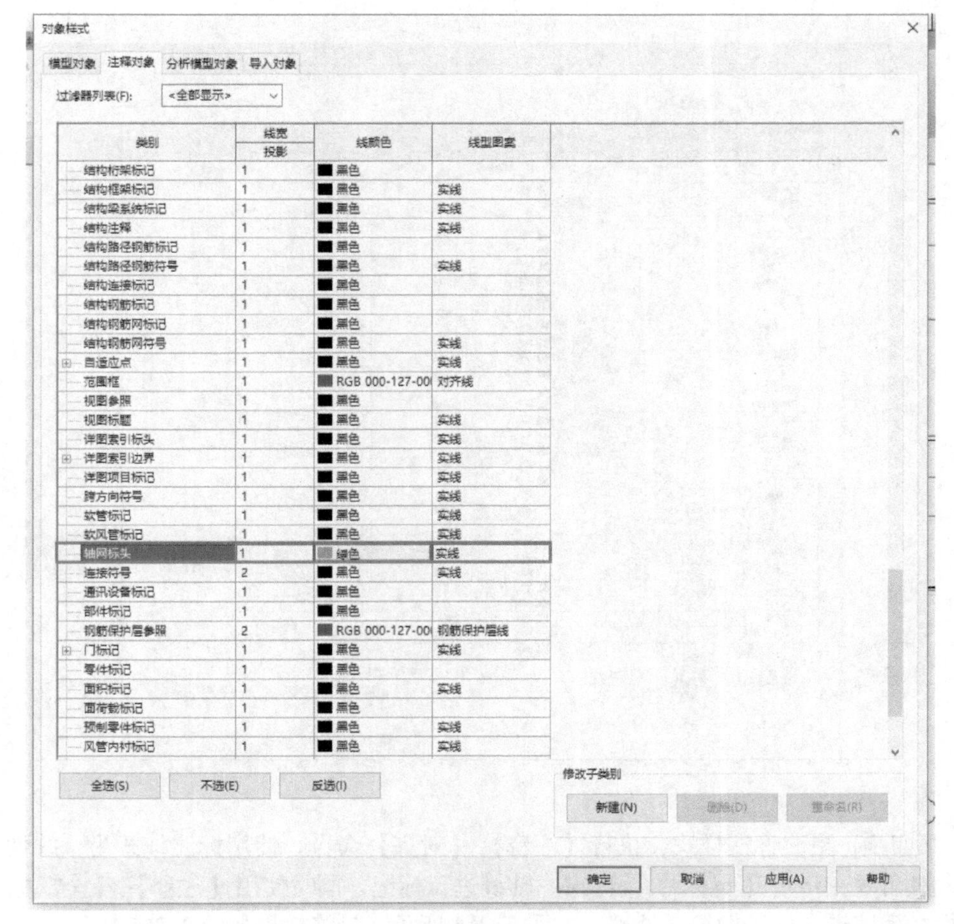

b)

图 3-260

4）第三步：更改门窗楼板在平面中的显示颜色，编辑可见性设置，如图 3-261 ~ 图 3-263 所示。

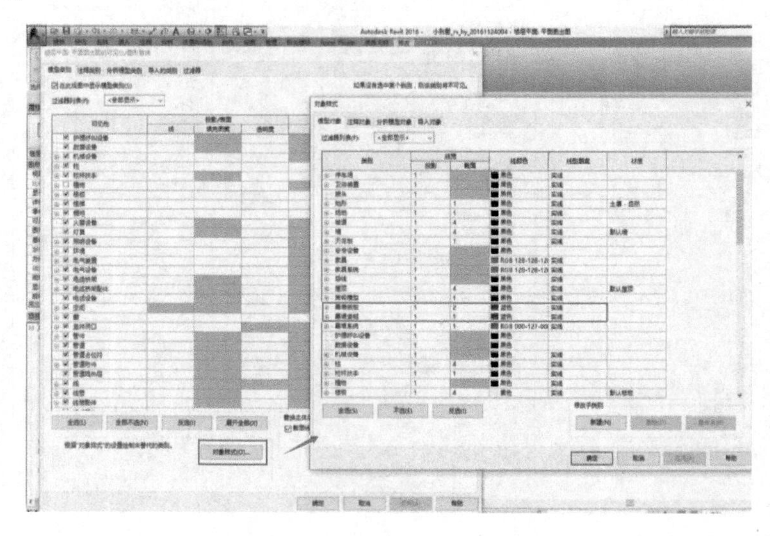

图 3-261

对象样式

模型对象 | 注释对象 | 分析模型对象 | 导入对象

过滤器列表(F): «全部显示»

类别	线宽 投影	线宽 截面	线颜色	线型图案	材质
⊞ 栏杆扶手	1	1	黑色	实线	
⊞ 植物	1		黑色	实线	
⊟ 楼板	1	4	黄色	实线	默认楼板
公共边	1	4	黑色	实线	
内部边缘	2	2	黑色		
楼板边缘	1	4	黑色	实线	默认楼板
隐藏线	2	2	黑色	划线	
⊞ 楼梯	1	4	黑色	实线	
⊞ 橱柜	1	1	RGB 128-128-12	实线	
火警设备	1		黑色		
灯具	1		黑色		
⊞ 照明设备	1		黑色	实线	
⊞ 环境	1		黑色	实线	
⊞ 电气装置	1		黑色	实线	
⊞ 电气设备	1		黑色	实线	
⊞ 电缆桥架	1		黑色	实线	
⊞ 电缆桥架配件	1		黑色	实线	
电话设备	1		黑色		
⊟ 窗	1	1	黄色	实线	
基于窗	1	1	黑色	实线	
嵌板	1	1	黄色	实线	
平/剖面打开方向 - 实线	1	4	黄色	实线	
平面打开方向	1	1	黄色	实线	
平面打开方向 - 划线	1	1	黄色	划线 1mm	
把手	1	1	黄色	实线	
框架/竖梃	1	3	黄色	实线	
洞口	1	3	黑色	实线	
浇筑	1	3	黑色	实线	
玻璃	1	3	黑色	实线	玻璃
窗台/盖板	1	2	黄色	实线	
立面打开方向	1	1	黑色	实线	

全选(S) 不选(E) 反选(I)

修改子类别：新建(N) 删除(D) 重命名(R)

确定 取消 应用(A) 帮助

图 3-262

5）第四步，更改标注样式，执行【注释】→【对齐】命令，使用标注样式为：线性尺寸标注样式，对角线 - 3mm RomanD，为门窗，轴线进行标记，同时使用【注释】→【全部标记】对门窗进行名字编辑。柱子做填充处理，如图 3-264 所示，最终效果如图 3-265 所示。

其余平面出图与一层平面图相同。

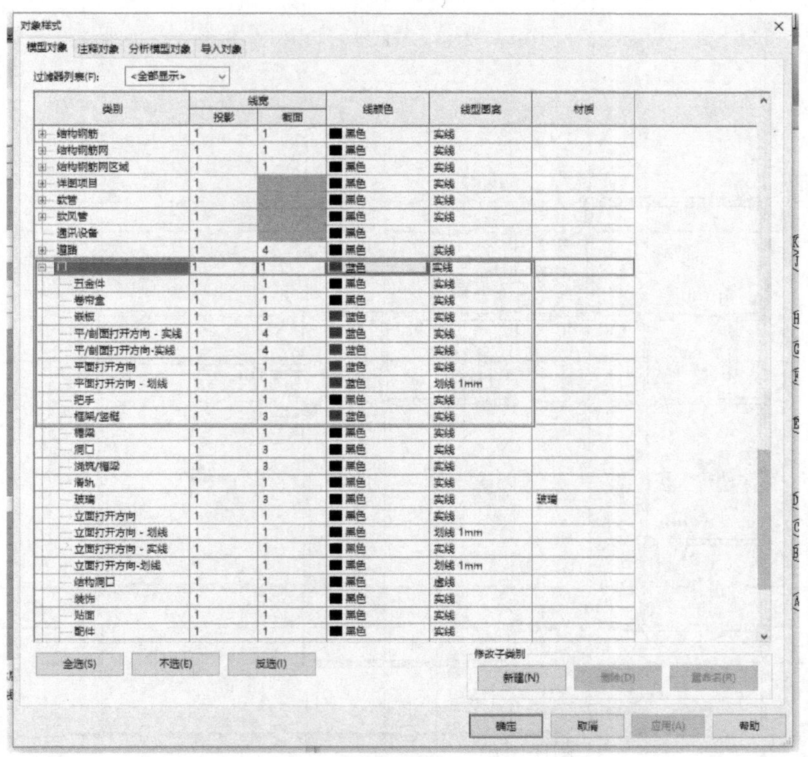

图 3-263

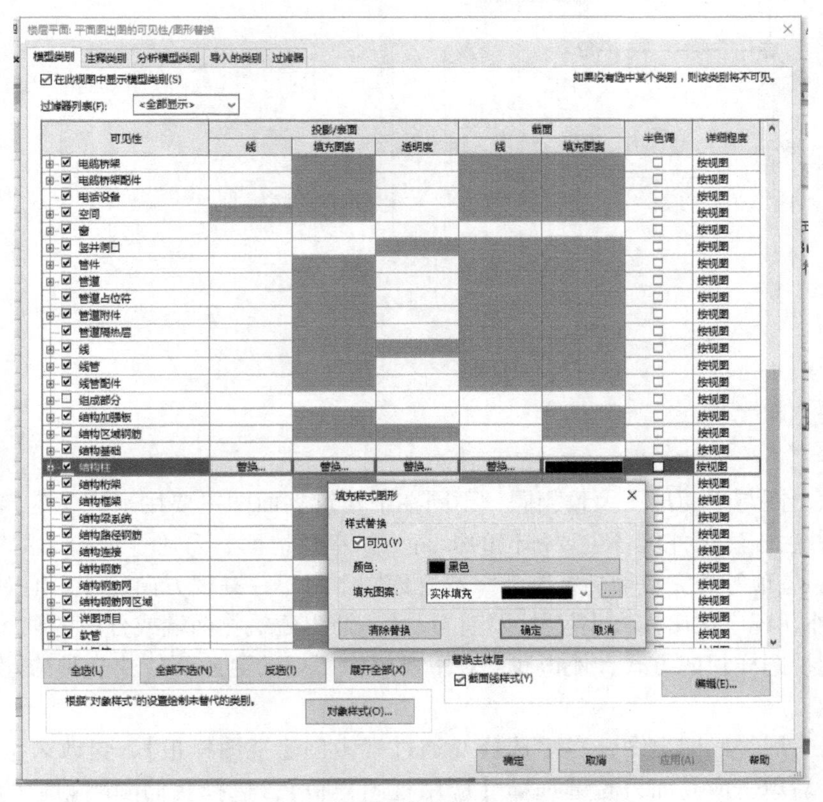

图 3-264

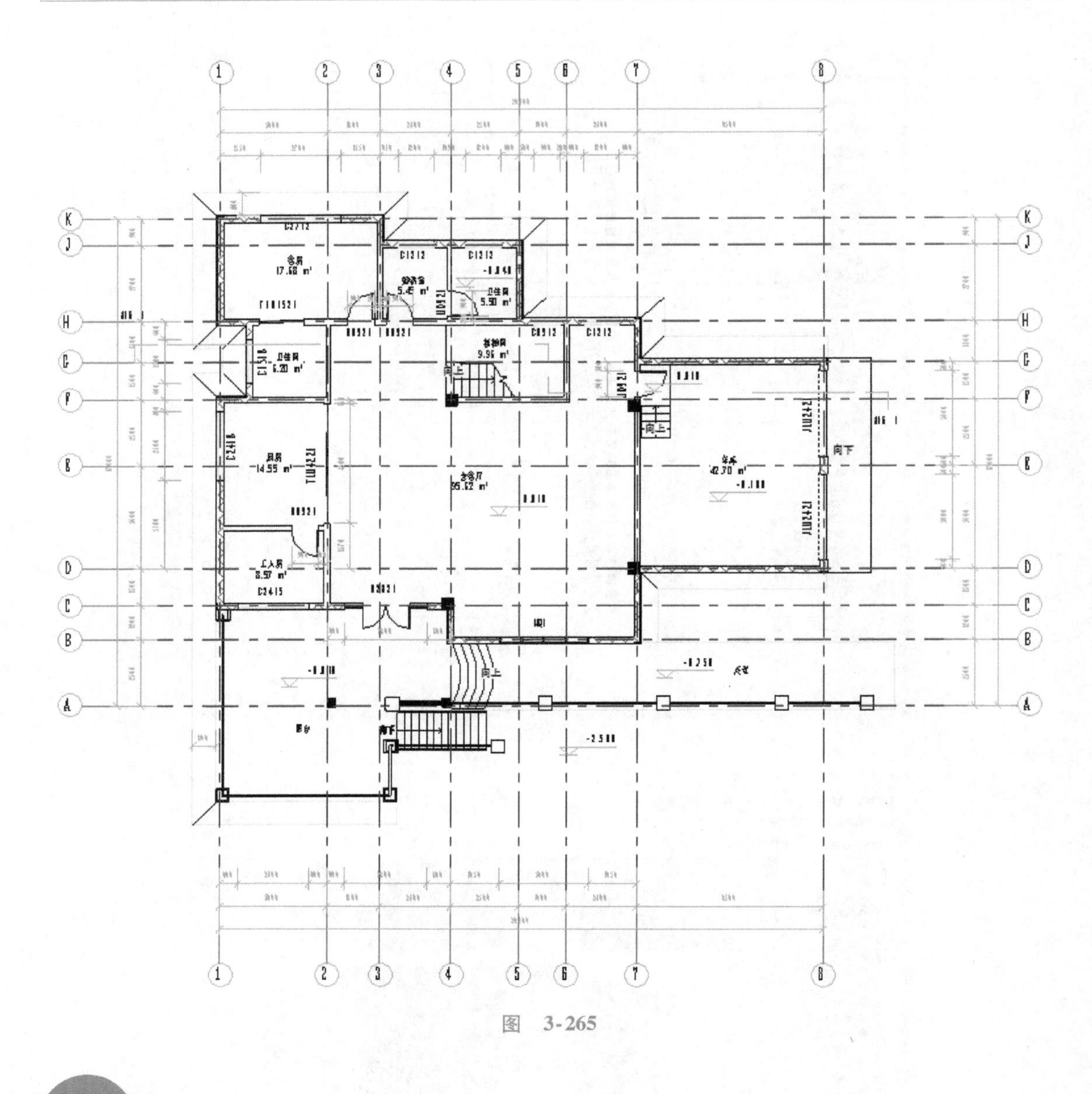

图 3-265

3.25.2 立面出图

1）立面出图与平面出图大致相同，不同在于建筑立面图主要用来表达建筑外立面的外形、构造及做法。注出外墙各主要部位的标高。如室外地面、台阶、窗台、门窗顶、阳台、雨棚、檐口、屋顶等处完成面的标高。一般立面图上可不注高度方向尺寸。但对于外墙留洞除注出标高外，还应注出其大小尺寸及定位尺寸。注出建筑物两端或分段的轴线及编号。

2）利用视图样板的方式，使得我们在平面图中所做的更改可以快速地应用到所需要的视图上。

3）单击一层平面图出图，右键选择【通过视图创建视图样板】，更改名字为【出图样板】，确定。后单击南立面，右键选择【应用视图样板】，选择我们刚刚创建的样板，单击

【应用属性】按钮，材质标注利用：【注释】→【材质标记】，如图 3-266 所示。

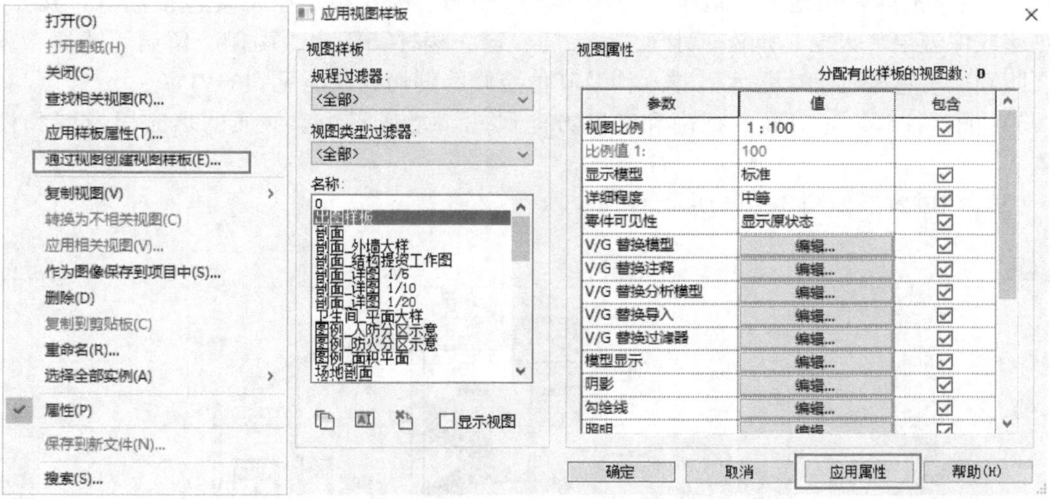

图 3-266

4）完成效果如图 3-267 所示。

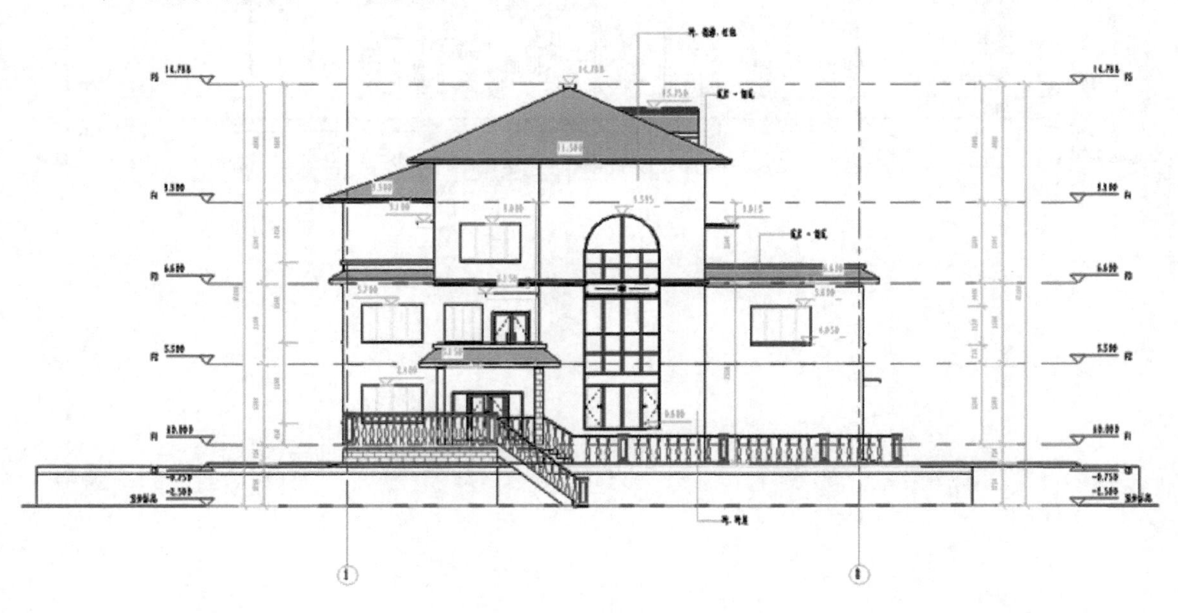

图 3-267

其余立面出图与南立面出图相同。

3.25.3 剖面出图

（1）首先应用视图样板。把不需要出现的东西全部剔除掉。

（2）同时剖面出图主要表示以下三个方面：

1）表示墙、柱及其定位轴线。

2）表示室内底层地面、地坑、地沟、各层楼面、天花板、屋顶（包括檐口、女儿墙、隔热层或保温层、天窗、烟囱、水池等）、门、窗、楼梯、阳台、雨棚、留洞、墙裙、踢脚板、防潮层、室外地面、散水、排水沟及其他装修等剖切到或能见到的内容。

3）标出各部位完成面的标高和高度方向尺寸。尤其要注意材质的填充以及墙和板的位置。

（3）完成效果如图 3-268 所示。

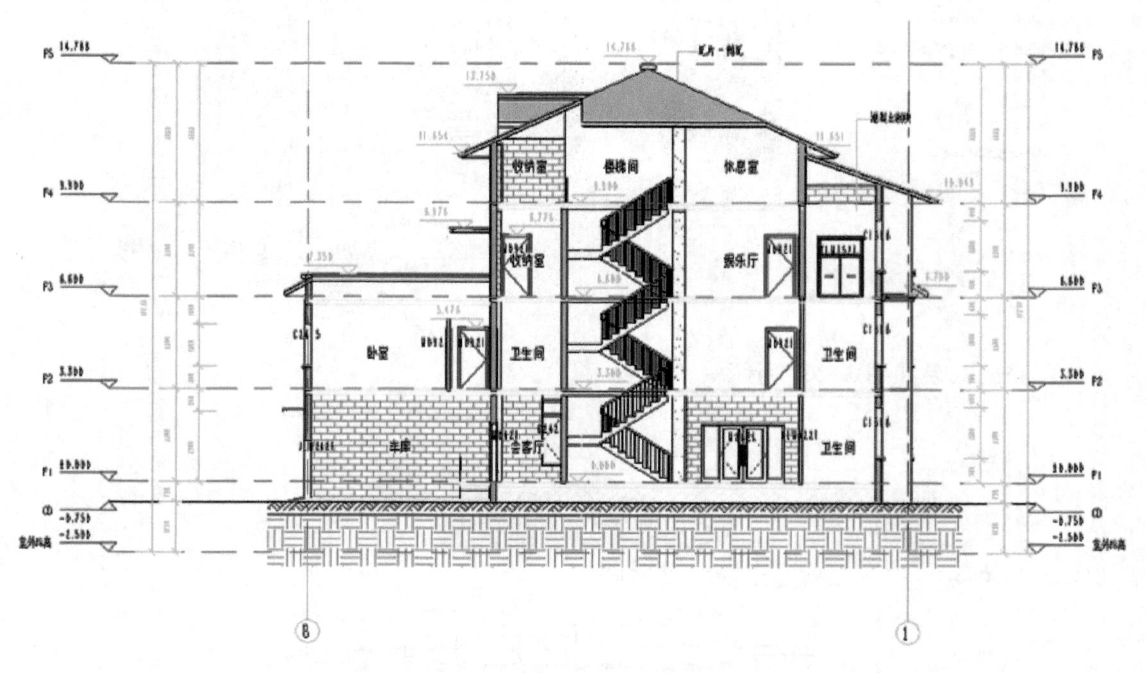

图 3-268